# 数学中的循序逐增现象及其规律

张尔光◎著

科学技术文献出版社
SCIENTIFIC AND TECHNICAL DOCUMENTATION PRESS
·北京·

**图书在版编目（CIP）数据**

数学中的循序逐增现象及其规律/张尔光著.—北京:科学技术文献出版社,2015.9

ISBN 978-7-5189-0642-0

Ⅰ.①数… Ⅱ.①张… Ⅲ.①数学—文集 Ⅳ.①01-53

中国版本图书馆 CIP 数据核字(2015)第 201508 号

**数学中的循序逐增现象及其规律**

策划编辑:曹沧晔　责任编辑:曹沧晔　责任校对:赵　瑷　责任出版:张志平

出 版 者　科学技术文献出版社
地　　址　北京市复兴路 15 号　邮编 100038
编 务 部　(010)58882938,58882087(传真)
发 行 部　(010)58882868,58882874(传真)
邮 购 部　(010)58882873
官方网址　www. stdp. com. cn
发 行 者　科学技术文献出版社发行　全国各地新华书店经销
印 刷 者　北京天正元印务有限公司
版　　次　2016 年 1 月第 1 版　2016 年 1 月第 1 次印刷
开　　本　710×1000　1/16
字　　数　186 千
印　　张　16
书　　号　ISBN 978-7-5189-0642-0
定　　价　48.00 元

# 写在前面的话

张尔光

如果在10年前,有人问我:“什么叫‘数学中的循序逐增现象’?”对此,我会羞愧地回答:“不知道。”在此书与读者见面后,如果还有人这样问我:“什么叫‘数学中的循序逐增现象’?”对此,我仍会羞愧地回答:“我只知道它是数学中多个域的一种共同现象,我不能做到用规范的数学语言对它做出正确的解读。因为我是数学研究的一位兴趣者,并非是数学学者。”

我对数学的研究始于20世纪80年代中叶。初时只是对四色猜想、素数没有穷尽问题感兴趣,把对四色猜想、素数问题的研究作为充实自己业余生活的一种乐趣。30年来,在研究四色猜想命题的过程中,我发现了图的形成过程的循序逐增原理,接着发现了数学的组合、排列以及三角矩阵、正整数方幂方阵的循序逐增规律,不久又发现了素数的循序逐增现象及其规律,后来还发现了边形数、棱锥体数的循序逐增规律。

我认为,在本人发现(或说知道)的数学中的循序逐增现象中,最为奇妙的莫过于组合数学的循序逐增现象及其规律。这个奇妙,既体现在组合数表所隐藏的一系列的循序逐增规律竟有11条之多,给以笔者“横看成岭侧成峰”之感;还体现在自然数、奇数、平方数、金字塔形数等一系列的“数”的循序逐增现象,均可从组合数学的循序逐增规律中找到答案，组合数学似乎是“数”的一盏“照明灯”。这个奇妙，更体现在组合数表是一张用一串串规律有序的数字编织成的没有穷尽的“数字网”，这张“网”虽然看不到尽头，但理之即清，有着纲举目张之感。

边形数、棱锥体数，是数学中一对上了年纪的“姐妹”。然而，经拓扑学的装点打扮，她们又焕发出了青春的英姿，前者如孔雀开屏那样娇艳美丽，后者好比发电风车那样纯朴大方。

正整数方幂方阵的循序逐增规律，同样是那样的绚丽多彩。它让我看到了正整数方幂方阵的内部世界(即方阵的各种数的循序逐增规律)，求证到正整数方幂方阵的循序逐增规律的定理(亦即“正整数方幂定理”)，弄清楚了 $z^n$ 方阵、$y^n$ 方阵、$x^n$ 方阵三者之间的关系，看到了正整数次幂 >2 时“$x^n + y^n = z^n$”为什么不存在正整数解的奥秘。

素数的循序逐增现象及其规律，虽然有点扑朔迷离，但展现在我面前的它还是那样可爱动人。它一直与自然数的循序逐增现象同存相随，然而又若隐若现，有着自己的循序逐增“轨迹”。素数的循序逐增规律就是素数不可穷尽的规律。本人遵循循序逐增原理而创立的“235 自然数状态”，犹如瞭望的“窗口”。通过这个“窗口”，不仅可看到素数、孪生素数、四子孪生素数的踪影，而且还可看到有关素数各种猜想的走向的足迹。

图的形成过程的循序逐增原理，好比一根魔术棒，是它撩开了地图的复杂的“面纱”，让我看到了地图的结构模式是组合模式的“真面目”；是地图的组合模式没让图的色数与图的面数画上等号，让我明白图的色数随着图的相邻面的组合力的升增而升增之道理；是物体表面的全相邻力停住了图的相邻面的组合力循序逐增的脚步。是循序逐增原理帮我将物体表面的全相邻力、图的相邻面的组合力、图的仅需色数摆在同一条平行线上，求证到了“物体表面的图的仅需色数定理”，创立了验证这一定理的证明方法。

总而言之，一句话，本人的研究成果使我坚信数学中的循序逐增现象是存在于数学王国之中。

为着充实自己的数学知识，我阅读了《发现数学原来数学这么有趣》（西奥妮·帕帕斯著，何竖芬译）、《数学史通论（第2版）》（李文林、邹建成、胥鸣伟等译）、《初等数论（Ⅲ）》（陈景润著）等书。本人认为，我国古代数学家杨辉创立的“杨辉三角”（“帕斯卡三角”同），意大利数学家斐波纳契创立的“斐波纳契数”，苏格兰数学家约翰·纳皮尔创立的“纳皮尔骨棒”，我国数学家陈景润在《初等数论（Ⅲ）》提及的“$1^3+2^3+\cdots n^3=(1+2+\cdots+n)^2$”定理，《数学史通论（第2版）》说到的“边形数”、“锥棱体数”等，都是数学中的循序逐增现象，或是来自于数学中的循序逐增现象的发现。

鉴于本人的研究成果和数学家们对某个数学定理的创立，我认为，所谓“数学中的循序逐增现象”是指反映在数或量循着一种有序的规律而增升或扩延的数学现象。事实证明，这种现象确实存在于数学王国之中。我还认为，善于发现数学中的循序逐增现象，这是打开数学某个域的奥秘的“金钥匙”。假若你能发现数学某个域的循序逐增现象，并从中找到它的规律，求证到它的数学定理，那么，你就为丰富数学知识宝库贡献了自己的智慧。

2015年3月于广州

# 目　录

# CONTENTS

# 循序逐增原理与数学的组合、排列及矩阵

摘要　本文根据“循序逐增”原理，论证了数学的组合、排列之间的关系，得出“循序逐增是组合、排列共有基本原理”的结论；发现了组合数表的奥秘及其规律，对组合数循序逐增的若干规律进行了证明，同时论证了组合数与自然数1、自然数、奇数、平方数、金字塔形数等数列之间的循序逐增关系，找到了组合、排列及若干数列的“源”和“流”。

关键词　循序逐增　组合　排列　三角矩阵

在数学中，组合、排列与矩阵有着密切联系，而组合、排列、矩阵与循序逐增原理更是密不可分。依照循序逐增原理，数学的组合数、排列数，均可以矩阵表达出来。

**1.“循序逐增”是数学的组合、排列共有的基本原理**

事实证明：循序逐增是数学的组合、排列中客观存在的基本原理。

1.1　循序逐增是组合的基本原理

例证1　$C_n^2$ 的组合过程

图1－1是反映 $C_n^2$ 组合过程的一个图表。从该图表看出，当组合元素仅有“1”1个元素时，不能组合为2个元素的组合；当组合元素增加“2”这个元素后，便产生了“12”这个组合；当组合元素增加“3”这个元

素后，便产生了"3"与"1"、"2"的组合，即增加了"13"、"23"2 个组合，使之为 3 个组合；当组合元素增加"4"这个元素后，便产生了"4"与"1"、"2"、"3"的组合，即增加了"14"、"24"、"34"3 个组合，使之为 6 个组合；当组合元素增加"5"这个元素后，便产生了"5"与"1"、"2"、"3"、"4"的组合，即增加了"15"、"25"、"35"、"45"4 个组合，使之为 10 个组合；当组合元素增加"6"这个元素后，便产生了"6"与"1"、"2"、"3"、"4"、"5"的组合，即增加了"16、26、36、46、56"5 个组合，使之为 15 个组合。可见，$C_n^2$ 的组合过程是循序逐增的过程。

| $C_n^2$ | 组合元素 | $C_n^2$ 的组合情况 | 组合数 |
|---|---|---|---|
| | 1 | 不能组合为2个元素的组合 | |
| $C_2^2$ | 1、2 | 12 | 1 |
| $C_3^2$ | 1、2、3 | 12<br>13 23 | 3 |
| $C_4^2$ | 1、2、3、4 | 12<br>13 23<br>14 24 34 | 6 |
| $C_5^2$ | 1、2、3、4、5 | 12<br>13 23<br>14 24 34<br>15 25 35 45 | 10 |
| $C_6^2$ | 1、2、3、4、5、6 | 12<br>13 23<br>14 24 34<br>15 25 35 45<br>16 26 36 46 56 | 15 |

图 1－1（$C_n^2$ 组合过程反映图表）

例证 2　$C_n^3$ 的组合过程

| $C_n^3$ | 组合元素 | $C_n^3$ 的　组　合　情　况 | 组合数 |
|---|---|---|---|
| | 1 | 不能组合为3个元素的组合 | |
| | 1、2 | | |
| $C_3^3$ | 1、2、3 | 123 | 1 |
| $C_4^3$ | 1、2、3、4 | 123<br>124 134 234 | 4 |
| $C_5^3$ | 1、2、3、4、5 | 123<br>124 134 234<br>125 135 145 235 245 345 | 10 |
| $C_6^3$ | 1、2、3、4、5、6 | 123<br>124 134 234<br>125 135 145 235 245 345<br>126 136 146 236 246 346 156 256 356 456 | 20 |

图 1－2（$C_n^3$ 组合过程反映图表）

图 1－2 是反映 $C_n^3$ 组合过程的一个图表。从该图表看出，当组合元素仅有“1”1 个元素和“1”、“2”2 个元素时，不能组合为 3 个元素的组合；当组合元素增至“1”、“2”、“3”3 个元素后，便产生了“123”这个组合；此起，当组合元素增加“4”这个元素后，便产生了“4”与“12”、“13”、“23”的组合，即增加了“124”、“134”、“234”3 个组合，使之为 4 个组合；当组合元素增加“5”这个元素后，便产生了“5”与“12”、“13”、“14”、“23”、“24”、“34”的组合，即增加了“125”、“135”、“145”、“235”、“245”、“345”6 个组合，使之为 10 个组合；当组合元素增加“6”这个元素后，便产生了“6”与“12”、“13”、“14”、“15”、“23”、“24”、“25”、“34”、“35”、“45”的组合，即增加了“126、136、146、156、236、246、256、346、356、456”10 个组合，使之为 20 个组合。可见，$C_n^3$ 的组合过程是循序逐增的过程。

例证 3　$C_n^4$ 的组合过程

| $C_n^4$ | 组合元素 | $C_n^4$ 的组合情况 | 组合数 |
|---|---|---|---|
| | 1 | 不能组合为4个元素的组合 | |
| | 1、2 | | |
| | 1、2、3 | | |
| $C_4^4$ | 1、2、3、4 | 1234 | 1 |
| $C_5^4$ | 1、2、3、4、5 | 1234<br>1235 1245 1345 2345 | 5 |
| $C_6^4$ | 1、2、3、4、5、6 | 1234<br>1235 1245 1345 2345<br>1236 1246 1256 1346 1356 1456 2346 2356 2456 3456 | 15 |

图 1－3（$C_n^4$ 组合过程反映图表）

图 1－3 是反映 $C_n^4$ 组合过程的一个图表。从该图表看出，当组合元素为“1、2、3”3 个元素前，不能组合为 4 个元素的组合；当组合元素增至

“1”、“2”、“3”、“4”4 个元素时，便产生了“1234”这个组合；此起，当组合元素增加“5”这个元素后，便产生了“5”与“123”、“124”、“134”、“234”的组合，即增加了“1235”、“1245”、“1345”、“2345”4 个组合，使之为 5 个组合；当组合元素增加“6”这个元素后，便产生了“6”与“123”、“124”、“125”、“134”、“135”、“145”、“234”、“235”、“245”、“345”的组合，即增加了“1236”、“1246”、“1256”、“1346”、“1356”、“1456”、“2346”、“2356”、“2456”、“3456”10 个组合，使之为 15 个组合。可见，$C_n^4$ 的组合过程是循序逐增的过程。

现将例证 2 图 1 -2 与例证 1 图 1 -1、例证 3 图 1 -3 与例证 2 图 1 -2 作比对，可发现，前后组合在组合元素上存在循序逐增现象。

从例证 2 图 1 -2 与例证 1 图 1 -1 的比对中看出，图 1 -2 中 $C_n^3$ 的各组 3 个元素的组合，是在图 1 -1$C_n^2$ 的各组 2 个元素的组合基础上增添 1 个元素后所形成的组合：$C_3^3$ 的“123”组合，是在 $C_2^2$ 的“12”组合基础上增添“3”这个元素后形成的组合；$C_4^3$ 的 4 组 3 个元素的组合，是在 $C_3^2$ 的 3 组 2 个元素的组合基础上增添“4”这个元素后形成的组合；$C_5^3$ 的 10 组 3 个元素的组合，是在 $C_4^2$ 的 6 组 2 个元素的组合基础上增添“5”这个元素后形成的组合；$C_6^3$ 的 20 组 3 个元素的组合，是在 $C_5^2$ 的 10 组 2 个元素的组合基础上增添“6”这个元素后形成的组合；总之，图 1 -2 中 $C_n^3$ 的各组 3 个元素的组合，是在图 1 -1$C_n^2$ 的各组 2 个元素的组合基础上增添 1 个元素后所形成的组合。这个过程，不仅仅是组合元素的增添，而且组合的组数也随之增加。可见，$C_n^3$ 的 3 个元素的组合与 $C_n^2$ 的 2 个元素的组合之间存在循序逐增的关系。

再从例证 3 图 1 -3 与例证 2 图 1 -2 的比对中也可看出，图 1 -3 中 $C_n^4$ 的各组 4 个元素的组合，均是在图 1 -2$C_n^3$ 的各组 3 个元素的组合基础上增添 1 个元素后形成的组合。这不仅仅是组合元素的增添，而且组合的组数也随之增加。从中证明，$C_n^4$ 的 4 个元素的组合与 $C_n^3$ 的 3 个元素的组合之间存在循序逐增的关系。

综例证1、例证2、例证3的证明,可得结论,$C_n^m$ 的组合过程是循序逐增的过程,这个循序逐增的过程,不仅体现在 $n$ 的量上,在 $m$ 不变的情况下,组合的组数随着 $n$ 的增加而增加,而且也体现在 $m$ 的量上,在 $n>m$ 的前提下,$C_n^m$ 与 $C_n^{m+1}$ 之间也存在循序逐增的关系。可见,循序逐增是 $C_n^m$ 组合的基本原理。

1.2 循序逐增也是数学的排列的基本原理

例证1 $P_n^2$ 的排列过程

| $P_n^2$ | 排列元素 | $P_n^2$ 的排列情况 | 排列数 |
|---|---|---|---|
| | 1 | 不能形成2个元素的排列 | |
| $P_2^2$ | 1、2 | 12 21 | 2 |
| $P_3^2$ | 1、2、3 | 12 21<br>13 31 23 32 | 6 |
| $P_4^2$ | 1、2、3、4 | 12 21<br>13 31 23 32<br>14 41 24 42 34 43 | 12 |
| $P_5^2$ | 1、2、3、4、5 | 12 21<br>13 31 23 32<br>14 41 24 42 34 43<br>15 51 25 52 35 53 45 54 | 20 |

图1-4($P_n^2$ 排列过程反映图表)

| $P_n^3$ | 排列元素 | $P_n^3$ 的排列情况 | 排列数 |
|---|---|---|---|
| | 1 | 不能形成2个元素的排列 | |
| | 1、2 | | |
| $P_3^3$ | 1、2、3 | 123 231 312 213 132 321 | 6 |
| $P_4^3$ | 1、2、3、4 | (续上)<br>124 241 412 214 142 421<br>134 341 413 314 143 431<br>234 342 423 324 243 432 | 24 |
| $P_5^3$ | 1、2、3、4、5 | (续上)<br>125 251 512 215 152 521<br>135 351 513 315 153 531<br>145 451 514 415 154 541<br>235 352 523 325 253 532<br>245 452 524 425 254 542<br>345 453 534 435 354 543 | 60 |

图1-5($P_n^3$ 排列过程反映图表)

图1-4是反映 $P_n^2$ 排列过程的图表。从该图表看出,当排列元素仅有“1”1个元素时,不能形成2个元素的排列;当排列元素增至“1、2”2个元素时,便产生了“12”、“21”这2个排列,排列数为 $1\times2=2$;当排列元素增加“3”这个元素后,便产生了“3”与“1”、“2”的排列,即增加了“13”、“31”、“23”、“32”4个排列,使之为6个排列,排列数为 $2\times3=6$;当排列元素增加“4”这个元素后,便产生了“4”与“1”、“2”、“3”的排列,即增加了“14”、“41”、“24”、“42”、“34”、“43”6个排列,使之为12个排列,排列数为 $3\times4=12$;当排列元素增加“5”这个元素后,便产生了“5”与“1”、“2”、“3”、“4”的排列,即增加了“15”、“51”、“25”、“52”、“35”、“53”、“45”、“54”8个排列,使之为20个排

列，排列数为 4 ×5 =20。可见，$P_n^2$ 的排列过程是循序逐增的过程。

例证 2　$P_n^3$ 的排列过程

图 1 –5 是反映 $P_n^3$ 排列过程的图表。从该图表看出，当排列元素仅有“1”1 个元素和“1、2”2 个元素时，不能形成 3 个元素的排列；当排列元素增至“1、2、3”3 个元素时，便产生了“123”、“231”、“312”、“213”、“132”、“321”这 6 个排列，排列数为 1 ×2 ×3 =6；当排列元素增加“4”这个元素后，便产生了有“4”这个元素的 18 组排列（详见图 1 –5），使排列组数增至 24，排列数为 2 ×3 ×4 =24；当排列元素增加“5”这个元素后，便产生了有“5”这个元素的 36 组排列，使排列组数增至 60，排列数为 3 ×4 ×5 =60。可见，$P_n^3$ 的排列过程是“循序逐增”的过程，排列数随着 $n$ 的量增加而增加。

现将例证 2 图 1 –5$P_n^3$ 的排列与例证 1 图 1 –4$P_n^2$ 的排列进行比对，可看出，图 1 –5$P_n^3$ 的各组 3 个元素的排列，均是在图 1 –4$P_n^2$ 的各组 2 个元素的排列基础上增添 1 个元素后形成的排列：图 1 –5 的 $P_3^3$ 的 6 组 3 个元素的排列，是在图 1 –4 的 $P_2^2$ 的 2 组 2 个元素排列基础上增添“3”这个元素后形成的排列；图 1 –5 的 $P_4^3$ 的 24 组 3 个元素的排列，是在图 1 –4 的 $P_3^2$ 的 6 组 2 个元素排列基础上增添“4”这个元素后形成的排列；图 1 –5 的 $P_5^3$ 的 60 组 3 个元素的排列，是在图 1 –4 的 $P_4^2$ 的 12 组 2 个元素排列基础上增添“5”这个元素后形成的排列。可见，$P_n^2$ 与 $P_n^3$，在排列上，$P_n^3$ 的 3 个元素的排列与 $P_n^2$ 的 2 个元素的排列之间存在循序逐增的关系。这不仅仅是排列元素的逐增，而且其排列组数也随之逐增。

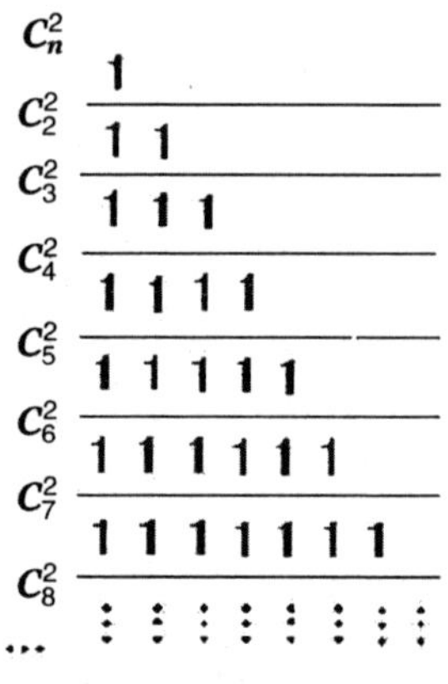

| $C_n^2$ | |
|---|---|
| $C_2^2$ | 1 |
| $C_3^2$ | 1 1 |
| $C_4^2$ | 1 1 1 |
| $C_5^2$ | 1 1 1 1 |
| $C_6^2$ | 1 1 1 1 1 |
| $C_7^2$ | 1 1 1 1 1 1 |
| $C_8^2$ | 1 1 1 1 1 1 1 |
| … | ⋮ ⋮ ⋮ ⋮ ⋮ ⋮ ⋮ ⋮ |

**图 1 –6（$C_n^2$ 的三角矩阵）**

综例证 1、例证 2 的证明，可得结论，数学的排列过程是循序逐增的过程，循序逐增是 $P_n^m$ 排列的基本原理。

**2. 数学的组合数、排列数均可以矩阵表达**

2.1 数学的组合数均可表达为由“1”组成的三角矩阵

数学中的组合，不论其取出元素的 $m(>1)$ 是多少，其任何一个取出 $m$ 元素的组合，均为 $C_m^m$ 组合。因“$C_m^m=1$”，又新增元素与前有元素的组合是循序逐增的过程，所以，任何一个组合数均是由“1”有序组成的三角矩阵。如图 1-6，是 $C_n^2$ 的三角矩阵。从该图看出，矩阵中的“1”在量上是“逐 1”增加的。

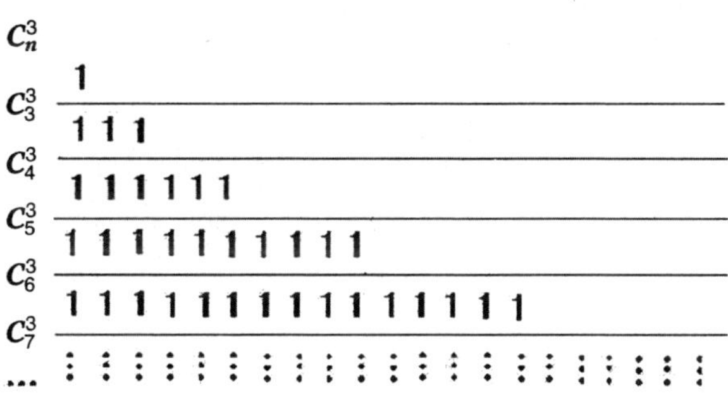

**图 1-7（$C_n^3$ 的三角矩阵）**

图 1-7 是 $C_n^3$ 的三角矩阵。从该图看出，矩阵中的“1”在量上是循着 2、3、4……逐增的。

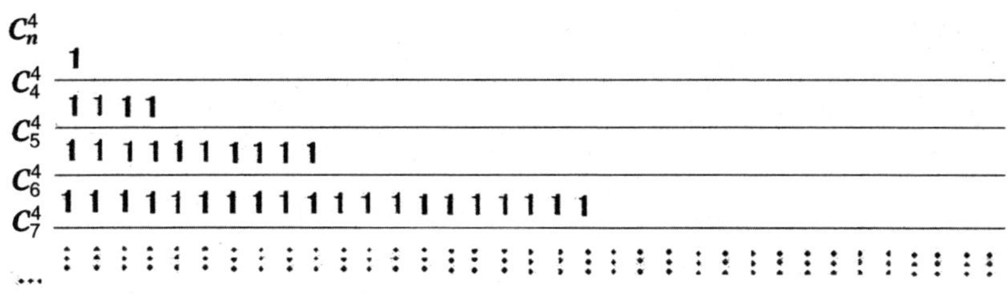

**图 1-8（$C_n^4$ 的三角矩阵）**

图 1-8 是 $C_n^4$ 的三角矩阵。从该图看出，矩阵中的“1”在量上是循

着 3、6、10……逐增的。

其实，$C_n^5$、$C_n^6$……的三角矩阵中的“1”均是循着它的规律逐增的。正因为数学的组合存在这一规律，从中又发现了组合数与组合数之间的关系，即遵循循序逐增的原理，可将三角矩阵中的“1”通过逐 1 和逐数相加的方法而转换为另一个三角矩阵来表达。如图 1－9、图 1－10 所示，是 $C_n^2$、$C_n^3$、$C_n^4$、$C_n^5$、$C_n^6$、$C_n^7$ 三角矩阵，是以 $C_n^2$ 的三角矩阵为模型，依照循序逐增的原理，通过逐 1 和逐数相加的方法而得来的。

| n | $C_n^2$ | | | $C_n^3$ | | | $C_n^4$ | | |
|---|---|---|---|---|---|---|---|---|---|
| | 三角矩阵 | 逐增数 | 组合数 | 三角矩阵 | 逐增数 | 组合数 | 三角矩阵 | 逐增数 | 组合数 |
| 2 | 1 | 1 | 1 | | | | | | |
| 3 | 1 1 | 2 | 3 | 1 | 1 | 1 | | | |
| 4 | 1 1 1 | 3 | 6 | 1 2 | 3 | 4 | 1 | 1 | 1 |
| 5 | 1 1 1 1 | 4 | 10 | 1 2 3 | 6 | 10 | 2 2 | 4 | 5 |
| 6 | 1 1 1 1 1 | 5 | 15 | 1 2 3 4 | 10 | 20 | 3 4 3 | 10 | 15 |
| 7 | 1 1 1 1 1 1 | 6 | 21 | 1 2 3 4 5 | 15 | 35 | 4 6 6 4 | 20 | 35 |
| 8 | 1 1 1 1 1 1 1 | 7 | 28 | 1 2 3 4 5 6 | 21 | 56 | 5 8 9 8 5 | 35 | 70 |
| 9 | 1 1 1 1 1 1 1 1 | 8 | 36 | 1 2 3 4 5 6 7 | 28 | 84 | 6 10 12 12 10 6 | 56 | 126 |
| 10 | 1 1 1 1 1 1 1 1 1 | 9 | 45 | 1 2 3 4 5 6 7 8 | 36 | 120 | 7 12 15 16 15 12 7 | 84 | 210 |

图 1－9（$C_n^2$、$C_n^3$、$C_n^4$ 的三角矩阵图）

| n | $C_n^5$ | | | $C_n^6$ | | | $C_n^7$ | | |
|---|---|---|---|---|---|---|---|---|---|
| | 三角矩阵 | 逐增数 | 组合数 | 三角矩阵 | 逐增数 | 组合数 | 三角矩阵 | 逐增数 | 组合数 |
| 2 | | | | | | | | | |
| 3 | | | | | | | | | |
| 4 | | | | | | | | | |
| 5 | 1 | 1 | 1 | | | | | | |
| 6 | 2 3 | 5 | 6 | 1 | 1 | 1 | | | |
| 7 | 3 6 6 | 15 | 21 | 3 3 | 6 | 7 | 1 | 1 | 1 |
| 8 | 4 9 12 10 | 35 | 56 | 6 9 6 | 21 | 28 | 3 4 | 7 | 8 |
| 9 | 5 12 18 20 15 | 70 | 126 | 10 18 18 10 | 56 | 84 | 6 12 10 | 28 | 36 |
| 10 | 6 18 24 30 30 21 | 126 | 252 | 15 30 36 30 15 | 126 | 210 | 10 24 30 20 | 84 | 120 |

图 1－10（$C_n^5$、$C_n^6$、$C_n^7$ 的三角矩阵图）

现将图 1－9、图 1－10 的 $C_n^2$、$C_n^3$、$C_n^4$、$C_n^5$、$C_n^6$、$C_n^7$ 的“逐增数”和“组合数”汇编为一个表，见图 1－11。

| $n$ | $C_n^2$ | | $C_n^3$ | | $C_n^4$ | | $C_n^5$ | | $C_n^6$ | | $C_n^7$ | |
|---|---|---|---|---|---|---|---|---|---|---|---|---|
| | 逐增数 | 组合数 | 逐增数 | 组合数 | 逐增数 | 组合数 | 逐增数 | 组合数 | 逐增数 | 组合数 | 逐增数 | 组合数 |
| 2 | 1 | 1 | | | | | | | | | | |
| 3 | 2 | 3 | 1 | 1 | | | | | | | | |
| 4 | 3 | 6 | 3 | 4 | 1 | 1 | | | | | | |
| 5 | 4 | 10 | 6 | 10 | 4 | 5 | 1 | 1 | | | | |
| 6 | 5 | 15 | 10 | 20 | 10 | 15 | 5 | 6 | 1 | 1 | | |
| 7 | 6 | 21 | 15 | 35 | 20 | 35 | 15 | 21 | 6 | 7 | 1 | 1 |
| 8 | 7 | 28 | 21 | 56 | 35 | 70 | 35 | 56 | 21 | 28 | 7 | 8 |
| 9 | 8 | 36 | 28 | 84 | 56 | 126 | 70 | 126 | 56 | 84 | 28 | 36 |
| 10 | 9 | 45 | 36 | 120 | 84 | 210 | 126 | 252 | 126 | 210 | 84 | 120 |

**图 1－11（$C_n^2$ 至 $C_n^7$“逐增数”、“组合数”的统计表）**

图 1－11 是 $C_n^2$ 至 $C_n^7$ 的“逐增数”、“组合数”的统计表。将前后纵列的数字进行比对，就会发现一种有趣的循序逐增的规律。从图 1－11 看出，$C_n^2$ 的“组合数”则是下一栏 $C_n^3$ 的“逐增数”；$C_n^3$ 的“组合数”则是下一栏 $C_n^4$ 的“逐增数”；$C_n^4$ 的“组合数”则是下一栏 $C_n^5$ 的“逐增数”；$C_n^5$ 的“组合数”则是下一栏 $C_n^6$ 的“逐增数”；$C_n^6$ 的“组合数”则是下一栏 $C_n^7$ 的“逐增数”。同理，$C_n^7$ 之后的“组合数”均是如此。依照归纳法，可得此定律：$C_n^m$ 的“组合数”则是下一栏 $C_n^{m+1}$ 的“逐增数”，$C_n^{m+1}$ 的“组合数”是为 $C_n^m$ 的“组合数”的累加得数。可见，在数学的组合中，循序逐增的基本原理十分凸显。

2.2　数学的排列数也可表为三角矩阵

图 1－12 是 $P_n^2$ 的排列数的三角矩阵。从该矩阵看出，它是由“2”组成的三角矩阵。其实，矩阵中的这个“2”，乃是取出 2 个元素的“2”的排列数，即“1 × 2 = 2”。而“2”的排放，是遵循循序逐增的原理来进行的有序排放。

$P_n^2$
$P_2^2$　2
$P_3^2$　2 2
$P_4^2$　2 2 2
$P_5^2$　2 2 2 2
$P_6^2$　2 2 2 2 2
$P_7^2$　2 2 2 2 2 2
$P_8^2$　2 2 2 2 2 2 2
…　⋮ ⋮ ⋮ ⋮ ⋮ ⋮ ⋮

**图 1－12（$P_n^2$ 的三角矩阵）**

现将 $P_n^2$ 的三角矩阵与前文图 1－6$C_n^2$ 的三角矩阵相比较，就会发现 $P_n^2$ 的三角矩阵的"2"的排放，与 $C_n^2$ 的三角矩阵的"1"的排放相对应，这也就是说，$P_n^2$ 的排列数与 $C_n^2$ 的组合数存在这样的关系，即：$P_n^2 = C_n^2 \times (1 \times 2)$，亦即：$P_n^2 = C_n^2 \times 2!$。

图 1－13 是 $P_n^3$ 的排列数的三角矩阵。从该矩阵看出，它是由"6"组成的三角矩阵。其实，矩阵中的这个"6"，乃是取出 3 个元素的"3"的排列数，即"$1 \times 2 \times 3 = 6$"，而"6"的排放，是遵循循序逐增的原理来进行的有序排放。现将 $P_n^3$ 的三角矩阵与前文图 1－7$C_n^3$ 的三角矩阵相比较，就会发现 $P_n^3$ 的三角矩阵的"6"的排放，与 $C_n^3$ 的三角矩阵的"1"的排放相对应，这也就是说，$P_n^3$ 的排列数与 $C_n^3$ 的组合数存在这样的关系，即：$P_n^3 = C_n^3 \times (1 \times 2 \times 3)$，亦即：$P_n^3 = C_n^3 \times 3!$。

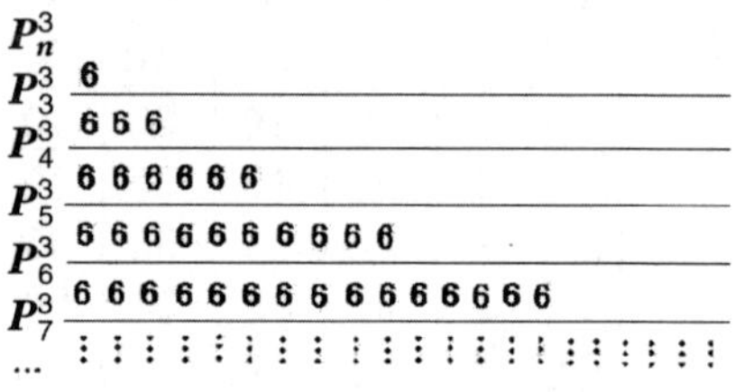


图 1－13（$P_n^3$ 的三角矩阵）

全排列数也可表为三角矩阵，见图 1－14。从图 1－14 看出，全排列数的三角矩阵也是循序逐增的。

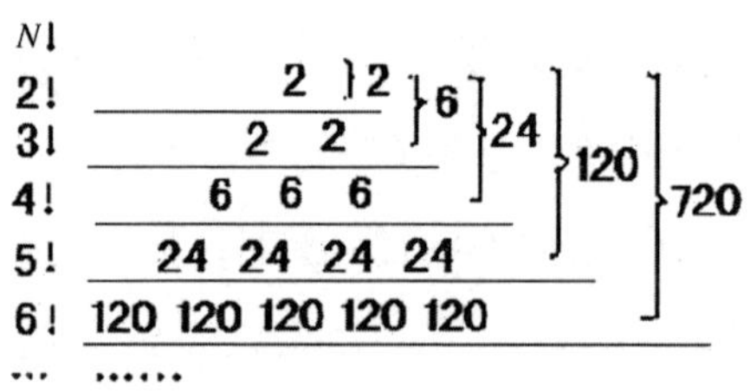


图 1－14（全排列数的三角矩阵）

### 2.3　组合数与排列数之间的关系

从图 1－12、图 1－13 的证明中可知，排列数与组合数有着密切联系。已知：

$P_n^2 = C_n^2 \times 2!$　　　$P_n^3 = C_n^3 \times 3!$

依照归纳法,那么,排列数与组合数之间关系的公式为:

$P_n^m = C_n^m \times m!$ (公式中 $n \geqslant m$,如 $n = m$,则 $P_n^m = C_n^m \times m! = n!$)

“$P_n^m = C_n^m \times m!$”,这个公式不仅简单明了、准确表达了排列数与组合数之间的关系,而且对全排列数“$n!$”也可从中得到简单明了的证明。

**3. 从组合数表看组合数的循序逐增规律**

3.1　循序逐增的组合数表

现将前文图 1－11 表中的“逐增数”、“组合数”,删去“逐增数”,只留下“组合数”,并遵循循序逐增的原理表达出来,即形成“组合数表”,如图 1－15 所示。

| $n$ | $C_n^0$ | $C_n^1$ | $C_n^2$ | $C_n^3$ | $C_n^4$ | $C_n^5$ | $C_n^6$ | $C_n^7$ | $C_n^8$ | $C_n^9$ | $C_n^{10}$ | $C_n^{11}$ | $C_n^{12}$ | … |
|---|---|---|---|---|---|---|---|---|---|---|---|---|---|---|
| 0 | 1 | | | | | | | | | | | | | |
| 1 | 1 | 1 | | | | | | | | | | | | |
| 2 | 1 | 2 | 1 | | | | | | | | | | | |
| 3 | 1 | 3 | 3 | 1 | | | | | | | | | | |
| 4 | 1 | 4 | 6 | 4 | 1 | | | | | | | | | |
| 5 | 1 | 5 | 10 | 10 | 5 | 1 | | | | | | | | |
| 6 | 1 | 6 | 15 | 20 | 15 | 6 | 1 | | | | | | | |
| 7 | 1 | 7 | 21 | 35 | 35 | 21 | 7 | 1 | | | | | | |
| 8 | 1 | 8 | 28 | 56 | 70 | 56 | 28 | 8 | 1 | | | | | |
| 9 | 1 | 9 | 36 | 84 | 126 | 126 | 84 | 36 | 9 | 1 | | | | |
| 10 | 1 | 10 | 45 | 120 | 210 | 252 | 210 | 120 | 45 | 10 | 1 | | | |
| 11 | 1 | 11 | 55 | 165 | 330 | 462 | 462 | 330 | 165 | 55 | 11 | 1 | | |
| 12 | 1 | 12 | 66 | 220 | 495 | 792 | 924 | 792 | 495 | 220 | 66 | 12 | 1 | |
| ⋮ | ⋮ | ⋮ | ⋮ | ⋮ | ⋮ | ⋮ | ⋮ | ⋮ | ⋮ | ⋮ | ⋮ | ⋮ | ⋮ | ⋮ |

**图 1－15(组合数表)**

现对该表做分析,可发现其所隐藏的奥秘和规律。

3.2 组合数表的奥秘

奥秘1 横看成岭侧成峰,横竖斜列规律异有同

认真细看组合数表的数字,不论是横看还是竖看、斜看,都是一串有规律的循序逐增的组合数。横看,是 $n$ 不变、$m$ 依序"+1"逐增的组合数;竖看,是 $m$ 不变、$n$ 依序"+1"逐增的组合数;斜看(左上角至右下角),是 $n$、$m$ 同依序"+1"逐增的组合数。此奥秘又藏着若干规律。

奥秘2 从组合数表中看出,在 $n$ 不变(即 $n$ 相同)的条件下,最大的组合数,既不是最大的 $m$ 的组合数,也不是最小的 $m$ 的组合数,而是处于中间的 $m$(即中轴线框内)的组合数。组合数与 $m$ 既不存在正比关系,也不存在反比关系(即既不是 $m$ 越大则组合数越大,也不是 $m$ 越小则组合数越大)。

奥秘3 组合数表与杨辉三角(帕斯卡三角)完全是同曲异工。

对于组合数表中的有序数字,不少数学学者也许有似曾相识的感觉。其实,笔者当初也是如此。只要将图向右倾斜45°,就会发现图1-15的数字与杨辉三角(见图1-16,也称帕斯卡三角)完全相同。这表明,杨辉三角(帕斯卡三角)的每一个数字都是 $C_n^m$ 的组合数。由此可见,组合数表与杨辉三角(帕斯卡三角)完全是同曲异工。

1
1 1
1 2 1
1 3 3 1
1 4 6 4 1
1 5 10 10 5 1
1 6 15 20 15 6 1
⋮ ⋮ ⋮ ⋮ ⋮ ⋮ ⋮ ⋮

图1-16 杨辉三角(帕斯卡三角)

3.3 杨辉三角(帕斯卡三角)已知的规律

规律1 三角形中的每一行数字表示的是二项式的整系数 $(a+b)$ 的特定次幂,见图1-17。

1

1 1

1 2 1

1 3 3 1

(a)

$(a+b)^0=1$

$(a+b)^1=1a+1b$

$(a+b)^2=1a^2+2ab+1b^2$

$(a+b)^3=1a^3+3a^2+3ab^2+1b^3$

(b)

(a)杨辉三角;(b)二项式

图 1－17

规律 2　三角形中的每一行数字相加之和,从第二行起,是 2 的次幂之积,见图 1－18。

1

1 1

1 2 1

1 3 3 1

1 4 6 4 1

⋮ ⋮ ⋮ ⋮ ⋮ ⋮

(a)

1

$2(2^1)$

$4(2^2)$

$8(2^3)$

$16(2^4)$

…

(b)

(a)杨辉三角;(b)各行数字相加之和

图 1－18

规律 3　三角形中,每条斜线所经过的数字相加之和均为斐波纳契数列,见图 1－19。

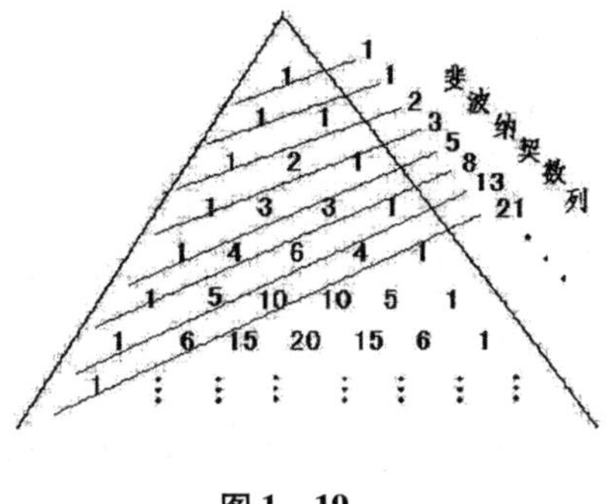


图 1－19

3.4　组合数表中反映出来的组合数循序逐增的规律

规律 1　横列组合数的规律之一

$C_n^m+C_n^{m+1}=C_{n+1}^{m+1}$　(式中 $n\geqslant m+1$)

例证 1　$C_3^2+C_3^{2+1}=C_3^2+C_3^3=C_4^3=3+1=4$

例证 2 $C_4^2+C_4^{2+1}=C_4^2+C_4^3=C_5^3=6+4=10$

例证 3 $C_5^2+C_5^{2+1}=C_5^2+C_5^3=C_6^3=10+10=20$

例证 4 $C_6^2+C_6^{2+1}=C_6^2+C_6^3=C_7^3=15+20=35$

依照归纳法,这一规律的定理可表为:

$C_n^m+C_n^{m+1}=C_{n+1}^{m+1}$ (式中 $n\geqslant m+1$)

规律 2 横列组合数的规律之二

如 $m_1+m_2=n$,则 $C_n^{m1}=C_n^{m2}$,亦即 $C_n^m=C_n^{n-m}$ (式中 $n\geqslant m$)

将图 1-15 中加黑的线框内的数字作为中轴线,可清楚看到,中轴线两边相对应的组合数是等同的。即在 $n$ 相同的同一行组合数中,在相对应的位置可找到两个相同的组合数,且此两个相同的组合数的 $C_n^m$ 等式的两个 $m$ 相加之和正好等于 $n$。

例如 $C_7^m$ 的组合数

已知 $n=7$,$C_7^m$ 的组合等式有 8 个,组合数相同的等式有 4 对:

$C_7^3=C_7^4$ $m_1=3$ $m_2=4$ $m_1+m_2=3+4=7$ $C_7^3=35$ $C_7^4=35$ 可见 $C_7^3=C_7^4$。

$C_7^2=C_7^5$ $m_1=2$ $m_2=5$ $m_1+m_2=2+5=7$ $C_7^2=21$ $C_7^5=21$ 可见 $C_7^2=C_7^5$。

$C_7^1=C_7^6$ $m_1=1$ $m_2=6$ $m_1+m_2=1+6=7$ $C_7^1=7$ $C_7^6=7$ 可见 $C_7^1=C_7^6$。

$C_7^0=C_7^7$ $m_1=0$ $m_2=7$ $m_1+m_2=0+7=7$ $C_7^0=1$ $C_7^7=1$ 可见 $C_7^0=C_7^7$。

又例如 $C_8^m$ 的组合数

已知 $n=8$,$C_8^m$ 的组合等式有 9 个,组合数相同的等式有 4 对:

$C_8^3=C_8^5$ $m_1=3$ $m_2=5$ $m_1+m_2=3+5=8$ $C_8^3=56$ $C_8^5=56$ 可见 $C_8^3=C_8^5$。

$C_8^2=C_8^6$ $m_1=2$ $m_2=6$ $m_1+m_2=2+6=8$ $C_8^2=28$ $C_8^6=28$

可见 $C_8^2=C_8^6$。

$C_8^1=C_8^7$　$m_1=1$　$m_2=7$　$m_1+m_2=1+7=8$　$C_8^1=8$　$C_8^7=8$　可见 $C_8^1=C_8^7$。

$C_8^0=C_8^8$　$m_1=0$　$m_2=8$　$m_1+m_2=0+8=8$　$C_8^0=1$　$C_8^8=1$　可见 $C_8^0=C_8^8$。

两个相同的组合数的 $C_n^m$ 等式还告诉我们这样一个规律：$C_n^m=C_n^{n-m}$

以 $C_7^m$ 的组合等式为例，如 $C_7^3$，已知 $n=7$，$m=3$，那么，$C_7^{7-3}=C_7^4$。$C_7^3=35$　$C_7^4=35$　可见 $C_7^3=C_7^4$。

又如 $C_7^5$，已知 $n=7$，$m=5$，那么，$C_7^{7-5}=C_7^2$。$C_7^2=21$　$C_7^5=21$　可见 $C_7^5=C_7^2$。

在此，应指出的，我们不能以除法的计算方法来理解"$C_n^0=1$"的问题，而以组合的对等原理来理解"$C_n^0=1$（包括 $C_0^0=1$）"的问题，因为证明结果表明：$C_n^0=1$。组合的计算方式只是"借用"了除法的计算方法而已。

事实证明1　循序逐增的组合数表清楚地告诉我们：$C_n^0=1$。

事实证明2　$C_n^m=C_n^{n-m}$ 的定理表明：$C_n^0=C_n^{n-0}=C_n^n$，$C_n^n=1$，所以 $C_n^0=1$。

因此，$C_n^0=1$，更不存在"设定 $C_n^0=1$"的问题。

规律3　横列组合数的规律之三

横列组合数依序相加，$C_n^m$ 的 $n=2^n$ 的 $n$，即：$C_n^0+C_n^1+C_n^2+C_n^3+\cdots+C_n^n=2^n$　（式中 $n\geqslant 2$）

如：$n=1$　那么，$C_1^0+C_1^1=1+1=2$　$2=2^1$

$n=2$　那么，$C_2^0+C_2^1+C_2^2=1+2+1=4$　$4=2^2$

$n=3$　那么，$C_3^0+C_3^1+C_3^2+C_3^3=1+3+3+1=8$　$8=2^3$

$n=4$　那么，$C_4^0+C_4^1+C_4^2+C_4^3+C_4^4=1+4+6+4+1=16$　$16=2^4$

$n=5$　那么，$C_5^0+C_5^1+C_5^2+C_5^3+C_5^4+C_5^5=1+5+10+10+$

$5+1=32 \quad 32=2^5$

依照归纳法，得：$C_n^0+C_n^1+C_n^2+C_n^3+\cdots+C_n^n=2^n$ （式中 $n\geqslant 2$）

此规律还告诉我们，$n$ 为 3 的组合数依序相加之和是 $n$ 为 2 的组合数依序相加之和的 2 倍；$n$ 为 4 的组合数依序相加之和是 $n$ 为 3 的组合数依序相加之和的 2 倍；$n$ 为 5 的组合数依序相加之和是 $n$ 为 4 的组合数依序相加之和的 2 倍，其余依此类推。可见，横列每行组合数依序相加之和随着 $n$ 的增加而翻一番增加。

规律 4 纵列（竖列）组合数的规律之一

单列纵列组合数循序累加规律。即在 $C_n^m$ 的 $m$ 不变的条件下，$n$ 循着"+1"逐增，以 $C_n^m=1$ 为累加起始数，依序将各组合数累加。其定理为：

$C_n^m+C_{n+1}^m+C_{n+2}^m+C_{n+3}^m+C_{n+4}^m+\cdots+C_{n+k}^m=C_{n+k+1}^{m+1}$ （式中 $m=n$）

例证 1 见图 1－20。

| $C_n^0$（即 $C_{0+k}^0$）的循序累加之规律 | | | | |
|---|---|---|---|---|
| 第一步 | 第二步 | 第三步 | 累加之和 | 累加之和的组合等式 |
| $C_{0+0}^0$ + | $C_0^0$ + | 1 + | 1 | $C_{0+0+1}^{0+1}=C_1^1$ |
| $C_{0+1}^0$ + | $C_1^0$ + | 1 + | 2 | $C_{0+1+1}^{0+1}=C_2^1$ |
| $C_{0+2}^0$ + | $C_2^0$ + | 1 + | 3 | $C_{0+2+1}^{0+1}=C_3^1$ |
| $C_{0+3}^0$ + | $C_3^0$ + | 1 + | 4 | $C_{0+3+1}^{0+1}=C_4^1$ |
| $C_{0+4}^0$ + | $C_4^0$ + | 1 + | 5 | $C_{0+4+1}^{0+1}=C_5^1$ |
| $C_{0+5}^0$ + | $C_5^0$ + | 1 + | 6 | $C_{0+5+1}^{0+1}=C_6^1$ |
| … | … | … | … | … = … |

图 1－20

例证 2　见图 1－21。

| $C_n^1$（即$C_{1+k}^1$）的循序累加之规律 | | | | |
|---|---|---|---|---|
| 第一步 | 第二步 | 第三步 | 累加之和 | 累加之和的组合等式 |
| $C_{1+0}^1$ + | $C_1^1$ + | 1 + | 1 | $C_{1+0+1}^{1+1}=C_2^2$ |
| $C_{1+1}^1$ + | $C_2^1$ + | 2 + | 3 | $C_{1+1+1}^{1+1}=C_3^2$ |
| $C_{1+2}^1$ + | $C_3^1$ + | 3 + | 6 | $C_{1+2+1}^{1+1}=C_4^2$ |
| $C_{1+3}^1$ + | $C_4^1$ + | 4 + | 10 | $C_{1+3+1}^{1+1}=C_5^2$ |
| $C_{1+4}^1$ + | $C_5^1$ + | 5 + | 15 | $C_{1+4+1}^{1+1}=C_6^2$ |
| $C_{1+5}^1$ + | $C_6^1$ + | 6 + | 21 | $C_{1+5+1}^{1+1}=C_7^2$ |
| … | … | … | … | … = … |

**图 1－21**

例证 3　见图 1－22。

| $C_n^2$（即$C_{2+k}^2$）的循序累加之规律 | | | | |
|---|---|---|---|---|
| 第一步 | 第二步 | 第三步 | 累加之和 | 累加之和的组合等式 |
| $C_{2+0}^2$ + | $C_2^2$ + | 1 + | 1 | $C_{2+0+1}^{2+1}=C_3^3$ |
| $C_{2+1}^2$ + | $C_3^2$ + | 3 + | 4 | $C_{2+1+1}^{2+1}=C_4^3$ |
| $C_{2+2}^2$ + | $C_4^2$ + | 6 + | 10 | $C_{2+2+1}^{2+1}=C_5^3$ |
| $C_{2+3}^2$ + | $C_5^2$ + | 10 + | 20 | $C_{2+3+1}^{2+1}=C_6^3$ |
| $C_{2+4}^2$ + | $C_6^2$ + | 15 + | 35 | $C_{2+4+1}^{2+1}=C_7^3$ |
| $C_{2+5}^2$ + | $C_7^2$ + | 21 + | 56 | $C_{2+5+1}^{2+1}=C_8^3$ |
| … | … | … | … | … = … |

**图 1－22**

根据例证 1 的 $C_n^0$ 组合数循序累加之规律,可将其公式表为:

$$C_0^0+C_{0+1}^0+C_{0+2}^0+C_{0+3}^0+C_{0+4}^0+\cdots+C_{0+k}^0=C_{0+k+1}^{0+1}$$

根据例证 2 的 $C_n^1$ 组合数循序累加之规律,可将其公式表为:

$$C_1^1+C_{1+1}^1+C_{1+2}^1+C_{1+3}^1+C_{1+4}^1+\cdots+C_{1+k}^1=C_{1+k+1}^{1+1}$$

根据例证 3 的 $C_n^2$ 组合数循序累加之规律,可将其公式表为:

$$C_2^2+C_{2+1}^2+C_{2+2}^2+C_{2+3}^2+C_{2+4}^2+\cdots+C_{2+k}^2=C_{2+k+1}^{2+1}$$

综例证 1、例证 2、例证 3 的证明,依照归纳法,其定理为:

$$C_n^m+C_{n+1}^m+C_{n+2}^m+C_{n+3}^m+C_{n+4}^m+\cdots+C_{n+k}^m=C_{n+k+1}^{m+1}\quad（式中 m=n）$$

单列纵列组合数循序累加规律表明,在 $C_n^m$ 的 $m$ 不变的条件下,$n$ 循着“$+1$”逐增,以 $C_n^m=1$ 为累加起始数,其组合数依序累加之和,正是“$m+1$”后不变、$n$ 循着“$+1$”逐增的组合数,即上纵列组合数循序累加之和,正是下纵列的组合数。如 $C_n^0$ 组合数循序累加之和,乃是 $C_n^1$ 的组合数;而 $C_n^1$ 组合数循序累加之和,乃是 $C_n^2$ 的组合数;又 $C_n^2$ 组合数循序累加之和,则是 $C_n^3$ 的组合数……其余依此类推。可见,单列纵列组合数循序累加规律是一条“上加成下”的循序累加“链条”，没有穷尽(见图1－23)。

| $C_n^0$ 循序累加 | 累加之和 | $C_n^1$ 循序累加 | 累加之和 | $C_n^2$ 循序累加 | 累加之和 | $C_n^3$ 循序累加 | 累加之和 | $C_n^4$ 循序累加 | 累加之和 | $C_n^5$ 循序累加 | 累加之和 | … |
|---|---|---|---|---|---|---|---|---|---|---|---|---|
| 1 + | 1 | 1 + | 1 | 1 + | 1 | 1 + | 1 | 1 + | 1 | 1 + | 1 | ⋮ |
| 1 + | 2 | 2 + | 3 | 3 + | 4 | 4 + | 5 | 5 + | 6 | 6 + | 7 | |
| 1 + | 3 | 3 + | 6 | 6 + | 10 | 10 + | 15 | 15 + | 21 | 21 + | 28 | |
| 1 + | 4 | 4 + | 10 | 10 + | 20 | 20 + | 35 | 35 + | 56 | 56 + | 84 | |
| 1 + | 5 | 5 + | 15 | 15 + | 35 | 35 + | 70 | 70 + | 126 | 126 + | 210 | |
| 1 + | 6 | 6 + | 21 | 21 + | 56 | 56 + | 126 | 126 + | 252 | 252 + | 462 | |
| 1 + | 7 | 7 + | 28 | 28 + | 84 | 84 + | 210 | 210 + | 462 | 462 + | 924 | |
| 1 + | 8 | 8 + | 36 | 36 + | 120 | 120 + | 330 | 330 + | 792 | 792 + | 1716 | |
| 1 + | 9 | 9 + | 45 | 45 + | 165 | 165 + | 495 | 495 + | 1287 | 1287 + | 3003 | |
| 1 + | 10 | 10 + | 55 | 55 + | 220 | 220 + | 715 | 715 + | 2002 | 2002 + | 5005 | |
| … | … | … | … | … | … | … | … | … | … | … | … | |

**图1－23**

在此，我想起了少年高斯巧算自然数1至100累加之和的故事。其实，自然数1至100累加，实质是 $C_n^1$ 组合数循序累加，依照组合数的循序逐增原理，其答案为：$C_{101}^2=\frac{100\times101}{2\times1}=\frac{10100}{2}=5050$。

规律5　纵列(竖列)组合数的规律之二

相邻双列纵列组合数循序累加的规律。其定理为：

$C_n^m+(C_{n+1}^m+C_{n+1}^{m+1})+(C_{n+2}^m+C_{n+2}^{m+1})+(C_{n+3}^m+C_{n+3}^{m+1})+(C_{n+4}^m+C_{n+4}^{m+1})+\cdots+(C_{n+k}^m+C_{n+k}^{m+1})=C_{n+k+2}^{m+2}$　(式中 $m=n$)

例证1　见图1－24。

| $C_n^0+C_n^1$ （即 $C_{0+k}^0+C_{0+k}^{0+1}$）的循序累加之规律 | | | | | |
|---|---|---|---|---|---|
| 第一步 | 第二步 | 第三步 | 第四步 | 累加之和 | 累加之和的组合等式 |
| $C_{0+0}^0$ | $C_0^0$ | 1 | 1 | 1 | $C_{0+0+2}^{0+2}=C_2^2$ |
| + $(C_{0+1}^0+C_{0+1}^{0+1})$ | + $(C_1^0+C_1^1)$ | + (1 + 1) | + 2 | 3 | $C_{0+1+2}^{0+2}=C_3^2$ |
| + $(C_{0+2}^0+C_{0+2}^{0+1})$ | + $(C_2^0+C_2^1)$ | + (1 + 2) | + 3 | 6 | $C_{0+2+2}^{0+2}=C_4^2$ |
| + $(C_{0+3}^0+C_{0+3}^{0+1})$ | + $(C_3^0+C_3^1)$ | + (1 + 3) | + 4 | 10 | $C_{0+3+2}^{0+2}=C_5^2$ |
| + $(C_{0+4}^0+C_{0+4}^{0+1})$ | + $(C_4^0+C_4^1)$ | + (1 + 4) | + 5 | 15 | $C_{0+4+2}^{0+2}=C_6^2$ |
| + $(C_{0+5}^0+C_{0+5}^{0+1})$ | + $(C_5^0+C_5^1)$ | + (1 + 5) | + 6 | 21 | $C_{0+5+2}^{0+2}=C_7^2$ |
| + (… + …) | + (… + …) | + (… + …) | + … | … | … = … |

图 1－24

例证 2　见图 1－25。

| $C_n^1+C_n^2$ （即 $C_{1+k}^1+C_{1+k}^{1+1}$）的循序累加之规律 | | | | | |
|---|---|---|---|---|---|
| 第一步 | 第二步 | 第三步 | 第四步 | 累加之和 | 累加之和的组合等式 |
| $C_{1+0}^1$ | $C_1^1$ | 1 | 1 | 1 | $C_{1+0+2}^{1+2}=C_3^3$ |
| + $(C_{1+1}^1+C_{1+1}^{1+1})$ | + $(C_2^1+C_2^2)$ | + (2 + 1) | + 3 | 4 | $C_{1+1+2}^{1+2}=C_4^3$ |
| + $(C_{1+2}^1+C_{1+2}^{1+1})$ | + $(C_3^1+C_3^2)$ | + (3 + 3) | + 6 | 10 | $C_{1+2+2}^{1+2}=C_5^3$ |
| + $(C_{1+3}^1+C_{1+3}^{1+1})$ | + $(C_4^1+C_4^2)$ | + (4 + 6) | + 10 | 20 | $C_{1+3+2}^{1+2}=C_6^3$ |
| + $(C_{1+4}^1+C_{1+4}^{1+1})$ | + $(C_5^1+C_5^2)$ | + (5 + 10) | + 15 | 35 | $C_{1+4+2}^{1+2}=C_7^3$ |
| + $(C_{1+5}^1+C_{1+5}^{1+1})$ | + $(C_6^1+C_6^2)$ | + (6 + 15) | + 21 | 56 | $C_{1+5+2}^{1+2}=C_8^3$ |
| + (… + …) | + (… + …) | + (… + …) | + … | … | … = … |

图 1－25

根据例证 1 的“$C_n^0 + C_n^1$”组合数循序累加之规律,可将其公式表为:

$$C_0^0 + (C_{0+1}^0 + C_{0+1}^{0+1}) + (C_{0+2}^0 + C_{0+2}^{0+1}) + (C_{0+3}^0 + C_{0+3}^{0+1}) + \cdots + (C_{0+k}^0 + C_{0+k}^{0+1}) = C_{0+k+2}^{0+2}$$

根据例证 2 的“$C_n^1 + C_n^2$”组合数循序累加之规律,可将其公式表为:

$$C_1^1 + (C_{1+1}^1 + C_{1+1}^{1+1}) + (C_{1+2}^1 + C_{1+2}^{1+1}) + (C_{1+3}^1 + C_{1+3}^{1+1}) + \cdots + (C_{1+k}^1 + C_{1+k}^{1+1}) = C_{1+k+2}^{1+2}$$

综例证 1、例证 2 的证明,依照归纳法,其定理为:

$$C_n^m + (C_{n+1}^m + C_{n+1}^{m+1}) + (C_{n+2}^m + C_{n+2}^{m+1}) + (C_{n+3}^m + C_{n+3}^{m+1}) + \cdots + (C_{n+k}^m + C_{n+k}^{m+1}) = C_{n+k+2}^{m+2}$$

| $C_n^0+C_n^1$ 循序累加 | 即是 | 累加之和 | $C_n^1+C_n^2$ 循序累加 | 即是 | 累加之和 | $C_n^2+C_n^3$ 循序累加 | 即是 | 累加之和 | $C_n^3+C_n^4$ 循序累加 | 即是 | 累加之和 | … |
|---|---|---|---|---|---|---|---|---|---|---|---|---|
| 1 | 1 | 1 | 1 | 1 | 1 | 1 | 1 | 1 | 1 | 1 | 1 | ⋮ |
| + (1+1) | + 2 | 3 | + (2+1) | + 3 | 4 | + (3+1) | + 4 | 5 | + (4+1) | + 5 | 6 | |
| + (1+2) | + 3 | 6 | + (3+3) | + 6 | 10 | + (6+4) | + 10 | 15 | + (10+5) | + 15 | 21 | |
| + (1+3) | + 4 | 10 | + (4+6) | + 10 | 20 | + (10+10) | + 20 | 35 | + (20+15) | + 35 | 56 | |
| + (1+4) | + 5 | 15 | + (5+10) | + 15 | 35 | + (15+20) | + 35 | 70 | + (35+35) | + 70 | 126 | |
| + (1+5) | + 6 | 21 | + (6+15) | + 21 | 56 | + (21+35) | + 56 | 126 | + (56+70) | + 126 | 252 | |
| + (1+6) | + 7 | 28 | + (7+21) | + 28 | 84 | + (28+56) | + 84 | 210 | + (84+126) | + 210 | 462 | |
| + (1+7) | + 8 | 36 | + (8+28) | + 36 | 120 | + (36+84) | + 120 | 330 | + (120+210) | + 330 | 792 | |
| + (1+8) | + 9 | 45 | + (9+36) | + 45 | 165 | + (45+120) | + 165 | 495 | + (165+330) | + 495 | 1287 | |
| + (1+9) | + 10 | 55 | + (10+45) | + 55 | 220 | + (55+165) | + 220 | 715 | + (220+495) | + 715 | 2002 | |
| + (…+…) | + … | … | + (…+…) | + … | … | + (…+…) | + … | … | + (…+…) | + … | … | |

**图 1-26**

图 1-24、图 1-25、图 1-26 的证明表明,相邻双列纵列组合数依序累加之和正是后列下一纵列循序逐增的组合数。从图 1-26 看出,$C_n^0$ 与 $C_n^1$ 双列组合数循序累加之和,是 $C_n^1$ 下一纵列 $C_n^2$ 的组合数,即与前文 $C_n^1$ 单列组合数循序累加之和同;$C_n^1$ 与 $C_n^2$ 双列组合数循序累加之和,是

$C_n^2$ 下一纵列 $C_n^3$ 的组合数,即与前文 $C_n^2$ 单列组合数循序累加之和同;$C_n^2$ 与 $C_n^3$ 双列组合数循序累加之和,是 $C_n^3$ 下一纵列 $C_n^4$ 的组合数,即与前文 $C_n^3$ 单列组合数循序累加之和同。其余依此类推。可见,双列纵列组合数循序累加规律也是一条“上加成下”的循序累加“链条”,没有穷尽。

规律 6　纵列(竖列)组合数的规律之三

相邻 3 列以上纵列组合数循序累加的规律。

前文对单列、相邻双列纵列组合数循序累加的规律进行了证明。那么,当相邻列数增至 3 列、4 列、5 列……$n$ 列,其组合数循序累加又是什么样的规律呢,请看下面证明。

笔者研究结果表明,3 列以上纵列组合数循序累加有两种方法。方法不同,反映出来的规律也不同。

循序累加方法 1 的证明　将相邻的第二、第三、第四……列的起始组合数 1,与首列的第二个组合数为同行位置上(即同一括号内),见图 1－27、图 1－28。

例证 1　图 1－27 所示,是相邻 3 列纵列组合数循序累加规律例证表。

| $C_n^0+C_n^1+C_n^2$ 循序累加 | 即是 | 累加之和 | $C_n^1+C_n^2+C_n^3$ 循序累加 | 即是 | 累加之和 | $C_n^2+C_n^3+C_n^4$ 循序累加 | 即是 | 累加之和 | … |
|---|---|---|---|---|---|---|---|---|---|
| 1 | 1 | 1 | 1 | 1 | 1 | 1 | 1 | 1 | ⋮ |
| + (1+1+1) | + 3 | 4 | + (2+1+1) | + 4 | 5 | + (3+1+1) | + 5 | 6 | |
| + (1+2+3) | + 6 | 10 | + (3+3+4) | + 10 | 15 | + (6+4+5) | + 15 | 21 | |
| + (1+3+6) | + 10 | 20 | + (4+6+10) | + 20 | 35 | + (10+10+15) | + 35 | 56 | |
| + (1+4+10) | + 15 | 35 | + (5+10+20) | + 35 | 70 | + (15+20+35) | + 70 | 126 | |
| + (1+5+15) | + 21 | 56 | + (6+15+35) | + 56 | 126 | + (21+35+70) | + 126 | 252 | |
| + (1+6+21) | + 28 | 84 | + (7+21+56) | + 84 | 210 | + (28+56+126) | + 210 | 462 | |
| + (1+7+28) | + 36 | 120 | + (8+28+84) | + 120 | 330 | + (36+84+210) | + 330 | 792 | |
| + (1+8+36) | + 45 | 165 | + (9+36+120) | + 165 | 495 | + (45+120+330) | + 495 | 1287 | |
| + (1+9+45) | + 55 | 220 | + (10+45+165) | + 220 | 715 | + (55+165+495) | + 715 | 2002 | |
| + (…+…+…) | + … | … | + (…+…+…) | + … | … | + (…+…+…) | + … | … | |

**图 1－27**

从图 1－27 看出，$C_n^0$、$C_n^1$、$C_n^2$3 列纵列组合数循序累加的结果，与前文图 1－23 的 $C_n^2$ 单列纵列组合数循序累加的结果相同，累加之和为 $C_n^3$ 的组合数；$C_n^1$、$C_n^2$、$C_n^3$3 列纵列组合数循序累加的结果，与前文图 1－23 的 $C_n^3$ 单列纵列组合数循序累加的结果相同，累加之和为 $C_n^4$ 的组合数；$C_n^2$、$C_n^3$、$C_n^4$3 列纵列组合数循序累加的结果，与前文图 1－23 的 $C_n^4$ 单列纵列组合数循序累加的结果相同，累加之和为 $C_n^5$ 的组合数。由此可见，相邻 3 列纵列组合数循序累加之规律与相邻 2 列纵列组合数循序累加之规律同，相邻 3 列纵列组合数循序累加之和等于后列单列纵列组合数循序累加之和。

例证 2　图 1－28 所示，是相邻 4 列纵列组合数循序累加规律例证表。

| $C_n^0+C_n^1+C_n^2+C_n^3$ 循序累加 | 即是 | 累加之和 | $C_n^1+C_n^2+C_n^3+C_n^4$ 循序累加 | 即是 | 累加之和 | $C_n^2+C_n^3+C_n^4+C_n^5$ 循序累加 | 即是 | 累加之和 | … |
|---|---|---|---|---|---|---|---|---|---|
| 1 | 1 | 1 | 1 | 1 | 1 | 1 | 1 | 1 | ⋮ |
| + (1+1+1+1) | + 4 | 5 | + (2+1+1+1) | + 5 | 6 | + (3+1+1+1) | + 6 | 7 | |
| + (1+2+3+4) | + 10 | 15 | + (3+3+4+5) | + 15 | 21 | + (6+4+5+6) | + 21 | 28 | |
| + (1+3+6+10) | + 20 | 35 | + (4+6+10+15) | + 35 | 56 | + (10+10+15+21) | + 56 | 84 | |
| + (1+4+10+20) | + 35 | 70 | + (5+10+20+35) | + 70 | 126 | + (15+20+35+56) | + 126 | 210 | |
| + (1+5+15+35) | + 56 | 126 | + (6+15+35+70) | + 126 | 252 | + (21+35+70+126) | + 252 | 462 | |
| + (1+6+21+56) | + 84 | 210 | + (7+21+56+126) | + 210 | 462 | + (28+56+126+252) | + 462 | 924 | |
| + (1+7+28+84) | + 120 | 330 | + (8+28+84+210) | + 330 | 792 | + (36+84+210+462) | + 792 | 1716 | |
| + (1+8+36+120) | + 165 | 495 | + (9+36+120+330) | + 495 | 1287 | + (45+120+330+792) | + 1287 | 3003 | |
| + (1+9+45+165) | + 220 | 715 | + (10+45+165+495) | + 715 | 2002 | + (55+165+495+1287) | + 2002 | 5005 | |
| + (…+…+…+…) | + … | … | + (…+…+…+…) | + … | … | + (…+…+…+…) | + … | … | |

**图 1－28**

从图 1－28 看出，$C_n^0$、$C_n^1$、$C_n^2$、$C_n^3$4 列纵列组合数循序累加的结果，与前文图 1－23 的 $C_n^3$ 单列纵列组合数循序累加的结果相同，累加之和为 $C_n^4$ 的组合数；$C_n^1$、$C_n^2$、$C_n^3$、$C_n^4$4 列纵列组合数循序累加的结果，与前文图 1－23 的 $C_n^4$ 单列纵列组合数循序累加的结果相同，累加之和为 $C_n^5$ 的组合数；$C_n^2$、$C_n^3$、$C_n^4$、$C_n^5$4 列纵列组合数循序累加的结果，与前文图 1－23 的

$C_n^5$ 单列纵列组合数循序累加的结果相同,累加之和为 $C_n^6$ 的组合数。由此可见,相邻4列纵列组合数循序累加之规律与相邻2列纵列组合数循序累加之规律同,相邻4列纵列组合数循序累加之和等于后列单列纵列组合数循序累加之和。

综图1-27、图1-28的证明,得出结论:循序累加方法1的累加结果为,不论多少列纵列组合数循序累加,其累加之和为后列下一纵列的组合数,与后列单列纵列组合数循序累加之和同。亦即其答案的组合数的组合式,是后列纵列最后一个组合式 $C_n^m$ 的 $n+2$、$m+1$,即:$C_{n+2}^{m+1}$。

如图1-27的"$C_n^0$、$C_n^1$、$C_n^2$"3列纵列组合数循序累加,其后列纵列 $C_n^3$ 的最后一个组合数21的组合式为 $C_7^2$,那么,其相对应的累加之和84的组合式为 $C_{7+2}^{2+1}$,即 $C_{7+2}^{2+1}=C_9^3=84$。

再如图1-28的"$C_n^0$、$C_n^1$、$C_n^2$、$C_n^3$"4列纵列组合数循序累加,其后列纵列 $C_n^3$ 的最后一个组合数252的组合式为 $C_{10}^5$,那么,其相对应的累加之和924的组合式为 $C_{10+2}^{5+1}$,即 $C_{10+2}^{5+1}=C_{12}^6=924$。

又以下面这道数学题为例,

$$C_2^2+(C_{2+1}^2+C_{2+1}^{2+1}+C_{2+2}^{2+2}+C_{2+3}^{2+3}+\cdots+C_{2+98}^{2+98})+(C_{2+1+1}^2+C_{2+1+1}^{2+1}+C_{2+2+1}^{2+2}+C_{2+3+1}^{2+3}+\cdots+C_{2+98+1}^{2+98})+(C_{2+1+2}^2+C_{2+1+2}^{2+1}+C_{2+2+2}^{2+2}+C_{2+3+2}^{2+3}+\cdots+C_{2+98+2}^{2+98})+(C_{2+1+3}^2+C_{2+1+3}^{2+1}+C_{2+2+3}^{2+2}+C_{2+3+3}^{2+3}+\cdots+C_{2+98+3}^{2+98})+\cdots+(C_{2+1+97}^2+C_{2+1+97}^{2+1}+C_{2+2+97}^{2+2}+C_{2+3+97}^{2+3}+\cdots+C_{2+98+97}^{2+98})=?$$

这是一道99列纵列组合数循序累加的数学题。已知,其后列纵列 $C_n^{100}$ 的最后一个组合式为 $C_{197}^{100}$,那么,该题答案的组合式为 $C_{197+2}^{100+1}=C_{199}^{101}$。

循序累加方法2的证明　将相邻的若干列纵列组合数依照组合数表的序列(即 $C_n^m$ 的 $n$ 相同的组合式为同一括号内)进行累加,见图1-29、图1-30。

例证1 图1－29所示，是相邻3列纵列组合数循序累加规律例证表。

| $C_n^0+C_n^1+C_n^2$ 循序累加 | 即是 | 累加之和 | $C_n^1+C_n^2+C_n^3$ 循序累加 | 即是 | 累加之和 | $C_n^2+C_n^3+C_n^4$ 循序累加 | 即是 | 累加之和 | … |
|---|---|---|---|---|---|---|---|---|---|
| 1 | 1 | 1 | 1 | 1 | 1 | 1 | 1 | 1 | ⋮ |
| + (1+1) | + 2 | 3 | + (2+1) | + 3 | 4 | + (3+1) | + 4 | 5 | |
| + (1+2+1) | + 4 | 7 | + (3+3+1) | + 7 | 11 | + (6+4+1) | + 11 | 16 | |
| + (1+3+3) | + 7 | 14 | + (4+6+4) | + 14 | 25 | + (10+10+5) | + 25 | 41 | |
| + (1+4+6) | + 11 | 25 | + (5+10+10) | + 25 | 50 | + (15+20+15) | + 50 | 91 | |
| + (1+5+10) | + 16 | 41 | + (6+15+20) | + 41 | 91 | + (21+35+35) | + 91 | 182 | |
| + (1+6+15) | + 22 | 63 | + (7+21+35) | + 63 | 154 | + (28+56+70) | + 154 | 336 | |
| + (1+7+21) | + 29 | 92 | + (8+28+56) | + 92 | 246 | + (36+84+126) | + 246 | 582 | |
| + (1+8+28) | + 37 | 129 | + (9+36+84) | + 129 | 375 | + (45+120+210) | + 375 | 957 | |
| + (1+9+36) | + 46 | 175 | + (10+45+120) | + 175 | 550 | + (55+165+330) | + 550 | 1507 | |
| + (…+…+…) | + … | … | + (…+…+…) | + … | … | + (…+…+…) | + … | … | |

图1－29

例证2 图1－30所示，是相邻4列纵列组合数循序累加规律例证表。

| $C_n^0+C_n^1+C_n^2+C_n^3$ 循序累加 | 即是 | 累加之和 | $C_n^1+C_n^2+C_n^3+C_n^4$ 循序累加 | 即是 | 累加之和 | $C_n^2+C_n^3+C_n^4+C_n^5$ 循序累加 | 即是 | 累加之和 | … |
|---|---|---|---|---|---|---|---|---|---|
| 1 | 1 | 1 | 1 | 1 | 1 | 1 | 1 | 1 | ⋮ |
| + (1+1) | + 2 | 3 | + (2+1) | + 3 | 4 | + (3+1) | + 4 | 5 | |
| + (1+2+1) | + 4 | 7 | + (3+3+1) | + 7 | 11 | + (6+4+1+) | + 11 | 16 | |
| + (1+3+3+1) | + 8 | 15 | + (4+6+4+1) | + 15 | 26 | + (10+10+5+1) | + 26 | 42 | |
| + (1+4+6+4) | + 15 | 30 | + (5+10+10+5) | + 30 | 56 | + (15+20+15+6) | + 56 | 98 | |
| + (1+5+10+10) | + 26 | 56 | + (6+15+20+15) | + 56 | 112 | + (21+35+35+21) | + 112 | 210 | |
| + (1+6+15+20) | + 42 | 98 | + (7+21+35+35) | + 98 | 210 | + (28+56+70+56) | + 210 | 420 | |
| + (1+7+21+35) | + 64 | 162 | + (8+28+56+70) | + 162 | 372 | + (36+84+126+126) | + 372 | 792 | |
| + (1+8+28+56) | + 93 | 255 | + (9+36+84+126) | + 255 | 627 | + (45+120+210+252) | + 627 | 1419 | |
| + (1+9+36+84) | + 130 | 385 | + (10+45+120+210) | + 385 | 1012 | + (55+165+330+462) | + 1012 | 2431 | |
| + (…+…+…+…) | + … | … | + (…+…+…+…) | + … | … | + (…+…+…+…) | + … | … | |

图1－30

从图 1－29、图 1－30 看出，方法 2 的相邻 3 列、4 列纵列组合数循序累加的结果，与方法 1 的相邻 3 列、4 列纵列组合数循序累加的结果不相同，方法 2 的 3 列、4 列纵列组合数循序累加之和均不是等于后列单列纵列组合数循序累加之和，也不是其他有序的组合数。虽然如此，但前组相邻若干列纵列组合数循序累加之和与后组相邻若干列纵列组合数循序累加之和存在着循序逐增的关系。如 $C_n^0$、$C_n^1$、$C_n^2$3 列纵列组合数循序累加之和是后组 $C_n^1$、$C_n^2$、$C_n^3$3 列纵列组合数循序累加数（即逐增数），而 $C_n^1$、$C_n^2$、$C_n^3$3 列纵列组合数循序累加之和则是其后 $C_n^2$、$C_n^3$、$C_n^4$3 列纵列组合数循序累加数（即逐增数），其余依此类推。同理，图 1－30 的相邻 4 列纵列组合数循序累加的结果也是如此，$C_n^0$、$C_n^1$、$C_n^2$、$C_n^3$4 列纵列组合数循序累加之和是后组 $C_n^1$、$C_n^2$、$C_n^3$、$C_n^4$4 列纵列组合数循序累加数（即逐增数），而 $C_n^1$、$C_n^2$、$C_n^3$、$C_n^4$4 列纵列组合数循序累加之和则是其后 $C_n^2$、$C_n^3$、$C_n^4$、$C_n^5$4 列纵列组合数循序累加数（即逐增数），其余依此类推。由此可见，方法 2 的若干列纵列组合数循序累加之和与后组若干列纵列组合数循序累加之和存在着循序逐增的关系。

从方法 1、方法 2 的循序累加证明可看出，方法 1 的组合数循序累加之和为循序逐增的组合数，其规律可以组合式表达出来，而方法 2 的组合数循序累加之和为有序的其他数，其规律不可以组合式表达。据此，笔者认为，我们在弄懂此两种组合数循序累加方法的同时，应着重掌握方法 1 的组合数循序累加原理。

规律 7　依照循序逐增原理，纵列的各个组合数等于斜列（左上角至右下角）的各个组合数，见图 1－31。

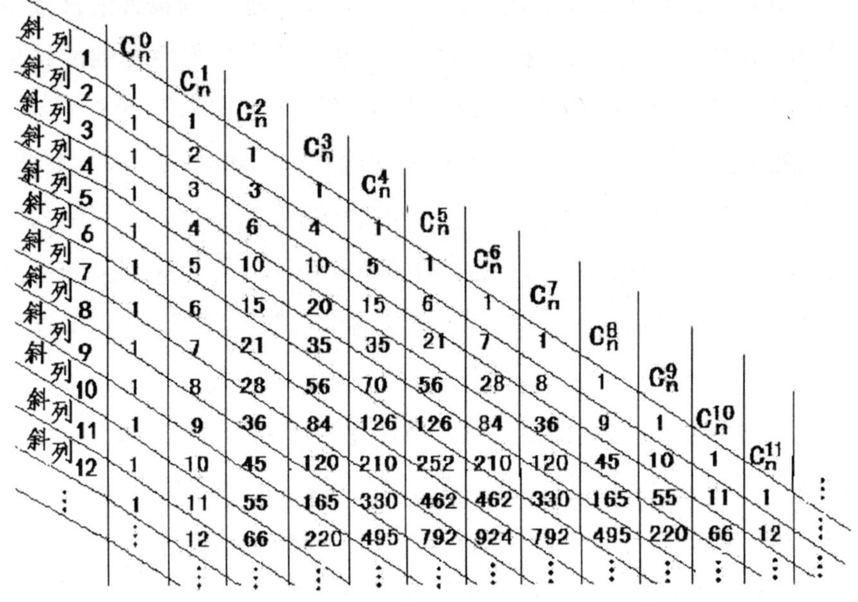


图 1－31

从图 1－31 看出，纵列 1（即 $C_n^0$）的各个组合数等于斜列 1（即 $C_n^n$）的各个组合数，亦即 $C_{0+K}^{0}=C_{0+k}^{0+K}$；

纵列 2（即 $C_n^1$）的各个组合数等于斜列 2（即 $C_n^{n-1}$）的各个组合数，亦即 $C_{1+k}^{1}=C_{1+k}^{0+k}$；

纵列 3（即 $C_n^2$）的各个组合数等于斜列 3（即 $C_n^{n-2}$）的各个组合数，亦即 $C_{2+k}^{2}=C_{2+k}^{0+k}$；

纵列 4（即 $C_n^3$）的各个组合数等于斜列 4（即 $C_n^{n-3}$）的各个组合数，亦即 $C_{3+k}^{3}=C_{3+k}^{0+k}$。其余依此类推。

依照归纳法，得：$C_{n+k}^{m}=C_{n+k}^{0+k}$（式中 $m=n$），即 $C_n^m=C_n^{n-m}$。

根据“纵列的各个组合数等于斜列（左上角至右下角）的各个组合数”的事实，无疑，纵列组合数存在的规律，斜列组合数也应存在相应的规律。

规律 8　斜列组合数的规律之一

单列斜列组合数循序累加规律。即以 $C_n^0=1$ 为累加起始数，$n$、0 同时循着“+1”逐增，并依序将各组合数累加。其定理为：

$$C_n^0+C_{n+1}^{0+1}+C_{n+2}^{0+2}+C_{n+3}^{0+3}+C_{n+4}^{0+4}+\cdots\cdots+C_{n+k}^{0+k}=C_{n+k+1}^{0+k}\quad（式中\ n\geqslant 0）$$

例证 1　见图 1－32。　　　　例证 2　见图 1－33。

| 斜列 1（即 $C_{0+k}^{0+k}$）的循序累加之规律 | | | | |
|---|---|---|---|---|
| 第一步 | 第二步 | 第三步 | 累加之和 | 累加之和的组合等式 |
| $C_0^0$ + | $C_0^0$ + | 1 + | 1 | $C_{0+0+1}^{0+0}=C_1^0$ |
| $C_{0+1}^{0+1}$ + | $C_1^1$ + | 1 + | 2 | $C_{0+1+1}^{0+1}=C_2^1$ |
| $C_{0+2}^{0+2}$ + | $C_2^2$ + | 1 + | 3 | $C_{0+2+1}^{0+2}=C_3^1$ |
| $C_{0+3}^{0+3}$ + | $C_3^3$ + | 1 + | 4 | $C_{0+3+1}^{0+3}=C_4^1$ |
| $C_{0+4}^{0+4}$ + | $C_4^4$ + | 1 + | 5 | $C_{0+4+1}^{0+4}=C_5^1$ |
| $C_{0+5}^{0+5}$ + | $C_5^5$ + | 1 + | 6 | $C_{0+5+1}^{0+5}=C_6^1$ |
| … | … | … | … | … = … |

图 1－32

| 斜列 2（即 $C_{1+k}^{0+k}$）的循序累加之规律 | | | | |
|---|---|---|---|---|
| 第一步 | 第二步 | 第三步 | 累加之和 | 累加之和的组合等式 |
| $C_1^0$ + | $C_1^0$ + | 1 + | 1 | $C_{1+0+1}^{0+0}=C_2^0$ |
| $C_{1+1}^{0+1}$ + | $C_2^1$ + | 2 + | 3 | $C_{1+1+1}^{0+1}=C_3^1$ |
| $C_{1+2}^{0+2}$ + | $C_3^2$ + | 3 + | 6 | $C_{1+2+1}^{0+2}=C_4^2$ |
| $C_{1+3}^{0+3}$ + | $C_4^3$ + | 4 + | 10 | $C_{1+3+1}^{0+3}=C_5^3$ |
| $C_{1+4}^{0+4}$ + | $C_5^4$ + | 5 + | 15 | $C_{1+4+1}^{0+4}=C_6^4$ |
| $C_{1+5}^{0+5}$ + | $C_6^5$ + | 6 + | 21 | $C_{1+5+1}^{0+5}=C_7^5$ |
| … | … | … | … | … = … |

图 1－33

从图 1－32 看出，“第三步”和“累加之和”与图 1－20 的“第三步”和“累加之和”同，这证明斜列 1（即 $C_n^n$）循序累加之规律与纵列 1（即 $C_n^n$）循序累加之规律同。根据图 1－32 反映出来的斜列 1（即 $C_n^0$）循序累加之规律，其定理为：

$$C_n^0+C_{0+1}^{0+1}+C_{0+2}^{0+2}+C_{0+3}^{0+3}+C_{0+4}^{0+4}+\cdots\cdots+C_{0+k}^{0+k}=C_{0+k+1}^{0+k}$$

从图 1－33 看出，“第三步”和“累加之和”与图 1－21 的“第三步”和“累加之和”同，这证明斜列 2（即 $C_n^{n-1}$）循序累加之规律与纵列 2（即 $C_n^1$）循序累加之规律同。根据图 1－33 反映出来的斜列 2（即 $C_n^{n-1}$）循序累加之规律，其定理为：

$$C_1^0+C_{1+1}^{0+1}+C_{1+2}^{0+2}+C_{1+3}^{0+3}+C_{1+4}^{0+4}+\cdots\cdots+C_{1+k}^{0+k}=C_{1+k+1}^{0+k}$$

根据图 1－32、图 1－33 的证明结果与图 1－20、图 1－21 的证明结果同,又已知单列纵列组合数循序累加之规律为“上列单列纵列组合数循序累加之和为下列单列纵列组合数循序累加数”,那么,由此可推断,单列斜列组合数循序累加之规律为:上列单列斜列组合数循序累加之和为下列单列斜列组合数循序累加数。请看图1-34。

| 斜列1循序累加 | 累加之和 | 斜列2循序累加 | 累加之和 | 斜列3循序累加 | 累加之和 | 斜列4循序累加 | 累加之和 | 斜列5循序累加 | 累加之和 | 斜列6循序累加 | 累加之和 | … |
|---|---|---|---|---|---|---|---|---|---|---|---|---|
| 1 + | 1 | 1 + | 1 | 1 + | 1 | 1 + | 1 | 1 + | 1 | 1 + | 1 | ⋮ |
| 1 + | 2 | 2 + | 3 | 3 + | 4 | 4 + | 5 | 5 + | 6 | 6 + | 7 | |
| 1 + | 3 | 3 + | 6 | 6 + | 10 | 10 + | 15 | 15 + | 21 | 21 + | 28 | |
| 1 + | 4 | 4 + | 10 | 10 + | 20 | 20 + | 35 | 35 + | 56 | 56 + | 84 | |
| 1 + | 5 | 5 + | 15 | 15 + | 35 | 35 + | 70 | 70 + | 126 | 126 + | 210 | |
| 1 + | 6 | 6 + | 21 | 21 + | 56 | 56 + | 126 | 126 + | 252 | 252 + | 462 | |
| 1 + | 7 | 7 + | 28 | 28 + | 84 | 84 + | 210 | 210 + | 462 | 462 + | 924 | |
| 1 + | 8 | 8 + | 36 | 36 + | 120 | 120 + | 330 | 330 + | 792 | 792 + | 1716 | |
| 1 + | 9 | 9 + | 45 | 45 + | 165 | 165 + | 495 | 495 + | 1287 | 1287 + | 3003 | |
| 1 + | 10 | 10 + | 55 | 55 + | 220 | 220 + | 715 | 715 + | 2002 | 2002 + | 5005 | |
| … | … | … | … | … | … | … | … | … | … | … | … | |

**图1-34**

综图1-32、图1-33、图1-34的证明,依照归纳法,得单列斜列组合数循序累加规律之定理为:

$$C_n^0 + C_{n+1}^{0+1} + C_{n+2}^{0+2} + C_{n+3}^{0+3} + C + {}_{n+4}^{0+4} \cdots\cdots + C_{n+k}^{0+k} = C_{n+k+1}^{0+k} \quad (式中\ n \geqslant 0)$$

单列斜列组合数循序累加规律表明,各列斜列组合数均以 $C_n^0 = 1$ 为累加起始数,$n$、0 同时循着“+1”逐增。其组合数依序累加之和,正是 $n$、0 同时循着“+1”逐增后再“$n+1$”的组合数,即上列斜列组合数循序累加之和,正是下列斜列的组合数。可见,单列斜列组合数循序累加规律,与单列纵列组合数循序累加规律同,是一条“上加成下”的循序累加“链条”(见图1-34)。

规律9　斜列组合数的规律之二

相邻双列斜列组合数循序累加的规律。其定理为：

$$C_n^0+(C_{n+1}^{0+1}+C_{n+1}^{0+1-1})+(C_{n+2}^{0+2}+C_{n+2}^{0+2-1})+(C_{n+3}^{0+3}+C_{n+3}^{0+3-1})+\cdots\cdots+(C_{n+k}^{0+k}+C_{n+k}^{0+k-1})=C_{n+k+2}^{0+k}$$

例证1　见图1－35。

| 斜列1＋斜列2（即$C_{0+k}^{0+k}+C_{0+k}^{0+k-1}$）的循序累加之规律 | | | | | |
|---|---|---|---|---|---|
| 第一步 | 第二步 | 第三步 | 第四步 | 累加之和 | 累加之和的组合等式 |
| $C_0^0$ | $C_0^0$ | 1 | 1 | 1 | $C_{0+0+2}^{0+0}=C_2^0$ |
| ＋$(C_{0+1}^{0+1}+C_{0+1}^{0+1-1})$ | ＋$(C_1^1+C_1^0)$ | ＋(1＋1) | ＋2 | 3 | $C_{0+1+2}^{0+1}=C_3^1$ |
| ＋$(C_{0+2}^{0+2}+C_{0+2}^{0+2-1})$ | ＋$(C_2^2+C_2^1)$ | ＋(1＋2) | ＋3 | 6 | $C_{0+2+2}^{0+2}=C_4^2$ |
| ＋$(C_{0+3}^{0+3}+C_{0+3}^{0+3-1})$ | ＋$(C_3^3+C_3^2)$ | ＋(1＋3) | ＋4 | 10 | $C_{0+3+2}^{0+3}=C_5^3$ |
| ＋$(C_{0+4}^{0+4}+C_{0+4}^{0+4-1})$ | ＋$(C_4^4+C_4^3)$ | ＋(1＋4) | ＋5 | 15 | $C_{0+4+2}^{0+4}=C_6^4$ |
| ＋$(C_{0+5}^{0+5}+C_{0+5}^{0+5-1})$ | ＋$(C_5^5+C_5^4)$ | ＋(1＋5) | ＋6 | 21 | $C_{0+5+2}^{0+5}=C_7^5$ |
| ＋(… ＋ …) | ＋(…＋…) | ＋(…＋…) | ＋… | … | … ＝ … |

**图1－35**

根据图1－35“斜列1＋斜列2”循序累加之规律，其公式可表达为：

$$C_0^0+(C_{0+1}^{0+1}+C_{0+1}^{0+1-1})+(C_{0+2}^{0+2}+C_{0+2}^{0+2-1})+(C_{0+3}^{0+3}+C_{0+3}^{0+3-1})+\cdots\cdots+(C_{0+k}^{0+k}+C_{0+k}^{0+k-1})=C_{0+k+2}^{0+k}$$

例证2　见图1－36。

| 斜列2＋斜列3（即 $C_{1+k}^{0+k}+C_{1+k}^{0+k-1}$）的循序累加之规律 | | | | | |
|---|---|---|---|---|---|
| 第一步 | 第二步 | 第三步 | 第四步 | 累加之和 | 累加之和的组合等式 |
| $C_1^0$ | $C_1^0$ | 1 | 1 | 1 | $C_{1+0+2}^{0+0}=C_3^0$ |
| ＋$(C_{1+1}^{0+1}+C_{1+1}^{0+1-1})$ | ＋$(C_2^1+C_2^0)$ | ＋(2＋1) | ＋3 | 4 | $C_{1+1+2}^{0+1}=C_4^1$ |
| ＋$(C_{1+2}^{0+2}+C_{1+2}^{0+2-1})$ | ＋$(C_3^2+C_3^1)$ | ＋(3＋3) | ＋6 | 10 | $C_{1+2+2}^{0+2}=C_5^2$ |
| ＋$(C_{1+3}^{0+3}+C_{1+3}^{0+3-1})$ | ＋$(C_4^3+C_4^2)$ | ＋(4＋6) | ＋10 | 20 | $C_{1+3+2}^{0+3}=C_6^3$ |
| ＋$(C_{1+4}^{0+4}+C_{1+4}^{0+4-1})$ | ＋$(C_5^4+C_5^3)$ | ＋(5＋10) | ＋15 | 35 | $C_{1+4+2}^{0+4}=C_7^4$ |
| ＋$(C_{1+5}^{0+5}+C_{1+5}^{0+5-1})$ | ＋$(C_6^5+C_5^4)$ | ＋(6＋15) | ＋21 | 56 | $C_{1+5+2}^{0+5}=C_8^5$ |
| ＋(… ＋ …) | ＋(…＋…) | ＋(…＋…) | ＋… | … | … ＝ … |

图 1－36

根据图 1－36“斜列 1＋斜列 2”循序累加之规律，其公式可表达为：

$$C_1^0+(C_{1+1}^{0+1}+C_{1+1}^{0+1-1})+(C_{1+2}^{0+2}+C_{1+2}^{0+2-1})+(C_{1+3}^{0+3}+C_{1+3}^{0+3-1})+\cdots\cdots+(C_{1+k}^{0+k}+C_{1+k}^{0+k-1})=C_{1+k+2}^{0+k}$$

综例证 1、例证 2 的证明，依照归纳法，得定理：

$$C_n^0+(C_{n+1}^{0+1}+C_{n+1}^{0+1-1})+(C_{n+2}^{0+2}+C_{n+2}^{0+2-1})+(C_{n+3}^{0+3}+C_{n+3}^{0+3-1})+\cdots\cdots+(C_{n+k}^{0+k}+C_{n+k}^{0+k-1})=C_{n+k+2}^{0+k}$$

规律 10　斜列组合数的规律之三

相邻 3 列以上斜列组合数循序累加的规律。

前文对单列、相邻双列斜列组合数循序累加的规律进行了证明，其结果与单列、相邻双列纵列组合数循序累加的规律同。那么，当相邻列数循序逐增至 3 列、4 列、5 列……$n$ 列，其组合数循序累加的规律是不是也与 3 列以上纵列组合数循序累加的规律一样呢？请看下面证明。

3 列以上纵列组合数循序累加有两种方法，为精简文章篇幅，只选方法 1（即将相邻的第二、第三、第四……列的起始组合数 1，与首列的第二个组合数为同一括号内）予以证明。见图 1－37、图 1－38。

例证 1　图 1－37 所示，是相邻 3 列斜列组合数循序累加规律例证表。

| 斜列1+斜列2+斜列3 循序累加 | 即是 | 累加之和 | 斜列2+斜列3+斜列4 循序累加 | 即是 | 累加之和 | 斜列3+斜列4+斜列5 循序累加 | 即是 | 累加之和 | … |
|---|---|---|---|---|---|---|---|---|---|
| 1 | 1 | 1 | 1 | 1 | 1 | 1 | 1 | 1 | ⋮ |
| + (1+1+1) | + 3 | 4 | + (2+1+1) | + 4 | 5 | + (3+1+1) | + 5 | 6 | |
| + (1+2+3) | + 6 | 10 | + (3+3+4) | + 10 | 15 | + (6+4+5) | + 15 | 21 | |
| + (1+3+6) | + 10 | 20 | + (4+6+10) | + 20 | 35 | + (10+10+15) | + 35 | 56 | |
| + (1+4+10) | + 15 | 35 | + (5+10+20) | + 35 | 70 | + (15+20+35) | + 70 | 126 | |
| + (1+5+15) | + 21 | 56 | + (6+15+35) | + 56 | 126 | + (21+35+70) | + 126 | 252 | |
| + (1+6+21) | + 28 | 84 | + (7+21+56) | + 84 | 210 | + (28+56+126) | + 210 | 462 | |
| + (1+7+28) | + 36 | 120 | + (8+28+84) | + 120 | 330 | + (36+84+210) | + 330 | 792 | |
| + (1+8+36) | + 45 | 165 | + (9+36+120) | + 165 | 495 | + (45+120+330) | + 495 | 1287 | |
| + (1+9+45) | + 55 | 220 | + (10+45+165) | + 220 | 715 | + (55+165+495) | + 715 | 2002 | |
| + (…+…+…) | + … | … | + (…+…+…) | + … | … | + (…+…+…) | + … | … | |

**图 1－37**

例证 2　如图 1－38 所示，是相邻 4 列斜列组合数循序累加规律例证表。

| 斜列1+斜列2+斜列3+斜列4 循序累加 | 即是 | 累加之和 | 斜列2+斜列3+斜列4+斜列5 循序累加 | 即是 | 累加之和 | 斜列3+斜列4+斜列5+斜列6 循序累加 | 即是 | 累加之和 | … |
|---|---|---|---|---|---|---|---|---|---|
| 1 | 1 | 1 | 1 | 1 | 1 | 1 | 1 | 1 | ⋮ |
| + (1+1+1+1) | + 4 | 5 | + (2+1+1+1) | + 5 | 6 | + (3+1+1+1) | + 6 | 7 | |
| + (1+2+3+4) | + 10 | 15 | + (3+3+4+5) | + 15 | 21 | + (6+4+5+6) | + 21 | 28 | |
| + (1+3+6+10) | + 20 | 35 | + (4+6+10+15) | + 35 | 56 | + (10+10+15+21) | + 56 | 84 | |
| + (1+4+10+20) | + 35 | 70 | + (5+10+20+35) | + 70 | 126 | + (15+20+35+56) | + 126 | 210 | |
| + (1+5+15+35) | + 56 | 126 | + (6+15+35+70) | + 126 | 252 | + (21+35+70+126) | + 252 | 462 | |
| + (1+6+21+56) | + 84 | 210 | + (7+21+56+126) | + 210 | 462 | + (28+56+126+252) | + 462 | 924 | |
| + (1+7+28+84) | + 120 | 330 | + (8+28+84+210) | + 330 | 792 | + (36+84+210+462) | + 792 | 1716 | |
| + (1+8+36+120) | + 165 | 495 | + (9+36+120+330) | + 495 | 1287 | + (45+120+330+792) | + 1287 | 3003 | |
| + (1+9+45+165) | + 220 | 715 | + (10+45+165+495) | + 715 | 2002 | + (55+165+495+1287) | + 2002 | 5005 | |
| + (…+…+…+…) | + … | … | + (…+…+…+…) | + … | … | + (…+…+…+…) | + … | … | |

**图 1－38**

从图1－37、图1－38看出，相邻3列斜列组合数循序累加的规律与相邻3列纵列组合数循序累加的规律（见图1－27）同。相邻4列斜列组合数循序累加的规律与相邻4列纵列组合数循序累加的规律（见图1－28）同。可见，相邻3列以上斜列组合数循序累加的规律与相邻3列以上纵列组合数循序累加的规律同，即：不论多少列斜列组合数循序累加，其累加之和为后列下一斜列的组合数。

规律11　纵列组合数规律等同于斜列组合数规律之规律

根据"纵列的各个组合数等于斜列（左上角至右下角）的各个组合数"的事实，综前文对纵列组合数规律与斜列组合数规律之证明，纵列组合数规律与斜列组合数规律之间存在若干等同规律。除前文规律10同外，还有：

等同规律1　单列纵列组合数循序累加规律等同于单列斜列组合数循序累加规律，即：

"$C_n^m + C_{n+1}^m + C_{n+2}^m + C_{n+3}^m + C_{n+4}^m + \cdots + C_{n+k}^m = C_{n+k+1}^{m+1}$（式中 $m = n$）"

等同于"$C_n^0 + C_{n+1}^{0+1} + C_{n+2}^{0+2} + C_{n+3}^{0+3} + C_{n+4}^{0+4} + \cdots\cdots + C_{n+k}^{0+k} = C_{n+k+1}^{0+k}$（式中 $n \geqslant 0$）"

等同规律2　双列纵列组合数循序累加规律等同于双列斜列组合数循序累加规律，即：

"$C_n^m + (C_{n+1}^m + C_{n+1}^{m+1}) + (C_{n+2}^m + C_{n+2}^{m+1}) + (C_{n+3}^m + C_{n+3}^{m+1}) + (C_{n+4}^m + C_{n+4}^{m+1}) + \cdots + (C_{n+k}^m + C^m\ +1_{n+k}) = C_{n+k+2}^{m+2}$（式中 $m = n$）"等同于

"$C_n^0 + (C_{n+1}^{0+1} + C_{n+1}^{0+1-1}) + (C_{n+2}^{0+2} + C_{n+2}^{0+2-1}) + (C_{n+3}^{0+3} + C_{n+3}^{0+3-1}) + \cdots\cdots + (C_{n+k}^{0+k} + C_{n+k}^{0+k-1}) = C_{n+k+2}^{0+k}$"

### 3.5　组合数表与其他数列循序逐增的规律

本文说的其他数列，主要是指以下若干数列：

| 始起数： | 1 | 1 | 1 | 1 | 1 | 1 | 1 | 1 | 1 | 1 |
|---|---|---|---|---|---|---|---|---|---|---|
| 自然数： | 1 | 2 | 3 | 4 | 5 | 6 | 7 | 8 | 9 | 10 |
| 奇　数： | 1 | 3 | 5 | 7 | 9 | 11 | 13 | 15 | 17 | 19 |
| 平方数： | 1 | 4 | 9 | 16 | 25 | 36 | 45 | 64 | 81 | 100 |
| 金字塔形数： | 1 | 5 | 14 | 30 | 55 | 91 | 140 | 204 | 285 | 385 |
| 其他形数（a）： | 1 | 6 | 20 | 50 | 105 | 196 | 336 | 540 | 825 | 1280 |
| 其他形数（b）： | 1 | 7 | 27 | 77 | 182 | 378 | 714 | 1254 | 2079 | 3289 |
| 其他形数（c）： | 1 | 8 | 35 | 112 | 294 | 672 | 1386 | 2460 | 4719 | 8008 |
| 其他形数（d）： | 1 | 9 | 44 | 156 | 450 | 1122 | 2508 | 5148 | 9867 | 17875 |
| 其他形数（e）： | 1 | 10 | 54 | 210 | 660 | 1782 | 4290 | 9438 | 19305 | 37180 |
| 其他形数（…）： | … | | | | | | | | | |

在此要说明的，金字塔形（见图 1－39）数后的“其他形数”，是笔者自创名词。因笔者不知金字塔形数之后的数列叫什么数，故自创名词称之。望谅。

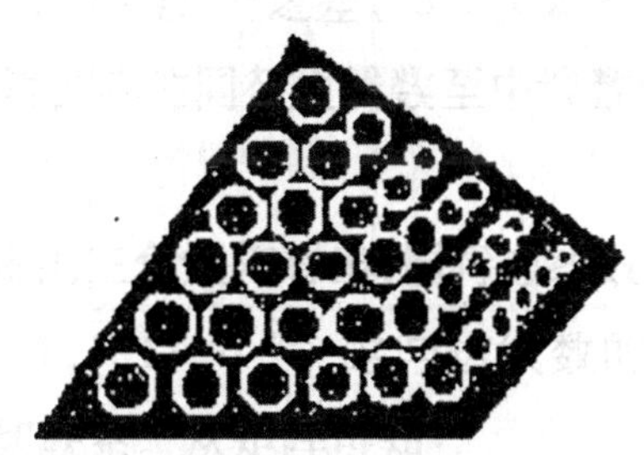

图 1－39（金字塔形）

对以上若干数列，已知道，起始数 1 循序累加之和为自然数数列；起始数 1 起“＋2”逐增累加之和为奇数数列；奇数循序累加之和为平方数数列；平方数循序累加之和为金字塔形数数列。请见图 1－40。

然而，笔者研究结果表明，自然数起始数 1、自然数、平方数、金字塔形数、其他形数等数列与组合数也存在循序逐增的关系及其规律。

| 起始数1循序累加 | 累加之和（自然数） | 1起"+2"逐增累加 | 累加之和（奇数） | 奇数循序累加 | 累加之和（平方数） | 平方数循序累加 | 累加之和（金字塔形数） |
|---|---|---|---|---|---|---|---|
| 1 | 1 | 1 | 1 | 1 | 1 | 1 | 1 |
| +1 | 2 | +2 | 3 | +3 | 4 | +4 | 5 |
| +1 | 3 | +2 | 5 | +5 | 9 | +9 | 14 |
| +1 | 4 | +2 | 7 | +7 | 16 | +16 | 30 |
| +1 | 5 | +2 | 9 | +9 | 25 | +25 | 55 |
| +1 | 6 | +2 | 11 | +11 | 36 | +36 | 91 |
| +1 | 7 | +2 | 13 | +13 | 49 | +49 | 140 |
| +1 | 8 | +2 | 15 | +15 | 64 | +64 | 204 |
| +1 | 9 | +2 | 17 | +17 | 81 | +81 | 285 |
| +1 | 10 | +2 | 19 | +19 | 100 | +100 | 385 |
| +… | … | +… | … | +… | … | +… | … |

图 1－40

规律 1　自然数起始数 1 与 $C_n^0$ 的循序逐增规律

$C_n^0$ 的任何一个组合数均是自然数 1，即 $C_n^0=1$。为此，见图 1－41。

| $C_n^0$（即 $C_{0+k}^0$）的循序逐增规律与自然数 1 | | | | | | | | | | | |
|---|---|---|---|---|---|---|---|---|---|---|---|
| $C_{0+k}^0$ | $C_{0+0}^0$ | $C_{0+1}^0$ | $C_{0+2}^0$ | $C_{0+3}^0$ | $C_{0+4}^0$ | $C_{0+5}^0$ | $C_{0+6}^0$ | $C_{0+7}^0$ | $C_{0+8}^0$ | $C_{0+9}^0$ | … |
| 组合式 | $C_0^0$ | $C_1^0$ | $C_2^0$ | $C_3^0$ | $C_4^0$ | $C_5^0$ | $C_6^0$ | $C_7^0$ | $C_8^0$ | $C_9^0$ | … |
| 组合数 | 1 | 1 | 1 | 1 | 1 | 1 | 1 | 1 | 1 | 1 | … |

图 1－41

从图 1－41 看出，$C_n^0$ 的组合式从 $C_0^0$ 开始，循着"＋1"逐增，其组合数均为 1。可见，自然数起始数是 1，组合数起始数也是 1。

规律 2　自然数 1、2、3、4、5、6、7、8、9……与 $C_n^0$ 的组合数循序累加规律(见图 1－42)

从图 1－42 看出，$C_n^0$ 的组合数循序累加之和正是自然数数列。

| $C_n^0$组合数循序累加与自然数 | | |
|---|---|---|
| 组合等式 | 组合数循序累加 | 累加之和 |
| $C_0^0$ + | 1 + | 1 |
| $C_1^0$ + | 1 + | 2 |
| $C_2^0$ + | 1 + | 3 |
| $C_3^0$ + | 1 + | 4 |
| $C_4^0$ + | 1 + | 5 |
| $C_5^0$ + | 1 + | 6 |
| $C_6^0$ + | 1 + | 7 |
| $C_7^0$ + | 1 + | 8 |
| $C_8^0$ + | 1 + | 9 |
| $C_9^0$ + | 1 + | 10 |
| … | … | … |

图 1－42

| $C_n^0+C_{n-1}^0$组合数循序相加与奇数 | | | |
|---|---|---|---|
| 组合等式 | 组合数循序累加 | 即是 | 相加之和 |
| $C_0^0$ + | 1 + | 1 + | 1 |
| $(C_1^0+C_{1-1}^0)$ + | (1 + 1) + | 2 + | 3 |
| $(C_2^0+C_{2-1}^0)$ + | (1 + 1) + | 2 + | 5 |
| $(C_3^0+C_{3-1}^0)$ + | (1 + 1) + | 2 + | 7 |
| $(C_4^0+C_{4-1}^0)$ + | (1 + 1) + | 2 + | 9 |
| $(C_5^0+C_{5-1}^0)$ + | (1 + 1) + | 2 + | 11 |
| $(C_6^0+C_{6-1}^0)$ + | (1 + 1) + | 2 + | 13 |
| $(C_7^0+C_{7-1}^0)$ + | (1 + 1) + | 2 + | 15 |
| $(C_8^0+C_{8-1}^0)$ + | (1 + 1) + | 2 + | 17 |
| $(C_9^0+C_{9-1}^0)$ + | (1 + 1) + | 2 | 19 |
| (…+…) | (…+…) | … | … |

图 1－43

规律 3　奇数 1、3、5、7、9、11、13、15、17、19……与“$C_n^0+C_{n-1}^0$”的组合数循序累加规律(见图 1－43)

从图 1－43 看出，“$C_n^0+C_{n-1}^0$”的组合数循序累加之和正是循序逐增的奇数数列。

规律 4　平方数 1、4、9、16、25、36、49……与“$C_n^1+C_{n-1}^1$”的组合数循序累加规律(见图 1－44)

从图 1－44 看出，“$C_n^1+C_{n-1}^1$”的组合数循序累加之和正是循序逐增的平方数数列。

| $C_n^1+C_{n-1}^1$ 组合数循序累加与平方数 | | | |
|---|---|---|---|
| 组合等式 | 组合数循序累加 | 即是 | 累加之和 |
| $C_1^1$ | 1 | 1 | 1 |
| + | + | + | |
| $(C_2^1+C_{2-1}^1)$ | (2+1) | 3 | 4 |
| + | + | + | |
| $(C_3^1+C_{3-1}^1)$ | (3+2) | 5 | 9 |
| + | + | + | |
| $(C_4^1+C_{4-1}^1)$ | (4+3) | 7 | 16 |
| + | + | + | |
| $(C_5^1+C_{5-1}^1)$ | (5+4) | 9 | 25 |
| + | + | + | |
| $(C_6^1+C_{6-1}^1)$ | (6+5) | 11 | 36 |
| + | + | + | |
| $(C_7^1+C_{7-1}^1)$ | (7+6) | 13 | 49 |
| + | + | + | |
| $(C_8^1+C_{8-1}^1)$ | (8+7) | 15 | 64 |
| + | + | + | |
| $(C_9^1+C_{9-1}^1)$ | (9+8) | 17 | 81 |
| + | + | + | |
| $(C_{10}^1+C_{10-1}^1)$ | (10+9) | 19 | 100 |
| + | + | + | |
| (…+…) | (…+…) | … | … |

图 1－44

| $C_n^2+C_{n-1}^2$ 组合数循序累加与金字塔形数 | | | |
|---|---|---|---|
| 组合等式 | 组合数循序累加 | 即是 | 累加之和 |
| $C_2^2$ | 1 | 1 | 1 |
| + | + | + | |
| $(C_3^2+C_{3-1}^2)$ | (3+1) | 4 | 5 |
| + | + | + | |
| $(C_4^2+C_{4-1}^2)$ | (6+3) | 9 | 14 |
| + | + | + | |
| $(C_5^2+C_{5-1}^2)$ | (10+6) | 16 | 30 |
| + | + | + | |
| $(C_6^2+C_{6-1}^2)$ | (15+10) | 25 | 55 |
| + | + | + | |
| $(C_7^2+C_{7-1}^2)$ | (21+15) | 36 | 91 |
| + | + | + | |
| $(C_8^2+C_{8-1}^2)$ | (28+21) | 49 | 140 |
| + | + | + | |
| $(C_9^2+C_{9-1}^2)$ | (36+28) | 64 | 204 |
| + | + | + | |
| $(C_{10}^2+C_{10-1}^2)$ | (45+36) | 81 | 285 |
| + | + | + | |
| (…+…) | (…+…) | … | … |

图 1－45

规律 5　金字塔形数 1、5、14、30、55、91、140……与“$C_n^2+C_{n-1}^2$”的组合数循序累加规律（见图 1－45）

从图 1－45 看出，“$C_n^2+C_{n-1}^2$”的组合数循序累加之和正是循序逐增的金字塔形数数列。

规律 6　其他形数（$a$）1、6、20、50、105、196、336……与“$C_n^3+C_{n-1}^3$”的组合数循序累加规律（见图 1－46）

从图 1－46 看出，“$C_n^3+C_{n-1}^3$”的组合数循序累加之和正是循序逐增的其他形数（$a$）数列。

规律 7　其他形数（$b$）1、7、27、77、182、378、714……与“$C_n^4+C_{n-1}^4$”的组合数循序累加规律（见图 1－46）

从图 1－46 看出，“$C_n^4+C_{n-1}^4$”的组合数循序累加之和正是循序逐增的其他形数（$b$）数列。

规律 8　其他形数($c$)1、8、35、112、294、672、1386……与“$C_n^5+C_{n-1}^5$”的组合数循序累加规律(见图 1－46)

从图 1－46 看出,“$C_n^5+C_{n-1}^5$”的组合数循序累加之和正是循序逐增的其他形数($c$)数列。

| $C_n^3+C_{n-1}^3$ 循序累加与其他形数(a) | | | $C_n^4+C_{n-1}^4$ 循序累加与其他形数(b) | | | $C_n^5+C_{n-1}^5$ 循序累加与其他形数(c) | | | $C_n^6+C_{n-1}^6$ 循序累加与其他形数(d) | | | … |
|---|---|---|---|---|---|---|---|---|---|---|---|---|
| 组合数循序累加 | 即是 | 累加之和 | 组合数循序累加 | 即是 | 累加之和 | 组合数循序累加 | 即是 | 累加之和 | 组合数循序累加 | 即是 | 累加之和 | |
| 1 | 1 | 1 | 1 | 1 | 1 | 1 | 1 | 1 | 1 | 1 | 1 | ⋮ |
| + (4 + 1) | + 5 | 6 | + (5 + 1) | + 6 | 7 | + (6 + 1) | + 7 | 8 | + (7 + 1) | + 8 | 9 | |
| + (10 + 4) | + 14 | 20 | + (15 + 5) | + 20 | 27 | + (21 + 6) | + 27 | 35 | + (28 + 7) | + 35 | 44 | |
| + (20 + 10) | + 30 | 50 | + (35 + 15) | + 50 | 77 | + (56 + 21) | + 77 | 112 | + (84 + 28) | + 112 | 156 | |
| + (35 + 20) | + 55 | 105 | + (70 + 35) | + 105 | 182 | + (126 + 56) | + 182 | 294 | + (210 + 84) | + 294 | 450 | |
| + (56 + 35) | + 91 | 196 | + (126 + 70) | + 196 | 378 | + (252 + 126) | + 378 | 672 | + (462 + 210) | + 672 | 1122 | |
| + (84 + 56) | + 140 | 336 | + (210 + 126) | + 336 | 714 | + (462 + 252) | + 714 | 1386 | + (924 + 462) | + 1386 | 2508 | |
| + (120 + 84) | + 204 | 540 | + (330 + 210) | + 540 | 1254 | + (792 + 462) | + 1254 | 2640 | + (1716 + 924) | + 2640 | 5148 | |
| + (165 + 120) | + 285 | 825 | + (495 + 330) | + 825 | 2079 | + (1287 + 792) | + 2079 | 4719 | + (3432 + 1716) | + 4719 | 9867 | |
| + (220 + 165) | + 385 | 1210 | + (715 + 495) | + 1210 | 3289 | + (2002 + 1287) | + 3289 | 8008 | + (6435 + 3432) | + 8008 | 17875 | |
| + (… + …) | + … | … | + (… + …) | + … | … | + (… + …) | + … | … | + (… + …) | + … | … | |

图 1－46

现将图 1－41 至图 1－46 的证明做出归纳,得知:

自然数起始数 1 是 $C_n^0$ 循序逐增的组合数;

自然数数列是 $C_n^0$ 的组合数循序累加之和;

奇数数列是“$C_n^0+C_{n-1}^0$”的组合数循序累加之和;

平方数数列是“$C_n^1+C_{n-1}^1$”的组合数循序累加之和;

金字塔形数数列是“$C_n^2+C_{n-1}^2$”的组合数循序累加之和;

其他形数($a$)数列是“$C_n^3+C_{n-1}^3$”的组合数循序累加之和;

其他形数($b$)数列是“$C_n^4+C_{n-1}^4$”的组合数循序累加之和;

其他形数($c$)数列是“$C_n^5+C_{n-1}^5$”的组合数循序累加之和。

那么,从以上“$C_n^m+C_{n-1}^m$”的组合数循序累加规律可推知,其他形数($d$)数列必定是“$C_n^6+C_{n-1}^6$”的组合数循序累加之和,其他形数($e$)数列必定是“$C_n^7 + C_{n-1}^7$”的组合数循序累加之和……由此可见,“$C_n^m + C_{n-1}^m$”的组合数循序累加规律是一条没有穷尽的循序累加“链条”。

至此,笔者要说的,本文记录下来的发现,尤其是一些公式也许不属于我的新发现,而是属于前人“已发现”。但是,本人发现的意义是在于找到了自然数以及数学的组合、排列的“源”和“流”。所谓“源”,是指一切自然数以及组合数、排列数皆源自于“1”;所谓“流”,是指一切自然数以及组合数、排列数、若干数列皆形成于“循序逐增”原理。鉴于数学中的“循序逐增”现象所反映出来的规律,本人还有这样无知的联想:这些发现对于人们另辟蹊径破解“哥德巴赫猜想”、“费马大定理”也许会有益的启示。

完稿时间:2013 年 11 月 18 日

# 边形数、棱锥体数及其三角形的循序逐增规律

摘　要　本文遵循循序逐增原理，从对边形数、棱锥体数以及其点与点之间连线形成的三角形的量的循序逐增现象研究中，求得其循序逐增规律。应用拓扑原理，可将边形数置换为扇形图表达，将棱锥体数置换为圆形图表达，发现了棱锥体数与边形数之间的相近相同规律。

关键词　边形数　棱锥体数　三角形　循序逐增规律　拓扑原理

关于边形数、棱锥体数，《数学史通论》(李建文等译，高等教育出版社)的第二章和第五章都有记述。笔者依照循序逐增原理，对边形数、棱锥体数以及其点与点之间连线形成的三角形的量的循序逐增现象进行了研究，找到了它们各自的循序逐增规律。

**1. 边形数的循序逐增现象及其规律**

边形数是指以点为记号，以起点为始点，循着图形的边形的有序扩延而形成的边形点数(如图 2 - 1 是三边形数图)。对于边形数，公元 1 世纪希腊数学家尼可马科斯曾作研究。笔者只是遵循循序逐增原理，从边形数的循序逐增现象来论证边形数循序逐增的规律性。

1.1　三边形数的循序逐增现象及其规律

图 2 - 1 是三边形数图。图 2 - 2 是三边形点数规律表。从图 2 - 1、图 2 - 2 看出，三边形起点为 1，之后扩延的边形点数，是循着自然数“2、

3、4、5……”的规律有序逐增，其数列差为1。假如将每次扩延边形的点的第一个点设为1，那么，就会发现三边形扩延边形的点数，是循着“1+(1×1)，1+(2×1)，1+(3×1)……”的规律有序逐增，而被乘数“1、2、3……”，正好与扩延次序的“1、2、3……”相吻合。据此，可求得三边形数的规律，其定理为：

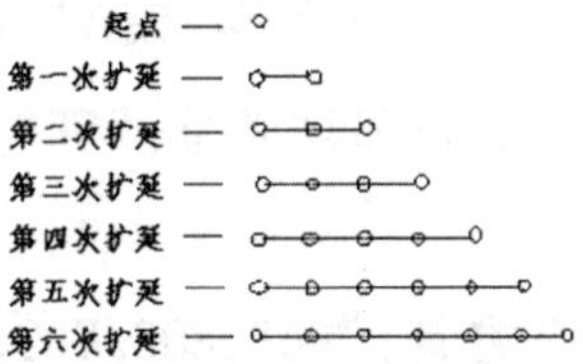

图2-1 三边形数图

三边形数=1+[1+(1×1)]+[1+(2×1)]+[1+(3×1)]+…+[1+($n$×1)] （式中$n$表示扩延次数）

| 扩延次序 | 增加点数 | | 点数累加 | |
|---|---|---|---|---|
| | 点 | 可表为 | 等式 | 和 |
| 起点 | 1 | 1 | 1 + | 1 |
| 1 | 2 | 1+(1×1) | [1+(1×1)] + | 3 |
| 2 | 3 | 1+(2×1) | [1+(2×1)] + | 6 |
| 3 | 4 | 1+(3×1) | [1+(3×1)] + | 10 |
| 4 | 5 | 1+(4×1) | [1+(4×1)] + | 15 |
| 5 | 6 | 1+(5×1) | [1+(5×1)] + | 21 |
| 6 | 7 | 1+(6×1) | [1+(6×1)] | 28 |

图2-2 三边形点数规律表

1.2 四边形数的循序逐增现象及其规律

图2-3是四边形数图。图2-4是四边形点数规律表。从图2-3、图2-4看出，四边形起点为1，之后扩延的边形点数，是循着奇数“3，5，7……”的规律有序逐增，其数列差为2。

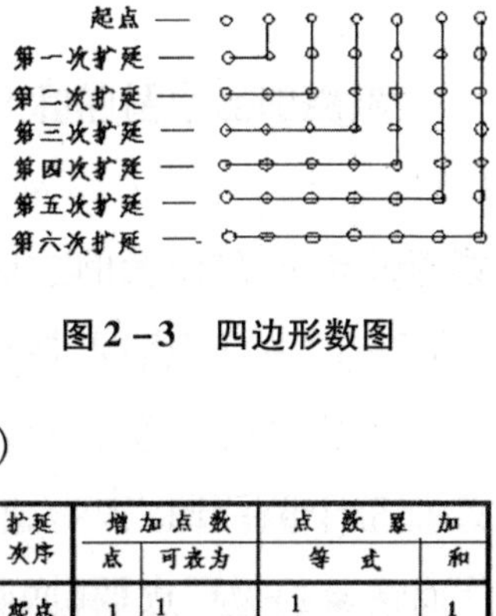

图2-3 四边形数图

假如将每次扩延边形的点的第一个点设为1，那么，就会发现四边形扩延边形的点数，是循着“1+(1×2)，1+(2×2)，1+(3×2)……”的规律有序逐增，而被乘数“1、2、3……”，正好与扩延次序的“1、2、3……”相吻合。据此，可求得四边形数的规律，其定理为：

| 扩延次序 | 增加点数 | | 点数累加 | |
|---|---|---|---|---|
| | 点 | 可表为 | 等式 | 和 |
| 起点 | 1 | 1 | 1 + | 1 |
| 1 | 3 | 1+(1×2) | [1+(1×2)] + | 4 |
| 2 | 5 | 1+(2×2) | [1+(2×2)] + | 9 |
| 3 | 7 | 1+(3×2) | [1+(3×2)] + | 16 |
| 4 | 9 | 1+(4×2) | [1+(4×2)] + | 25 |
| 5 | 11 | 1+(5×2) | [1+(5×2)] + | 36 |
| 6 | 13 | 1+(6×2) | [1+(6×2)] | 49 |

图2-4 四边形点数规律表

四边形数=1+[1+(1×2)]+[1+(2×2)]+[1+(3×2)]+…+[1+($n$×

2)] （式中 $n$ 表示扩延次数）

1.3 五边形数的循序逐增现象及其规律

图2-5是五边形数图。图2-6是五边形点数规律表。从图2-5、图2-6看出，五边形起点为1，之后扩延的边形点数，是循着“4，7，10……”的规律有序逐增，其数列差为3。假如将每次扩延边形的点的第一个点设为1，那么，就会发现五边形扩延边形的点数，是循着“1+(1×3)，1+(2×3)，1+(3×3)……”的规律有序逐增，而被乘数“1、2、3……”，正好与扩延次序“1、2、3……”相吻合。据此，可求得五边形数的规律，其定理为：

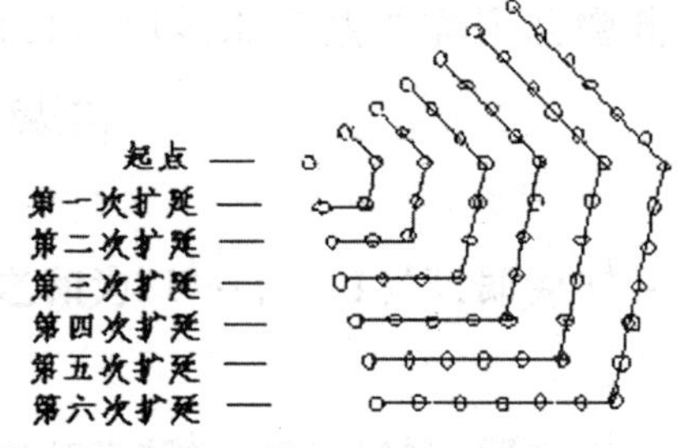


图2-5 五边形数图

| 扩延次序 | 增加点数 | | 点数累加 | |
|---|---|---|---|---|
| | 点 | 可求为 | 等式 | 和 |
| 起点 | 1 | 1 | 1 | 1 |
| 1 | 4 | 1+(1×3) | +[1+(1×3)] | 5 |
| 2 | 7 | 1+(2×3) | +[1+(2×3)] | 12 |
| 3 | 10 | 1+(3×3) | +[1+(3×3)] | 22 |
| 4 | 13 | 1+(4×3) | +[1+(4×3)] | 35 |
| 5 | 16 | 1+(5×3) | +[1+(5×3)] | 51 |
| 6 | 19 | 1+(6×3) | +[1+(6×3)] | 70 |

图2-6 五边形点数规律表

五边形数 $=1+[1+(1\times3)]+[1+(2\times3)]+[1+(3\times3)]+\cdots+[1+(n\times3)]$ （式中 $n$ 表示扩延次数）

1.4 六边形数的循序逐增现象及其规律

图2-7是六边形数图。图2-8是六边形点数规律表。从图2-7、图2-8看出，六边形起点为1，之后扩延的边形点数，是循着“5，9，13……”的规律有序逐增，其数列差为4。假如将每次扩延边形的点的第一个点设为1，那么，就会发现六边形

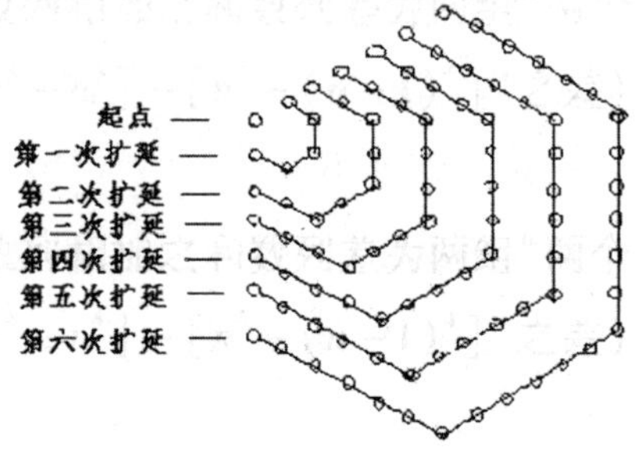


图2-7 六边形数图

扩延边形的点数,是循着"1+(1×4),1+(2×4),1+(3×4)……"的规律有序逐增,而被乘数"1、2、3……",正好与扩延次序的"1、2、3……"相吻合。据此,可求得六边形数的规律,其定理为:

六边形数 =1+[1+(1×4)]+[1+(2×4)]+[1+(3×4)]+…+[1+(n×4)] (式中 n 表示扩延次数)

| 扩延次序 | 增加点数 | | 点数累加 | |
|---|---|---|---|---|
| | 点 | 可表为 | 等式 | 和 |
| 起点 | 1 | 1 | 1<br>+ | 1 |
| 1 | 5 | 1+(1×4) | [1+(1×4)]<br>+ | 6 |
| 2 | 9 | 1+(2×4) | [1+(2×4)]<br>+ | 15 |
| 3 | 13 | 1+(3×4) | [1+(3×4)]<br>+ | 28 |
| 4 | 17 | 1+(4×4) | [1+(4×4)]<br>+ | 45 |
| 5 | 21 | 1+(5×4) | [1+(5×4)]<br>+ | 66 |
| 6 | 25 | 1+(6×4) | [1+(6×4)] | 91 |

图 2-8 六边形点数规律表

1.5 求证边形数的循序逐增定理

从上证明可知:三边形扩延边形的点数,是循着"1+(1×1),1+(2×1),1+(3×1)……"的规律有序逐增,乘数"1"正是三边形的(3-2)之差;

四边形扩延边形的点数,是循着"1+(1×2),1+(2×2),1+(3×2)……"的规律有序逐增,乘数"2"正是四边形的(4-2)之差;

五边形扩延边形的点数,是循着"1+(1×3),1+(2×3),1+(3×3)……"的规律有序逐增,乘数"3"正是五边形的(5-2)之差;

六边形扩延边形的点数,是循着"1+(1×4),1+(2×4),1+(3×4)……"的规律有序逐增,乘数"4",正是六边形的(6-2)之差。

依照归纳法,得出结论,式中乘数正是边形的边的量减去 2 之差。据此,将边形的边的量以"边"的汉语拼音第一个字母"$B$"来表示,那么,边形数的定理为:

边形数 =1+[1+1×($B$-2)]+[1+2×($B$-2)]+[1+3×($B$-2)]+…+[1+$n$×($B$-2)] (式中 $n$ 表示扩延次数,$B$ 表示边形的边的量,$B\geqslant3$)

**2. 边形数的点与点之间连线形成的三角形的量的循序逐增规律**

事实表明,多边形图是由若干大三角形组成的整体。而大三角形又由若干小三角形组成。据此,笔者将边形数的点与点之间以直线相连形成为(小)三角形,从中发现三角形的量的循序逐增规律。

2.1　三边形数的点与点之间连线形成的三角形的量的循序逐增规律

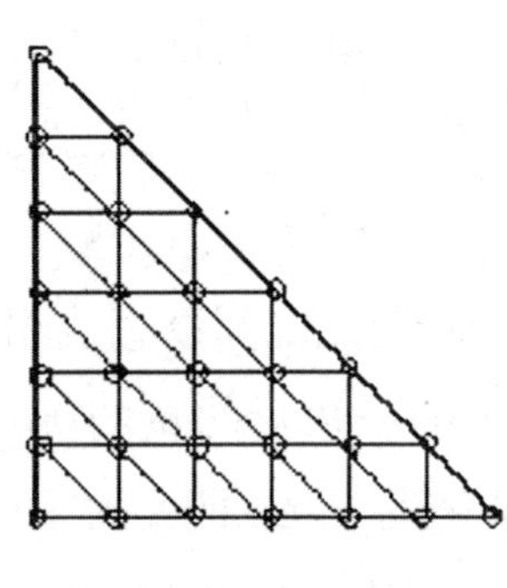

图 2 -9

| 扩延次序 | 增加三角形的量 | | 三角形的量累加 | |
|---|---|---|---|---|
| | 个 | 可表为 | 等式 | 和 |
| 起点 | 0 | 0 | 0 | 0 |
| 1 | 1 | (1+0)×1 | +[(1+0)×1] | 1 |
| 2 | 3 | (2+1)×1 | +[(2+1)×1] | 4 |
| 3 | 5 | (3+2)×1 | +[(3+2)×1] | 9 |
| 4 | 7 | (4+3)×1 | +[(4+3)×1] | 16 |
| 5 | 9 | (5+4)×1 | +[(5+4)×1] | 25 |
| 6 | 11 | (6+5)×1 | +[(6+5)×1] | 36 |

图 2 -10

图 2 -9 是将图 2 -1(三边形数图)中的点与点之间以直线相连形成为三角形(简称为“点之间形成的三角形”)的图。图 2 -10 是反映图 2 -9 的三角形的量的统计表。从图 2 -9、图 2 -10 看出,三边形数的“点之间形成的三角形”的量,随着有序扩延,是循着奇数“1、3、5、7……”的规律逐增,其数列差为 2。笔者研究结果表明,奇数“1、3、5、7……”的循序逐增规律实际上是两个自然数循序相加之和,即:1 =1 +0,3 =2 +1,5 =3 +2,7 =4 +3,……根据此规律,笔者又将三边形的整体设定为 1 个大三角形的整体,那么,可求得三边形数的“点之间形成的三角形”的量的循序逐增规律。其定理为:

三边形数的“点之间形成的三角形”的量 $=0+[(1+0)\times 1]+[(2+1)\times 1]+[(3+2)\times 1]+[(4+3)\times 1]+\cdots\cdots+[(n+n-1)\times 1]$

(式中 $n$ 表示扩延次数)

2.2　四边形数的点与点之间连线形成的三角形的量的循序逐增规律

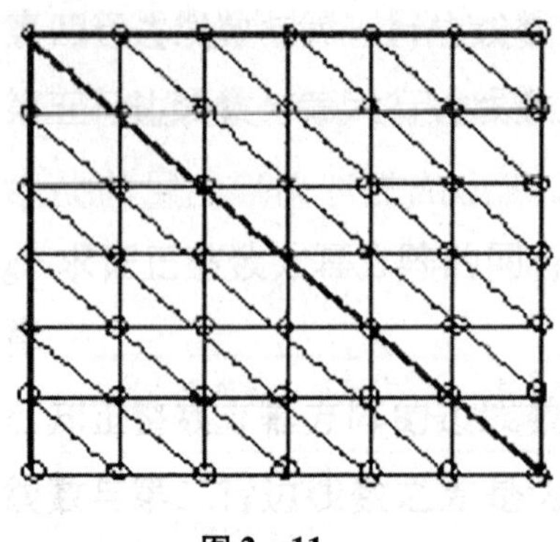

图 2-11

| 扩延次序 | 增加三角形的量 | | 三角形的量累加 | |
|---|---|---|---|---|
| | 个 | 可表为 | 等式 | 和 |
| 起点 | 0 | 0 | 0 + | 0 |
| 1 | 2 | (1+0)×2 | [(1+0)×2] + | 2 |
| 2 | 6 | (2+1)×2 | [(2+1)×2] + | 8 |
| 3 | 10 | (3+2)×2 | [(3+2)×2] + | 18 |
| 4 | 14 | (4+3)×2 | [(4+3)×2] + | 32 |
| 5 | 18 | (5+4)×2 | [(5+4)×2] + | 50 |
| 6 | 22 | (6+5)×2 | [(6+5)×2] | 72 |

图 2-12

图 2-11 是将图 2-3(四边形数图)中的点与点之间以直线相连形成为三角形的图。图 2-12 是反映图 2-11 的三角形的量的统计表。从图 2-11 看出,图 2-11(即四边形)是由 2 个图 2-9(即大的三角形)组成的整体。因此,从图 2-12 看出,四边形数的“点之间形成的三角形”的量,其每次有序扩延,均是三边形的 2 倍,由此可求得四边形数的“点之间形成的三角形”的量的循序逐增规律。其定理为:

四边形数的“点之间形成的三角形”的量 $=0+[(1+0)\times2]+[(2+1)\times2]+[(3+2)\times2]+[(4+3)\times2]+\cdots\cdots+[(n+n-1)\times2]$

(式中 $n$ 表示扩延次数)

2.3　五边形数的点与点之间连线形成的三角形的量的循序逐增规律

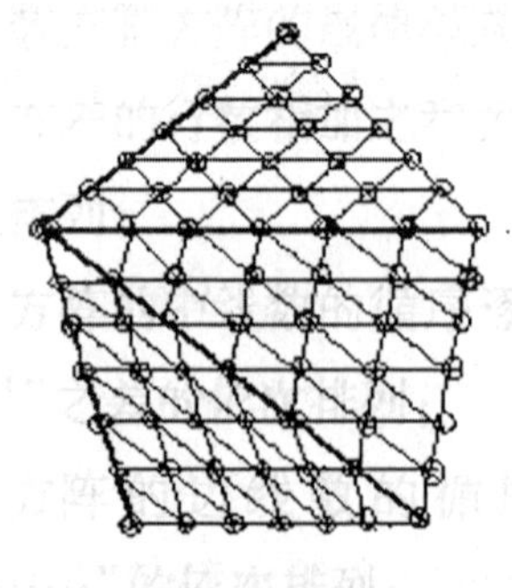

图 2-13

| 扩延次序 | 增加三角形的量 | | 三角形的量累加 | |
|---|---|---|---|---|
| | 个 | 可表为 | 等式 | 和 |
| 起点 | 0 | 0 | 0 + | 0 |
| 1 | 3 | (1+0)×3 | [(1+0)×3] + | 3 |
| 2 | 9 | (2+1)×3 | [(2+1)×3] + | 12 |
| 3 | 15 | (3+2)×3 | [(3+2)×3] + | 27 |
| 4 | 21 | (4+3)×3 | [(4+3)×3] + | 48 |
| 5 | 27 | (5+4)×3 | [(5+4)×3] + | 75 |
| 6 | 33 | (6+5)×3 | [(6+5)×3] | 108 |

图 2-14

图2－13 是将图2－5(五边形数图)中的点与点之间以直线相连形成为三角形的图。图 2－14 是反映图 2－13 的三角形的量的统计表。从图2－13 看出,图2－13(即五边形)是由3 个图2－9(即大的三角形)组成的整体。因此,从图 2－14 看出,五边形数的“点之间形成的三角形”的量,其每次有序扩延,均是三边形的 3 倍,由此可求得五边形数的“点之间形成的三角形”的量的循序逐增规律。其定理为:

五边形数的“点之间形成的三角形”的量 $=0+[(1+0)\times3]+[(2+1)\times3]+[(3+2)\times3]+[(4+3)\times3]+\cdots\cdots+[(n+n-1)\times3]$(式中 $n$ 表示扩延次数)

2.4　六边形数的点与点之间连线形成的三角形的量的循序逐增规律

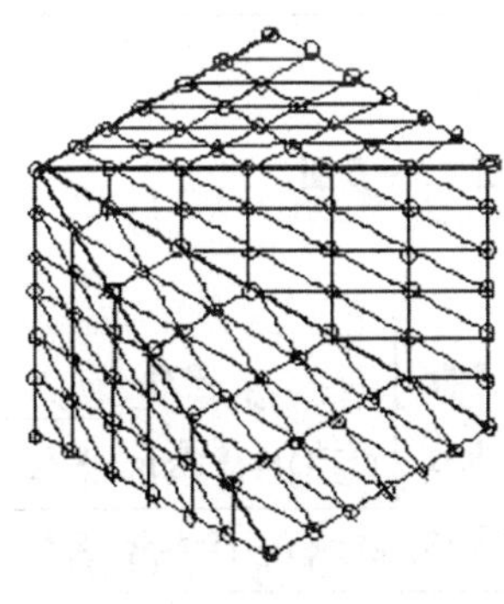

图 2－15

| 扩延次序 | 增加三角形的量 | | 三角形的量累加 | |
|---|---|---|---|---|
| | 个 | 可表为 | 等　式 | 和 |
| 起点 | 0 | 0 | 0 + | 0 |
| 1 | 4 | (1+0)×4 | [(1+0)×4] + | 4 |
| 2 | 12 | (2+1)×4 | [(2+1)×4] + | 16 |
| 3 | 20 | (3+2)×4 | [(3+2)×4] + | 36 |
| 4 | 28 | (4+3)×4 | [(4+3)×4] + | 64 |
| 5 | 36 | (5+4)×4 | [(5+4)×4] + | 100 |
| 6 | 44 | (6+5)×4 | [(6+5)×4] | 144 |

图 2－16

图2－15 是将图2－7(六边形数图)中的点与点之间以直线相连形成为三角形的图。图 2－16 是反映图 2－15 的三角形的量的统计表。从图2－15 看出,图2－15(即六边形)是由4 个图2－9(即大的三角形)组成的整体。因此,从图 2－16 看出,六边形数的“点之间形成的三角形”的量,其每次有序扩延,均是三边形的 4 倍,由此可求得六边形数的“点之间形成的三角形”的量的循序逐增规律。其定理为:

六边形数的“点之间形成的三角形”的量 $=0+[(1+0)\times4]+[(2+1)\times4]+[(3+2)\times4]+[(4+3)\times4]+\cdots\cdots+[(n+n-1)\times4]$

（式中 $n$ 表示扩延次数）

2.5　求证边形数的“点之间形成的三角形”的量的循序逐增定理

从上证明中已知：

三边形数的“点之间形成的三角形”的量的循序逐增定理为“$0+[(1+0)\times1]+[(2+1)\times1]+[(3+2)\times1]+[(4+3)\times1]+\cdots\cdots+[(n+n-1)\times1]$”，其式中的乘数“1”，正是三边形的 $3-2$（即 $B-2$）之差；

四边形数的“点之间形成的三角形”的量的循序逐增定理为“$0+[(1+0)\times2]+[(2+1)\times2]+[(3+2)\times2]+[(4+3)\times2]+\cdots\cdots+[(n+n-1)\times2]$”，其式中的乘数“2”，正是四边形的 $(4-2)$（即 $B-2$）之差；

五边形数的“点之间形成的三角形”的量的循序逐增定理为“$0+[(1+0)\times3]+[(2+1)\times3]+[(3+2)\times3]+[(4+3)\times3]+\cdots\cdots+[(n+n-1)\times3]$”，其式中的乘数“3”，正是五边形的 $(5-2)$（即 $B-2$）之差；

六边形数的“点之间形成的三角形”的量的循序逐增定理为“$0+[(1+0)\times4]+[(2+1)\times4]+[(3+2)\times4]+[(4+3)\times4]+\cdots\cdots+[(n+n-1)\times4]$”，其式中的乘数“4”，正是六边形的 $(6-2)$（即 $B-2$）之差。

依照归纳法，求得边形数的“点之间形成的三角形”的量的循序逐增定理为：

边形数的“点之间形成的三角形”的量 $=0+[(1+0)\times(B-2)]+[(2+1)\times(B-2)]+[(3+2)\times(B-2)]+[(4+3)\times(B-2)]+\cdots\cdots+[(n+n-1)\times(B-2)]$　（式中 $B$ 是表示边形的边的量，$B\geqslant3$，$n$ 表示扩延次数）

## 2.6 边形数可置换为扇形图来表达

从上证明中已知，三边形是由1个大三角形组成的整体，四边形是由2个大三角形组成的整体，五边形是由3个大三角形组成的整体，六边形是由4个大三角形组成的整体，其余依此类推。根据此规律，边形数完全可以图2-17来表达，应用拓扑原理，边形数又可置换为扇形图来表达，见图2-18。

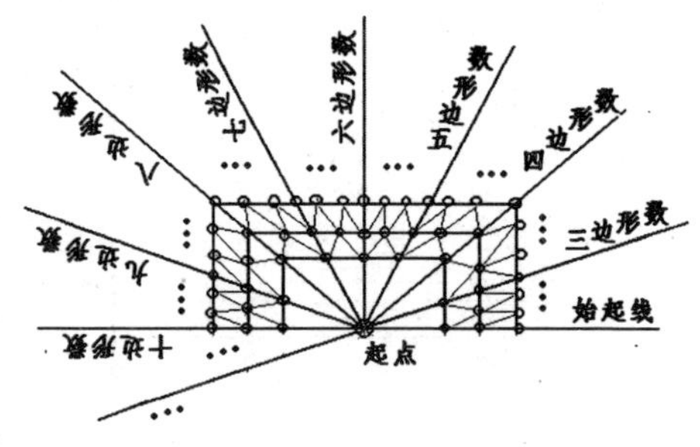


图2-17 由大三角形组成整体的边形数图

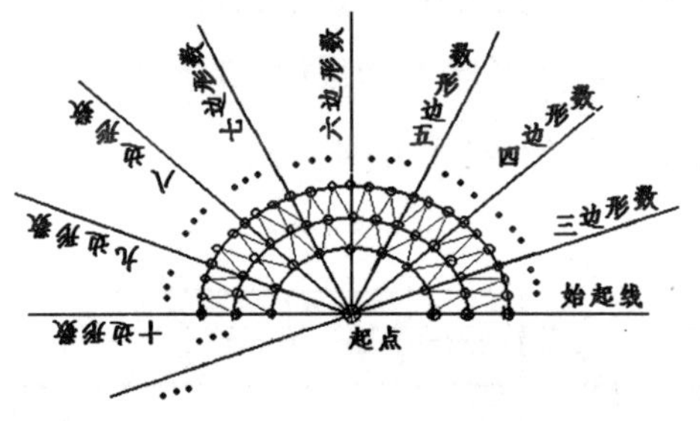


图2-18 边形数的扇形图

## 3. 棱锥体数及其“点之间形成的三角形”的量的循序逐增规律

数学家尼可马科斯在研究边形数的基础上，进一步研究了棱锥体数。笔者对棱锥体数的研究，自然是从循序逐增原理的角度来研究的。笔者研究结果表明，当将棱锥体数以平面的图来表达时，实质是不同于前文边形数的另一种边形数，即以点为记号，其起点既是始点又是中心点，依照边形的要求有序向周边画点扩延而形成的边形点数（如图2-19是三棱锥体数图）。

### 3.1 三棱锥体数及其“点之间形成的三角形”的量的循序逐增规律

图2-19是反映三棱锥体数及其“点之间形成的三角形”的量的例图，图2-20是三棱锥体点数统计表，图2-21是三棱锥体的“点之间形成的三角形”的量的统计表。

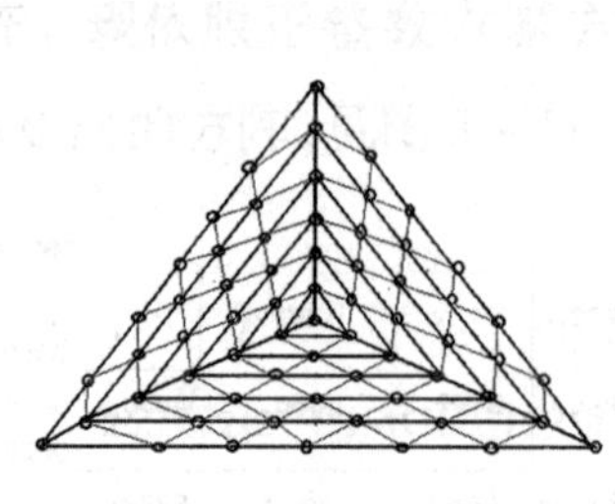

图 2－19

| 扩延次序 | 增加点数 | | 点数累加 | |
|---|---|---|---|---|
| | 点 | 可表为 | 等式 | 和 |
| 起点 | 1 | 1 | 1 + | 1 |
| 1 | 3 | 1×3 | (1×3) + | 4 |
| 2 | 6 | 2×3 | (2×3) + | 10 |
| 3 | 9 | 3×3 | (3×3) + | 19 |
| 4 | 12 | 4×3 | (4×3) + | 31 |
| 5 | 15 | 5×3 | (5×3) + | 46 |
| 6 | 18 | 6×3 | (6×3) | 52 |

图 2－20

从图 2－19、图 2－20 看出，随着三棱锥体的有序扩延，其增加点数的数列是循着“1×3，2×3，3×3，4×3……”的规律逐增，此乘数的“3”，正是三棱锥体的“3”。据此，可求得三棱锥体数的循序逐增规律，其定理为：

三棱锥体数＝1＋(1×3)＋(2×3)＋(3×3)＋(4×3)＋……＋($n$×3)　(式中 $n$ 表示扩延次数)

现求三棱锥体数的“点之间形成的三角形”的量的循序逐增规律。从图 2－19、图 2－21 看出，随着三棱锥体的有序扩延，其“点之间形成的三角形”的量，循着“[(1＋0)×3]，[(2＋1)×3]，[(3＋2)×3]，[(4＋3)×3]……”的规律逐增。式中乘数“3”，正是三棱锥体的“3”。

| 扩延次序 | 增加三角形的量 | | 三角形的量累加 | |
|---|---|---|---|---|
| | 个 | 可表为 | 等式 | 和 |
| 起点 | 0 | 0 | 0 + | 0 |
| 1 | 3 | (1+0)×3 | [(1+0)×3] + | 3 |
| 2 | 9 | (2+1)×3 | [(2+1)×3] + | 12 |
| 3 | 15 | (3+2)×3 | [(3+2)×3] + | 27 |
| 4 | 21 | (4+3)×3 | [(4+3)×3] + | 48 |
| 5 | 27 | (5+4)×3 | [(5+4)×3] + | 75 |
| 6 | 33 | (6+5)×3 | [(6+5)×3] | 108 |

图 2－21

与三边形相比，式中乘数多“2”(即 3－1＝2)，从中可知其每次有序扩延的三角形的量，比三边形多“($n$＋$n$－1)×2”个。由此可求得三棱锥体数的“点之间形成的三角形”的量的循序逐增规律。其定理为：

三棱锥体数的“点之间形成的三角形”的量＝0＋[(1＋0)×3]＋[(2＋1)×3]＋[(3＋2)×3]＋[(4＋3)×3]＋……＋[($n$＋$n$－1)×

3］（式中 $n$ 表示扩延次数）

### 3.2 四棱锥体数及其“点之间形成的三角形”的量的循序逐增规律

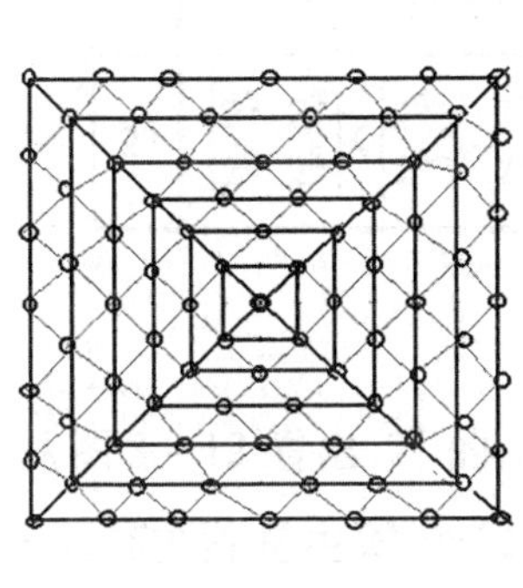

图 2－22

| 扩延次序 | 增加点数 | | 点数累加 | |
|---|---|---|---|---|
| | 点 | 可表为 | 等式 | 和 |
| 起点 | 1 | 1 | 1 + | 1 |
| 1 | 4 | 1×4 | (1×4) + | 5 |
| 2 | 8 | 2×4 | (2×4) + | 13 |
| 3 | 12 | 3×4 | (3×4) + | 25 |
| 4 | 16 | 4×4 | (4×4) + | 41 |
| 5 | 20 | 5×4 | (5×4) + | 61 |
| 6 | 24 | 6×4 | (6×4) | 85 |

图 2－23

图 2－22 是反映四棱锥体数及其“点之间形成的三角形”的量的例图，图 2－23 是四棱锥体点数统计表，图 2－24 是四棱锥体的“点之间形成的三角形”的量的统计表。

从图 2－22、图 2－23 看出，随着四棱锥体的有序扩延，其增加的点数是循着“1×4，2×4，3×4，4×4……”的规律逐增，此乘数的“4”，正是四棱锥体的“4”。据此，可求得四棱锥体数的循序逐增规律，其定理为：

四棱锥体数 ＝1＋（1×4）＋（2×4）＋（3×4）＋（4×4）＋……＋（$n$×4）（式中 $n$ 表示扩延次数）

| 扩延次序 | 增加三角形的量 | | 三角形的量累加 | |
|---|---|---|---|---|
| | 个 | 可表为 | 等式 | 和 |
| 起点 | 0 | 0 | 0 + | 0 |
| 1 | 4 | (1+0)×4 | [(1+0)×4] + | 4 |
| 2 | 12 | (2+1)×4 | [(2+1)×4] + | 16 |
| 3 | 20 | (3+2)×4 | [(3+2)×4] + | 36 |
| 4 | 28 | (4+3)×4 | [(4+3)×4] + | 64 |
| 5 | 36 | (5+4)×4 | [(5+4)×4] + | 100 |
| 6 | 44 | (6+5)×4 | [(6+5)×4] | 144 |

图 2－24

现求四棱锥体数的“点之间形成的三角形”的量的循序逐增规律。从图 2－22、图 2－24 看出，随着四棱锥体的有序扩延，其“点之间形成的三角形”的量，循着“[（1＋0）×

4],[(2+1)×4],[(3+2)×4],[(4+3)×4]……”的规律逐增。式中乘数“4”,正是四棱锥体的“4”。与四边形相比,式中乘数多“2”(即4−2=2),从中可知其每次有序扩延的三角形的量,比四边形多“($n+n-1$)×2”个。由此可求得四棱锥体数的“点之间形成的三角形”的量的循序逐增规律,其定理为:

四棱锥体数的“点之间形成的三角形”的量=0+[(1+0)×4]+[(2+1)×4]+[(3+2)×4]+[(4+3)×4]+……+[($n+n-1$)×4]　(式中$n$表示扩延次数)

3.3　五棱锥体数及其“点之间形成的三角形”的量的循序逐增规律

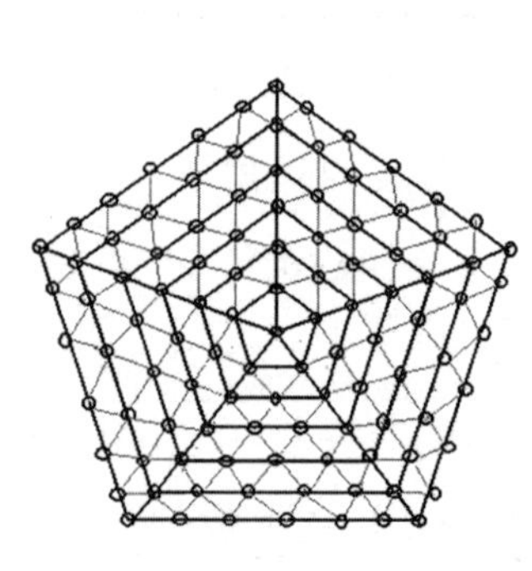

图2-25

| 扩延次序 | 增加点数 | | 点数累加 | |
|---|---|---|---|---|
| | 点 | 可表为 | 等式 | 和 |
| 起点 | 1 | 1 | 1 | 1 |
| 1 | 5 | 1×5 | +(1×5) | 6 |
| 2 | 10 | 2×5 | +(2×5) | 16 |
| 3 | 15 | 3×5 | +(3×5) | 31 |
| 4 | 20 | 4×5 | +(4×5) | 51 |
| 5 | 25 | 5×5 | +(5×5) | 76 |
| 6 | 30 | 6×5 | +(6×5) | 106 |

图2-26

图2-25是反映五棱锥体数及其“点之间形成的三角形”的量的例图,图2-26是五棱锥体点数统计表,图2-27是五棱锥体的“点之间形成的三角形”的量的统计表。

从图2-25、图2-26看出,随着五棱锥体的有序扩延,其增加点数的数列是循着“1×5,2×5,3×5,4×5……”的规律逐增,此乘数的“5”,正是五棱锥体的“5”。据此,可求得五棱锥体数的循序逐增规律,其定理为:五棱锥体数=1+(1×5)+(2×5)+(3×5)+(4×5)+……+

($n$×5)　(式中 $n$ 表示扩延次数)

现求五棱锥体数的“点之间形成的三角形”的量的循序逐增规律。从图2－25、图2－27看出,随着五棱锥体的有序扩延,其“点之间形成的三角形”的量,循着“[(1+0)×5],[(2+1)×5],[(3+2)×5],[(4+3)×5]……”的规律逐增。式中乘数“5”,正是五棱锥体的“5”。与五边形相比,式中乘数多“2”(即5－3=2),从中可知其每次有序扩延的三角形的量,比五边形多“($n$＋$n$－1)×2”个。由此可求得五棱锥体数的“点之间形成的三角形”的量的循序逐增规律。其定理为:

| 扩延次序 | 增加三角形的量 | | 三角形的量累加 | |
|---|---|---|---|---|
| | 个 | 可表为 | 等式 | 和 |
| 起点 | 0 | 0 | 0<br>+ | 0 |
| 1 | 5 | (1+0)×5 | [(1+0)×5]<br>+ | 5 |
| 2 | 15 | (2+1)×5 | [(2+1)×5]<br>+ | 20 |
| 3 | 25 | (3+2)×5 | [(3+2)×5]<br>+ | 45 |
| 4 | 35 | (4+3)×5 | [(4+3)×5]<br>+ | 80 |
| 5 | 45 | (5+4)×5 | [(5+4)×5]<br>+ | 125 |
| 6 | 55 | (6+5)×5 | [(6+5)×5] | 180 |

图2－27

五棱锥体数的“点之间形成的三角形”的量＝0＋[(1＋0)×5]＋[(2＋1)×5]＋[(3＋2)×5]＋[(4＋3)×5]＋……＋[($n$＋$n$－1)×5]　(式中 $n$ 表示扩延次数)

3.4　六棱锥体数及其“点之间形成的三角形”的量的循序逐增规律

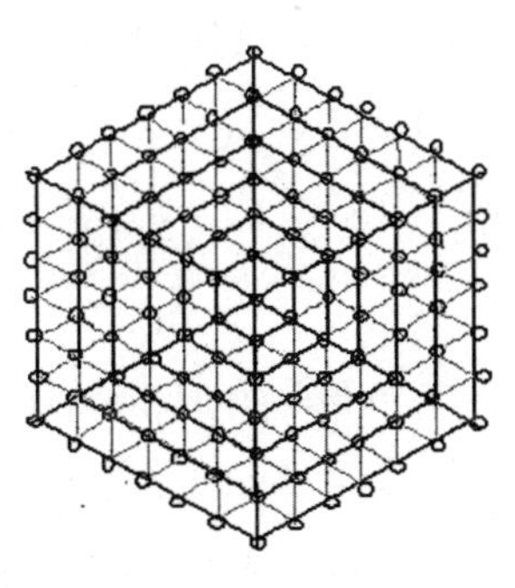

图2－28

| 扩延次序 | 增加点数 | | 点数累加 | |
|---|---|---|---|---|
| | 点 | 可表为 | 等式 | 和 |
| 起点 | 1 | 1 | 1<br>+ | 1 |
| 1 | 6 | 1×6 | (1×6)<br>+ | 7 |
| 2 | 12 | 2×6 | (2×6)<br>+ | 19 |
| 3 | 18 | 3×6 | (3×6)<br>+ | 37 |
| 4 | 24 | 4×6 | (4×6)<br>+ | 61 |
| 5 | 30 | 5×6 | (5×6)<br>+ | 91 |
| 6 | 36 | 6×6 | (6×6) | 127 |

图2－29

图2－28是反映六棱锥体数及其“点之间形成的三角形”的量的例图，图2－29是六棱锥体点数统计表，图2－30是六棱锥体的“点之间形成的三角形”的量的统计表。

从图2－28、图2－29看出，随着六棱锥体的有序扩延，其增加点数的数列是循着“1×6，2×6，3×6，4×6……”的规律逐增，此乘数的“6”，正是六棱锥体的“6”。据此，可求得六棱锥体数的循序逐增规律，其定理为：六棱锥体数＝1＋(1×6)＋(2×6)＋(3×6)＋(4×6)＋……＋($n$×6)(式中$n$表示扩延次数)。

现求六棱锥体数的“点之间形成的三角形”的量的循序逐增规律。从图2－28、图2－30看出，随着六棱锥体的有序扩延，其“点之间形成的三角形”的量，循着“[(1＋0)×6]，[(2＋1)×6]，[(3＋2)×6]，[(4＋3)×6]……”的规律逐增。式中乘数“6”，正是六棱锥体的“6”。

| 扩延次序 | 增加三角形的量 | | 三角形的量累加 | |
|---|---|---|---|---|
| | 个 | 可表为 | 算式 | 和 |
| 起点 | 0 | 0 | 0 | 0 |
| 1 | 6 | (1+0)×6 | +[(1+0)×6] | 6 |
| 2 | 18 | (2+1)×6 | +[(2+1)×6] | 24 |
| 3 | 30 | (3+2)×6 | +[(3+2)×6] | 54 |
| 4 | 42 | (4+3)×6 | +[(4+3)×6] | 96 |
| 5 | 54 | (5+4)×6 | +[(5+4)×6] | 150 |
| 6 | 66 | (6+5)×6 | +[(6+5)×6] | 216 |

图2－30

与六边形相比，式中乘数多“2”(即6－4＝2)，从中可知其每次有序扩延的三角形的量，比六边形多“($n$＋$n$－1)×2”个。由此可求得六棱锥体数的“点之间形成的三角形”的量的循序逐增规律。其定理为：

六棱锥体数的“点之间形成的三角形”的量＝0＋[(1＋0)×6]＋[(2＋1)×6]＋[(3＋2)×6]＋[(4＋3)×6]＋……＋[($n$＋$n$－1)×6]　(式中$n$表示扩延次数)

3.5　求证棱锥体数及其“点之间形成的三角形”的量的循序逐增定理

先求证棱锥体数循序逐增定理。

已知，三棱锥体数＝1＋(1×3)＋(2×3)＋(3×3)＋(4×3)＋……＋($n$×3)；

四棱锥体数 $=1+(1\times4)+(2\times4)+(3\times4)+(4\times4)+\cdots\cdots+(n\times4)$；

五棱锥体数 $=1+(1\times5)+(2\times5)+(3\times5)+(4\times5)+\cdots\cdots+(n\times5)$；

六棱锥体数 $=1+(1\times6)+(2\times6)+(3\times6)+(4\times6)+\cdots\cdots+(n\times6)$。

依照归纳法，得棱锥体数循序逐增定理为：

棱锥体数 $=1+(1\times L)+(2\times L)+(3\times L)+(4\times L)+\cdots\cdots+(n\times L)$

（式中 $L$ 表示棱的量，$n$ 表示扩延次数）

现求证棱锥体数的"点之间形成的三角形"的量循序逐增定理。

已知，三棱锥体数的"点之间形成的三角形"的量 $=0+[(1+0)\times3]+[(2+1)\times3]+[(3+2)\times3]+[(4+3)\times3]+\cdots\cdots+[(n+n-1)\times3]$；

四棱锥体数的"点之间形成的三角形"的量 $=0+[(1+0)\times4]+[(2+1)\times4]+[(3+2)\times4]+[(4+3)\times4]+\cdots\cdots+[(n+n-1)\times4]$；

五棱锥体数的"点之间形成的三角形"的量 $=0+[(1+0)\times5]+[(2+1)\times5]+[(3+2)\times5]+[(4+3)\times5]+\cdots\cdots+[(n+n-1)\times5]$；

六棱锥体数的"点之间形成的三角形"的量 $=0+[(1+0)\times6]+[(2+1)\times6]+[(3+2)\times6]+[(4+3)\times6]+\cdots\cdots+[(n+n-1)\times6]$。

依照归纳法，得棱锥体数的"点之间形成的三角形"的量定理为：棱锥体数的"点之间形成的三角形"的量 $=0+[(1+0)\times L]+[(2+1)\times L]+[(3+2)\times L]+[(4+3)\times L]+\cdots\cdots+[(n+n-1)\times L]$

（式中 $L$ 表示棱的量，$L\geqslant3$，$n$ 表示扩延次数）

3.6 棱锥体数可置换为圆形图来表达

笔者研究结果表明,依照拓扑原理,遵循棱锥体数的循序逐增规律,棱锥体数及其"点之间形成的三角形"的量,可以置换为圆形图来表达。如图 2-31,是表达三棱锥体数及其"点之间形成的三角形"的量的圆形图;如图 2-32,是表达四棱锥体数及其"点之间形成的三角形"的量的圆形图;如图 2-33,是表达五棱锥体数及其"点之间形成的三角形"的量的圆形图。其余略。

图 2-31　　图 2-32　　图 2-33

**4. 棱锥体数(含"点之间形成的三角形"的量)与边形数的相近相同现象**

在此,值得一提的,如将三棱锥体数及其"点之间形成的三角形"的量,跟五边形数及其"点之间形成的三角形"的量作比较,就会发现,三棱锥体的每一次扩延增加的点数比五边形的每一次扩延增加的点数,只是 1 个点之差;三棱锥体的每一次扩延增加的三角形的量与五边形的每一次扩延增加的三角形的量等同。这在于三棱锥体数图(即图 2-19)与五边形数图(即图 2-13)均是由 3 个大三角形组成的整体,有所不同的是,五边形数图比三棱锥体数图多了 1 条大三角形的长边线及点。因此,五边形数图与三棱锥体数图,点数相近,三角形的量相同。

同理,四棱锥体数跟六边形数作比较,四棱锥体的每一次扩延增加的点数比六边形的每一次扩延增加的点数,只是 1 个点之差,四棱锥体的每一次扩延增加的三角形的量与六边形的每一次扩延增加的三角形的量等同。这在于四棱锥体数图(即图 2-22)与六边形数图(即图 2-

15)均是由4个大三角形组成的整体,有所不同的是,六边形数图比四棱锥体数图多了1条大三角形的长边线以及点。因此,六边形数图与四棱锥体数图,点数相近,三角形的量相同。

事实也表明,五棱锥体数图跟七边形数图,六棱锥体数图跟八边形数图……作比较,均存在“点数相近,三角形的量相同”的情况。对此,笔者认为,棱锥体数(含“点之间形成的三角形”的量)与边形数这种相近相同现象,是数学中值得研究的一个问题。

此外,笔者还发现,在棱锥体的底棱边长与正立方体边长相同的情况下,六棱锥体的表面面积(含底面面积)等于正立方体的表面面积,见图2-34、图2-35。这表明,立体与立体之间,不仅“数”存在内在联系,而且表面面积也存在内在联系。对此,有兴趣者可做深入研究。

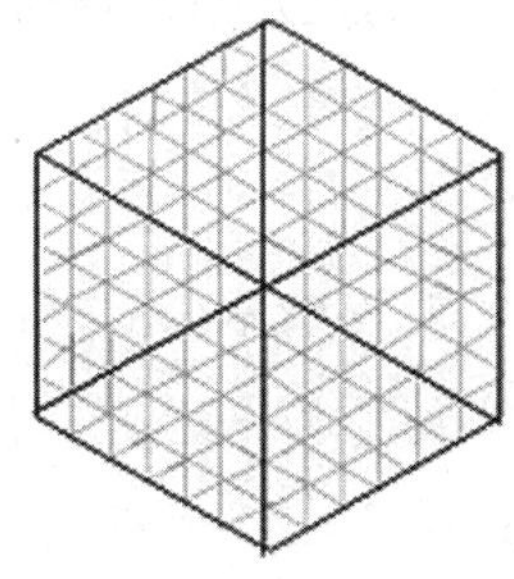

**图2-34　六棱锥体表面图**

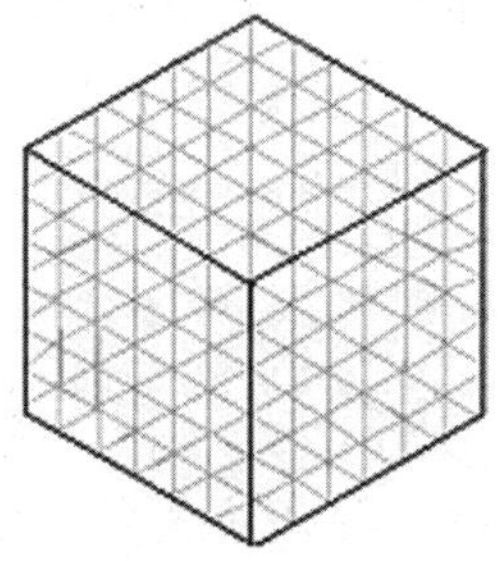

**图2-35　正立方体图**

完稿时间:2014年10月8日

# 正整数方幂方阵的循序逐增规律与费马定理

——费马定理不成立的必要条件

摘要：本文以曲尺形方阵表达正整数方幂，发现方阵是循着前后“两个正整数同次幂之差”〔表为“$n^k-(n-1)^k$”〕的次序而扩增的规律，求证到正整数方幂方阵的循序逐增定理。运用方阵等式证明到在 $n>2$ 的“$x^n+y^n=z^n$”方阵等式中，不存在正整数的“$x^n=z^n-(z-1)^n$”的这一必要条件，所以，费马定理成立。此外，还证明到，在“$(x^2\times x^{n-2})+(y^2\times y^{n-2})=z^2\times z^{n-2}$”方阵等式中，要么该方阵等式其本身就是不成立的方阵等式，要么该成立的方阵等式而表达的“$x^n+y^n=z^n$”方程式不存在正整数解，同样不具备“$x^n+y^n=z^n(n>2)$”成立的必要条件，所以，费马定理成立。

关键词：正整数　方幂　方阵　费马定理　必要条件

本文研究的专题是正整数方幂方阵的循序逐增现象及其规律，并尝试运用方阵等式的证明方法对正整数的“$x^n+y^n=z^n$”做出证明。

笔者研究结果表明，任何一个正整数方幂（$n>1$）均可表为数学方阵，且其表达方式有三种。正整数方幂方阵的各种数的循序逐增现象，集中反映了正整数方幂方阵的循序逐增规律，而费马定理与正整数方幂方阵的循序逐增规律有着密切联系。

笔者认为,350 年前费马提出的关于“一般来说,不可能把任意一个次数大于 2 的整数的方幂,表为两个整数的同次方幂之和”的猜想,从正整数方幂方阵的原理角度可表述为:“一般来说,不可能把任意一个次数大于 2 的整数方幂的方阵,表为两个整数的同次方幂之方阵。”据此,笔者研究结果表明,“一个同次方幂的正整数之方阵表为两个正整数的同次方幂之方阵”,须具成立的必要条件。正整数的“$x^2+y^2=z^2$”,只是部分等式成立,不是全部等式成立,成立的“$x^2+y^2=z^2$”等式之所以成立,是在于这些成立的等式具备成立的必要条件,而当次幂大于 2 时,这个必要条件已完全不存在于“$x^n+y^n=z^n$”的等式中。因此,费马定理成立。

**1. 正整数 2 次幂的方阵的各种数的循序逐增规律**

笔者认为,要想弄清楚正整数方幂方阵的循序逐增规律,应注重对正整数方幂方阵的各种数的循序逐增现象的研究,从对正整数 2 次幂的方阵的研究入手,弄清楚正整数方幂方阵与正整数方幂的三角矩阵之间的关系,进而发现矩阵的各种数的循序逐增规律。

1.1　任何一个正整数平方均可表为由“1”组成的方阵或三角矩阵

笔者在《地图与数学的组合、排列及三角矩阵》一文(见《数学学习与研究》2011 年第 19 期)中,经证明得出结论:任何一个正整数($n>1$)的 2 次幂均可表为一个由“1”组成的方阵,而且这个方阵既可表为一个由“1”组成的三角矩阵,也可表为两个由“1”组成的三角矩阵,见图 3-1。

| $n^2$ | 方阵 | 两个组合数的三角矩阵 | 三角矩阵 |
|---|---|---|---|
| $2^2$ | $\begin{bmatrix} 1 & 1 \\ 1 & 1 \end{bmatrix}$ | $[1]+\begin{bmatrix} 1 \\ 1\ 1 \end{bmatrix}$ <br> $(C_2^2)$　$(C_{2+1}^2)$ | $\begin{bmatrix} 1 \\ 1\ 1\ 1 \end{bmatrix}$ |
| $3^2$ | $\begin{bmatrix} 1 & 1 & 1 \\ 1 & 1 & 1 \\ 1 & 1 & 1 \end{bmatrix}$ | $\begin{bmatrix} & 1 \\ 1 & 1 \end{bmatrix}+\begin{bmatrix} 1 \\ 1\ 1 \\ 1\ 1\ 1 \end{bmatrix}$ <br> $(C_3^2)$　$(C_{3+1}^2)$ | $\begin{bmatrix} 1 \\ 1\ 1\ 1 \\ 1\ 1\ 1\ 1\ 1 \end{bmatrix}$ |
| $4^2$ | $\begin{bmatrix} 1 & 1 & 1 & 1 \\ 1 & 1 & 1 & 1 \\ 1 & 1 & 1 & 1 \\ 1 & 1 & 1 & 1 \end{bmatrix}$ | $\begin{bmatrix} & & 1 \\ & 1 & 1 \\ 1 & 1 & 1 \end{bmatrix}+\begin{bmatrix} 1 \\ 1\ 1 \\ 1\ 1\ 1 \\ 1\ 1\ 1\ 1 \end{bmatrix}$ <br> $(C_4^2)$　$(C_{4+1}^2)$ | $\begin{bmatrix} 1 \\ 1\ 1\ 1 \\ 1\ 1\ 1\ 1\ 1 \\ 1\ 1\ 1\ 1\ 1\ 1\ 1 \end{bmatrix}$ |
| … | …… | ……+…… | …… |

**图 3-1**

根据正整数的 2 次幂的方阵和三角矩阵的规律,遵循组合数“循序逐增”的基本原理,正整数的 2 次幂的三角矩阵和方阵可以图 3-2 来表示。其定理为：$n^2 = C_n^2 + C_{n+1}^2$。

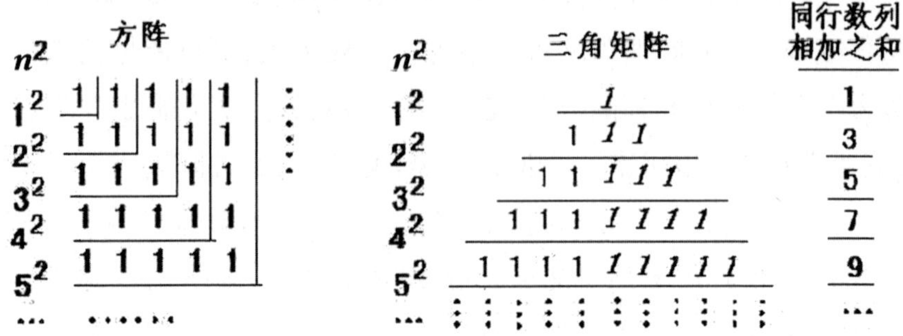


图 3－2　$n^2$ 的方阵和三角矩阵图

从“$n^2$ 的方阵和三角矩阵图”看出，正整数的 2 次幂的方阵，其方阵元素“1”是曲尺形排列，虽然与三角矩阵的表达方式不同，但两者表达的意思(或叫内容)相同。可见，正整数方幂方阵与正整数方幂的三角矩阵是等同关系。据此，为着论证的方便，笔者在下文论证正整数方幂方阵时，则以三角矩阵替代，以三角矩阵的表达方式来证明方阵的各种数的循序逐增的规律。

1.2　方阵(三角矩阵)的各种数的概念

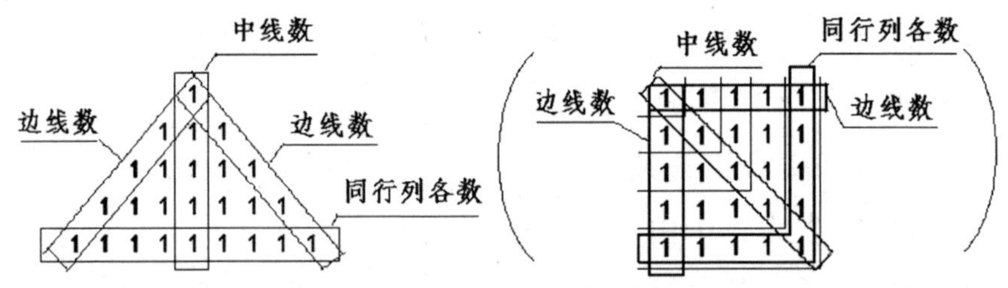


图 3－3　三角矩阵(方阵)的各种数的概念解释图

本文所说的方阵(三角矩阵)的各种数，是指矩阵的两条边线数、中线数、同行数列相加之和(见图 3－3 图解)。所说的各种数的循序逐增现象，是指这些数及其数列差反映出来的规律有序的东西。

从图 3 - 3 看出,边线数,是指三角矩阵的左斜边线数和右斜边线数,左斜边线数即是方阵的第一列数,右斜边线数即是方阵的第一行数;中线数,是指位于三角矩阵中间的数,即是方阵的左上角至右下角的斜线数;同行数列相加之和,是指三角矩阵同一行的数列各数相加得数。即是曲尺形(是向上的曲尺,不是向下的曲尺)方阵的同行列数各数相加得数。

1.3 正整数 2 次幂的方阵(三角矩阵)的各种数的循序逐增规律

1.3.1 正整数 2 次幂的方阵的同行数列相加之和及数列差的循序逐增规律

规律 1 方阵的同行数列相加之和是循序逐增的两个正整数平方差的依次排列。

从"$n^2$ 的方阵和三角矩阵图"看出,正整数 2 次幂的方阵(三角矩阵),其同行数列相加之和是依照奇数"1,3,5,7,9……"的逐增次序排列。这"1,3,5,7,9……"之数,除了是奇数这个属性外,又是与正整数的 2 次幂有着密切联系的数:1 是 $1^2-0^2$ 之差,3 是 $2^2-1^2$ 之差,5 是 $3^2-2^2$ 之差,7 是 $4^2-3^2$ 之差,9 是 $5^2-4^2$ 之差,此后依次类推。依照归纳法,可得知,正整数 2 次幂的方阵,其同行数列相加之和"1,3,5,7,9……"为循序逐增的两个正整数的平方差〔即"$n^2-(n-1)^2$"之差〕的依次排列,亦即是循序逐增的两个正整数的同次方差〔即"$n^k-(n-1)^k$"之差〕的依次排列。正整数次幂的方阵是一个循序逐增的扩展过程。在此,笔者须强调的。这个规律是正整数方幂方阵的核心规律。笔者正是从这个规律发现正整数方幂方阵的其他数的循序逐增规律的。

规律 2 正整数 2 次幂的方阵的同行数列相加之和的数列差是循序逐增的两组"两个正整数平方差"之差。

从"$n^2$ 的方阵和三角矩阵图"的同行数列相加之和可知,正整数 2 次幂的方阵的同行数列相加之和的数列差依次为"2,2,2……"。看起来这一排列的"2",只是同一个正整数而已。其实,它们是产生于不同的前后两组“两个正整数平方差”之间的差。笔者将方阵的“同行数列相加之和的数列差”的公式表为：

同行数列相加之和的数列差 $=[(n+1)^k-n^k]-[n^k-(n-1)^k]$

如：1 与 3 之差为 2，已知 1 是“$1^2-0^2$”之差，3 是“$2^2-1^2$”之差。据此，$n$ 为 1，$k$ 为 2，那么，得：$[(1+1)^2-1^2]-[1^2-(1-1)^2]=(2^2-1^2)-(1^2-0^2)=3-1=2$

再如：3 与 5 之差为 2，已知 3 是“$2^2-1^2$”之差，5 是“$3^2-2^2$”之差。据此，$n$ 为 2，$k$ 为 2，那么，得：$[(2+1)^2-2^2]-[2^2-(2-1)^2]=(3^2-2^2)-(2^2-1^2)=5-3=2$

又如：5 与 7 之差为 2，已知 5 是“$3^2-2^2$”之差，7 是“$4^2-3^2$”之差。据此，$n$ 为 3，$k$ 为 2，那么，得：$[(3+1)^2-3^2]-[3^2-(3-1)^2]=(4^2-3^2)-(3^2-2^2)=7-5=2$

由此可见，数列差虽然同为“2”，但不是同产生于相同的两组“两个正整数平方差”之间的差，而是产生于不相同的两组“两个正整数平方差”之间的差。

1.3.2　正整数 2 次幂的方阵的中线数的循序逐增规律

规律 1　正整数 2 次幂的方阵的中线数数列是由正整数起始数 1 组成的行(列)阵的元素的依次排列。

从“$n^2$ 的方阵和三角矩阵图”看出，正整数 2 次幂的方阵的中线数数列依次为“1，1，1，1，1……”。对这一数列“1”，我们不能单纯地理解为正整数(或自然数)的 1。可实际上，当它出现在正整数 2 次幂的方阵并成为有序排列的元素时，已是具有更多内涵的“1”。笔者将这一数列“1”解读为“由正整数起始数 1 组成的行(列)阵的元素”。对这个解读，笔者的依据是，行(列)阵是由若干单个元素组成的矩阵，方阵和三角矩阵则是由若干行(列)阵组成的矩阵。基于这一观点，完全可把“正整数 2 次幂的方阵(三角矩阵)”解读为是由若干行(列)由 1 组成的行(列)阵组成的矩阵。

规律 2　正整数 2 次幂方阵的中线数的数列差"0"是由 1 组成的行(列)阵的两组"两个元素同次幂差"之差。

从正整数 2 次幂的方阵的中线数数列可知,其数列差依次为"0,0,0,0……"。对这数列差的"0",笔者解读为依次排列的两组"两个正整数同次幂差"的差,表为"$[(n+1)^k - n^k] - [n^k - (n-1)^k]$"。

已知,中线数数列依次为"1,1,1,1,1……"。据此,可知,$n$ 为 1,$k$ 为 1。那么,得:$[(1+1)^1 - 1^1] - [1^1 - (1-1)^1] = (2-1) - (1-0) = 1 - 1 = 0$

1.3.3　正整数 2 次幂的方阵的边线数的循序逐增规律

规律 1　正整数 2 次幂的方阵的边线数数列是由正整数起始数 1 组成的行(列)阵的元素的依次排列。

规律 2　正整数 2 次幂的方阵的边线数的数列差"0"是由 1 组成的行(列)阵的两组"两个元素同次幂差"之差。

对边线数数列"1"和边线数的数列差"0"的解读,跟前文对中线数数列"1"及其数列差"0"的解读同。

1.3.4　正整数 2 次幂方阵的各行边线数至中线数的循序逐增规律

规律 1　正整数 2 次幂方阵的各行边线数至中线数的数列是由正整数起始数 1 组成的行(列)阵的元素的依次排列。

规律 2　正整数 2 次幂的方阵的各行同行的边线数至中线数的数列差为"0"。

对边线数至中线数的数列"1"和边线数至中线数的数列差"0"的解读,跟前文对中线数数列"1"及其数列差"0"的解读同。

从上证明可知,边线数的数列差与边线数至中线数的数列差同为"0"。这表明,两者存在密切的内在联系。对此,笔者根据矩阵的循序逐增的行次次序,是这样解读并将两者联系起来的:

第一行边线数与第二行边线数为"1"与"1",差为"0"。第二行边线数至中线数的数列为"1,1",数列差为"0"。据此以及矩阵的行次次

序,可解读为,第一行边线数与第二行边线数之差“0”,是为第二行边线数至中线数的数列差“0”;

第二行边线数与第三行边线数为“1”与“1”,差为“0”。第三行边线数至中线数的数列为“1,1,1”,数列差为“0”。据此以及矩阵的行次次序,可解读为,第二行边线数与第三行边线数之差“0”,是为第三行边线数至中线数的数列差“0”;

第三行边线数与第四行边线数为“1”与“1”,差为“0”。第四行边线数至中线数的数列为“1,1,1,1”,数列差为“0”。据此以及矩阵的行次次序,可解读为,第三行边线数与第四行边线数之差“0”,是为第四行边线数至中线数数列的数列差“0”;

第四行边线数与第五行边线数为“1”与“1”,差为“0”。第五行边线数至中线数的数列为“1,1,1,1,1”,数列差为“0”。据此以及矩阵的行次次序,可解读为,第四行边线数与第五行边线数之差“0”,是为第五行边线数至中线数的数列差“0”……此后依次类推。

在此,要予以说清楚的,由于正整数 2 次幂的方阵是正整数方幂方阵的起始方阵,因而,对于笔者对正整数 2 次幂方阵的各种数的循序逐增规律所做的证明和解读,如果孤立去看,也许会认为笔者的证明和解读未免牵强附会。但是,当将它与后文的正整数 3 次幂方阵、4 次幂方阵、5 次幂方阵的各种数的循序逐增规律的证明联系起来看,就会感到笔者对正整数 2 次幂方阵的各种数的循序逐增规律所做的证明和解读,是符合“起始方阵”的“起始”之理,认同笔者的证明的。

**2. 正整数方幂方阵的三种表达方式**

笔者研究结果表明,遵循正整数方幂方阵的循序逐增规律,正整数方幂($k>2$)的方阵的表达方式有三种。

2.1　表达方式 1

任何一个正整数方幂均可表达为其同行数列相加之和为循序逐增的两个正整数的同次方差的方阵。

笔者研究结果表明，正整数方幂方阵均可表达为其同行数列相加之和为循序逐增的两个正整数的同次方差的方阵。

现以正整数的3次幂、4次幂、5次幂的方阵为例予以证明。

例证1　正整数3次幂的方阵（三角矩阵）的证明

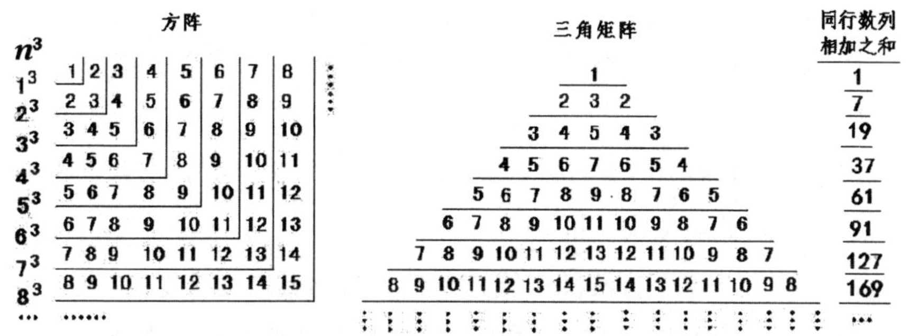

图3-4　正整数3次幂的方阵和三角矩阵

现依照循序逐增原理对正整数3次幂的方阵（三角矩阵）的各种数及其数列进行分析，从中发现它们的循序逐增规律。

*a*. 正整数3次幂方阵的同行数列相加之和及数列差的循序逐增规律

规律1　正整数3次幂方阵的同行数列相加之和的循序逐增规律

从正整数3次幂的三角矩阵（亦即方阵，下同）看出，其同行数列相加之和依次为"1,7,19,37,61,91,127……"，正是两个正整数的3次方差〔即"$n^3-(n-1)^3$"之差〕的依次排列。1是"$1^3-0^3$"之差，7是"$2^3-1^3$"之差，19是"$3^3-2^3$"之差，37是"$4^3-3^3$"之差，此后依次类推。

规律2　正整数3次幂方阵的同行数列相加之和数列差的循序逐增规律

从正整数3次幂的三角矩阵的"同行数列相加之和"数列可知，其同行数列相加之和数列差依次为"6,12,18,24……"，正是两组"两个正整数的3次方差"之差（即"$[(n+1)^3-n^3]-[n^3-(n-1)^3]$"之差）的依次排列：

6 为“$[(1+1)^3-1^3]-[1^3-(1-1)^3]=(2^3-1^3)-(1^3-0^3)=7-1$”之差；

12 为“$[(2+1)^3-2^3]-[2^3-(2-1)^3]=(3^3-2^3)-(2^3-1^3)=19-7$”之差；

18 为“$[(3+1^3)-3^3]-[3^3-(3-1)^3]=(4^3-3^3)-(3^3-2^3)=37-19$”之差；

24 为“$[(4+1)^3-4^3]-[4^3-(4-1)^3]=(5^3-4^3)-(4^3-3^3)=61-37$”之差，此后依次类推。

*b.* 正整数 3 次幂方阵的中线数及数列差的循序逐增规律

规律 1　正整数 3 次幂方阵的中线数数列的循序逐增规律。

从正整数 3 次幂的三角矩阵看出，其中线数是奇数数列“1，3，5，7，9……”的依次排列，与正整数 2 次幂的三角矩阵的同行数列相加之和数列同。从前文可知，奇数数列“1，3，5，7，9……”，是前后两个正整数的平方差的依次排列，即为循序逐增的“$n^2-(n-1)^2$”之差。但是，当“1，3，5，7，9……”出现在整数 3 次幂的三角矩阵的中线数时，为与方幂次数（即 3 次幂）的一致性，则表为“$n^{3-1}-(n-1)^{3-1}$”之差。

规律 2　正整数 3 次幂方阵的中线数数列差的循序逐增规律。

从正整数 3 次幂的三角矩阵的中线数数列“1，3，5，7，9……”可知，数列差依次为“2，2，2，2……”。这与正整数 2 次幂方阵的同行数列相加之和的数列差同。从前文可知，数列差“2”是前后两组“两个正整数平方差”之差，即为“$[(n+1)^2-n^2]-[n^2-(n-1)^2]$”之差。但是，作为出现在正整数 3 次幂方阵的中线数数列差“2”，为与方幂次数（即 3 次幂）的一致性，则表为“$[(n+1)^{3-1}-n^{3-1}]-[n^{3-1}-(n-1)^{3-1}]$”之差。

*c.* 正整数 3 次幂方阵的边线数及数列差的循序逐增规律

规律 1　正整数 3 次幂方阵的边线数数列的循序逐增规律。

从正整数3次幂的三角矩阵看出，其边线数是自然数"1，2，3，4，5，6……"的依次排列。看起来，这"1，2，3，4，5，6……"是平常的自然数。但笔者认为，从正整数次幂的角度来说，应把它解读为1次幂的正整数即为"$1^1$，$2^1$，$3^1$，$4^1$，$5^1$，$6^1$……"，为与方幂次数(即3次幂)的一致性，则表为"$1^{3-2}$，$2^{3-2}$，$3^{3-2}$，$4^{3-2}$，$5^{3-2}$，$6^{3-2}$……"。

规律2　正整数3次幂方阵的边线数数列差的循序逐增规律。

从正整数3次幂的三角矩阵的边线数数列"1，2，3，4，5，6……"可知，其数列差依次为"1，1，1，1，1，1……"。这与正整数2次幂方阵的中线数数列依次排列同。依照循序逐增原理，正整数3次幂方阵的边线数数列差的这些"1"，是循序逐增的前后两个正整数之差，即依次为"$1^{3-2}-0^{3-2}$"之差、"$2^{3-2}-1^{3-2}$"之差、"$3^{3-2}-2^{3-2}$"之差……

*d.* 正整数3次幂方阵的同行边线数至中线数的数列差的循序逐增规律

从正整数3次幂的三角矩阵看出，同行边线数至中线数的数列的数列差依次为"1，1，1，1，1，1……"。这与边线数的数列差依次排列同。这表明两者存在密切联系。从矩阵可知：

第一行边线数与第二行边线数为"1"与"2"，差为"1"。第二行边线数至中线数的数列为"2，3"，数列差为"1"。据此以及矩阵的行次次序，可解读为，第一行边线数与第二行边线数之差"1"，是为第二行边线数至中线数的数列差"1"；

第二行边线数与第三行边线数为"2"与"3"，差为"1"。第三行边线数至中线数的数列为"3，4，5"，数列差为"1"。据此以及矩阵的行次次序，可解读为，第二行边线数与第三行边线数之差"1"，是为第三行边线数至中线数的数列差"1"；

第三行边线数与第四行边线数为"3"与"4"，差为"1"。第四行边线数至中线数的数列为"4，5，6"，数列差为"1"。据此以及矩阵的行次次序，可解读为，第三行边线数与第四行边线数之差"1"，是为第四行边线数至中线数的数列差“1”；

第四行边线数与第五行边线数为“4”与“5”，差为“1”。第五行边线数至中线数的数列为“5，6，7”，数列差为“1”。据此以及矩阵的行次次序，可解读为，第四行边线数与第五行边线数之差“1”，是为第五行边线数至中线数的数列差“1”，此后依次类推。

例证2　正整数4次幂的方阵（以三角矩阵表达）的证明

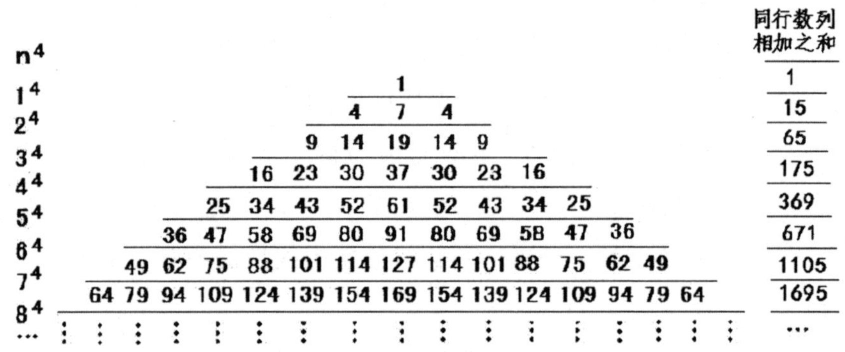

| $n^4$ | | 同行数列相加之和 |
|---|---|---|
| $1^4$ | 1 | 1 |
| $2^4$ | 4 7 4 | 15 |
| $3^4$ | 9 14 19 14 9 | 65 |
| $4^4$ | 16 23 30 37 30 23 16 | 175 |
| $5^4$ | 25 34 43 52 61 52 43 34 25 | 369 |
| $6^4$ | 36 47 58 69 80 91 80 69 58 47 36 | 671 |
| $7^4$ | 49 62 75 88 101 114 127 114 101 88 75 62 49 | 1105 |
| $8^4$ | 64 79 94 109 124 139 154 169 154 139 124 109 94 79 64 | 1695 |
| … | ⋮ | … |

图3-5　正整数4次幂的方阵（以三角矩阵表达）

现依照循序逐增原理对正整数4次幂的方阵（三角矩阵）的各种数及数列进行分析，从中发现它们的循序逐增规律。

*a*. 正整数4次幂方阵的同行数列相加之和及数列差的循序逐增规律

规律1　正整数4次幂方阵的同行数列相加之和的循序逐增规律

从正整数4次幂的三角矩阵（即方阵，下同）看出，其同行数列相加之和依次为“1，15，65，175，369，671，1105……”，正是两个正整数的4次方差〔即“$n^4-(n-1)^4$”之差〕的依次排列。1是“$1^4-0^4$”之差，15是“$2^4-1^4$”之差，65是“$3^4-2^4$”之差，175是“$4^4-3^4$”之差，此后依次类推。

规律2　正整数4次幂方阵的行数相加之和数列差的循序逐增规律

从正整数4次幂的三角矩阵的"同行数列相加之和"可知,其同行数列相加之和数列差依次为"14,50,110,194……",正是两组"两个正整数的4次方差"之差(即"$[(n+1)^4-n^4]-[n^4-(n-1)^4]$"之差)的依次排列:

14为"$[(1+1)^4-1^4]-[1^4-(1-1)^4]=(2^4-1^4)-(1^4-0^4)=15-1$"之差;

50为"$[(2+1)^4-2^4]-[2^4-(2-1)^4]=(3^4-2^4)-(2^4-1^4)=65-15$"之差;

110为"$[(3+1)^4-3^4]-[3^4-(3-1)^4]=(4^4-3^4)-(3^4-2^4)=175-65$"之差;

194为"$[(4+1)^4-4^4]-[4^4-(4-1)^4]=(5^4-4^4)-(4^4-3^4)=369-175$"之差,此后依次类推。

*b*. 正整数4次幂方阵的中线数及数列差的循序逐增规律

规律1　正整数4次幂方阵的中线数数列的循序逐增规律。

从正整数4次幂的三角矩阵看出,其中线数数列依次为"1,7,19,37,61,91,127……",与正整数3次幂的三角矩阵的同行数列相加之和数列同。从前文可知,"1,7,19,37,61,91,127……"是前后两个正整数的3次方差〔即"$n^3-(n-1)^3$"之差〕的依次排列。但为反映出与4次幂的一致性,"$n^3-(n-1)^3$"之差应表为"$n^{4-1}-(n-1)^{4-1}$"之差。

规律2　正整数4次幂方阵的中线数数列差的循序逐增规律。

从正整数4次幂三角矩阵的中线数数列"1,7,19,37,61,91,127……"可知,数列差依次为"6,12,18,24……"。这与整数3次幂方阵的同行数列相加之和的数列差同。从前文可知,数列差"6,12,18,24……"是前后两组"两个正整数3次方差"之差,即为"$[(n+1)^3-n^3]-[n^3-(n-1)^3]$"之差。但为反映出与4次幂的一致性,则应表为"$[(n+1)^{4-1}-n^{4-1}]-[n^{4-1}-(n-1)^{4-1}]$"之差。

*c*. 正整数4次幂方阵的边线数及数列差的循序逐增规律

规律1 正整数4次幂方阵的边线数数列的循序逐增规律。

从正整数4次幂的三角矩阵看出，其边线数是正整数2次幂“$1^2$，$2^2$，$3^2$，$4^2$，$5^2$，$6^2$……”的依次排列。但为反映出与4次幂的一致性，则应表为“$1^{4-2}$，$2^{4-2}$，$3^{4-2}$，$4^{4-2}5^{4-2}$，$6^{4-2}$……”。

规律2 正整数4次幂方阵的边线数数列差的循序逐增规律。

从正整数4次幂的三角矩阵的边线数数列“$1^2$，$2^2$，$3^2$，$4^2$，$5^2$，$6^2$……”可知，其数列差依次为“1，3，5，7，9……”。这与正整数2次幂方阵的中线数数列依次排列同。从前文可知，“1，3，5，7，9……”是前后两个正整数的平方差〔即“$n^2-(n-1)^2$”之差〕的依次排列。但为反映出与4次幂的一致性，则应表为“$n^{4-2}-(n-1)^{4-2}$”之差，依次为1是“$1^{4-2}-0^{4-2}$”之差、3是“$2^{4-2}-1^{4-2}$”之差、5是“$3^{4-2}-2^{4-2}$”之差……

*d.* 正整数4次幂方阵的同行边线数至中线数的数列差的循序逐增规律

从正整数4次幂的三角矩阵看出，同行边线数至中线数的数列差依次为：

第二行边线数至中线数的数列为“4，7”，其数列差为“3”，跟第一行边线数与第二行边线数之差“3”（即“$2^{4-3}-1^{4-2}$”之差）同。亦即第一行边线数与第二行边线数之差“3”，是为第二行边线数至中线数的数列差“3”；

第三行边线数至中线数的数列为“9，14，19”，其数列差为“5”，跟第二行边线数与第三行边线数之差“5（即“$3^{4-2}-2^{4-2}$”之差）同。亦即第二行边线数与第三行边线数之差“5”，是为第三行边线数至中线数的数列差“5”；

第四行边线数至中线数的数列为“16，23，30，37”，其数列差为“7”，跟第三行边线数与第四行边线数之差“7”（即“$4^{4-2}-3^{4-2}$”之差）同。亦即第三行边线数与第四行边线数之差“7”，是为第四行边线数至中线数的数列差“7”；

第五行边线数至中线数的数列为“25,34,43,52,61”,其数列差为“9”,跟第四行边线数与第五行边线数之差“9”(即“$5^{4-2}-4^{4-2}$”之差)同;亦即第四行边线数与第五行边线数之差“9”,是为第五行边线数至中线数的数列差“9”;

第六行边线数至中线数的数列为“36,47,58,69,80,91”,其数列差为“11”,跟第五行边线数与第六行边线数之差“11”(即“$6^{4-2}-5^{4-2}$”之差)同。亦即第五行边线数与第六行边线数之差“11”,是为第六行边线数至中线数的数列差“11”;此后依次类推。

例证 3　正整数 5 次幂的方阵(以三角矩阵表达)

| $n^5$ | | | | | | | | | | | | | | 同行数列相加之和 |
|---|---|---|---|---|---|---|---|---|---|---|---|---|---|---|
| $1^5$ | | | | | | | 1 | | | | | | | 1 |
| $2^5$ | | | | | | 8 | 15 | 8 | | | | | | 31 |
| $3^5$ | | | | | 27 | 46 | 65 | 46 | 27 | | | | | 211 |
| $4^5$ | | | | 64 | 101 | 138 | 175 | 138 | 101 | 64 | | | | 781 |
| $5^5$ | | | 125 | 186 | 247 | 308 | 369 | 308 | 247 | 186 | 125 | | | 2101 |
| $6^5$ | | 216 | 307 | 398 | 489 | 580 | 671 | 580 | 489 | 398 | 307 | 216 | | 4651 |
| $7^5$ | 343 | 470 | 597 | 724 | 851 | 978 | 1105 | 978 | 851 | 724 | 597 | 470 | 343 | 9031 |
| … | ⋮ | ⋮ | ⋮ | ⋮ | ⋮ | ⋮ | ⋮ | ⋮ | ⋮ | ⋮ | ⋮ | ⋮ | ⋮ | … |

**图 3－6　正整数 5 次幂的方阵(以三角矩阵表达)**

现依照循序逐增原理对整数 5 次幂的方阵(三角矩阵)的各种数及数列进行分析,从中发现它们的循序逐增规律。

*a.* 正整数 5 次幂方阵的同行数列相加之和及数列差的循序逐增规律

规律 1　正整数 5 次幂方阵的同行数列相加之和的循序逐增规律

从正整数 5 次幂的三角矩阵(亦即方阵,下同)看出,其同行数列相加之和数列依次为“1,31,211,781,2101,4651,9031……”,正是两个正整数的 5 次方差〔即“$n^5-(n-1)^5$”之差〕的依次排列。1 是“$1^5-0^5$”之差,31 是“$2^5-1^5$”之差,211 是“$3^5-2^5$”之差,781 是“$4^5-3^5$”之差,此后依次类推。

规律 2　正整数 5 次幂方阵的同行数列相加之和数列差的循序逐增规律

从正整数 5 次幂的三角矩阵的“同行数列相加之和”数列可知，其同行数列相加之和数列差依次为“30，180，570，1320……”，正是两组“两个正整数的 5 次方差”之差（即“$[(n+1)^5-n^5]-[n^5-(n-1)^5]$”之差）的依次排列：

30 为“$[(1+1)^5-1^5]-[1^5-(1-1)^5]=(2^5-1^5)-(1^5-0^5)=31-1$”之差；

180 为“$[(2+1)^5-2^5]-[2^5-(2-1)^5]=(3^5-2^4)-(2^5-1^5)=211-31$”之差；

570 为“$[(3+1)^5-3]-[3^5-(3-1)^5]=(4^5-3^5)-(3^5-2^5)=781-211$”之差；

1320 为“$[(4+1)^5-4^5]-[4^5-(4-1)^5]=(5^5-4^5)-(4^5-3^5)=2101-781$”之差，此后依次类推。

*b*. 正整数 5 次幂方阵的中线数及数列差的循序逐增规律

规律 1　正整数 5 次幂方阵的中线数数列的循序逐增规律

从正整数 5 次幂的三角矩阵看出，其中线数数列依次为“1，15，65，175，369，671，1105……”。这与正整数 4 次幂的三角矩阵的同行数列相加之和数列同。从前文可知，“1，15，65，175，369，671，1105……”，是前后两个正整数的 4 次方差〔即“$n^4-(n-1)^4$”之差〕的依次排列。但为反映出与 5 次幂的一致性，“$n^4-(n-1)^4$”之差应表为“$n^{5-1}-(n-1)^{5-1}$”之差。

规律 2　正整数 5 次幂方阵的中线数数列差的循序逐增规律

从正整数 5 次幂三角矩阵的中线数数列“1，15，65，175，369，671，1105……”可知，数列差依次为“14，50，110，194……”。这与正整数 4 次幂方阵的同行数列相加之和的数列差同。从前文可知，“14，50，110，194……”，正是两组“两个正整数的 4 次方差”之差（即“$[(n+1)^4-n^4]$

$-[n^4-(n-1)^4]$”之差）的依次排列。但为反映出与5次幂的一致性，“$[(n+1)^4-n^4]-[n^4-(n-1)^4]$”之差应表为“$[(n+1)^{5-1}-n^{5-1}]-[n^{5-1}-(n-1)^{5-1}]$”之差。

*c.* 正整数5次幂方阵的边线数及数列差的循序逐增规律

规律1 正整数5次幂方阵的边线数数列的循序逐增规律。

从正整数5次幂的三角矩阵看出，其边线数是正整数3次幂“$1^3$，$2^3$，$3^3$，$4^3$，$5^3$，$6^3$……”的依次排列。但为反映出与5次幂的一致性，则应表为“$1^{5-2}$，$2^{5-2}$，$3^{5-2}$，$4^{5-2}$，$5^{5-2}$，$6^{5-2}$……”。

规律2 正整数5次幂方阵的边线数数列差的循序逐增规律。

从正整数5次幂的三角矩阵的边线数数列“$1^3$，$2^3$，$3^3$，$4^3$，$5^3$，$6^3$……”可知，其数列差依次为“1，7，19，37，61，91，127……”。这与正整数3次幂方阵的中线数数列依次排列同。从前文可知，“1，7，19，37，61，91，127……”是前后两个正整数的3次方差〔即为“$n^3-(n-1)^3$”之差〕的依次排列。但为反映出与5次幂的一致性，“$n^3-(n-1)^3$”之差应表为“$n^{5-2}-(n-1)^{5-2}$”之差。

*d.* 正整数5次幂方阵的同行边线数至中线数的数列差的循序逐增规律

从正整数5次幂的三角矩阵看出，同行边线数至中线数的数列差依次为：

第二行边线数至中线数的数列为“8，15”，其数列差为“7”，跟第一行边线数与第二行边线数之差“7”（即“$2^{5-2}-1^{5-2}$”之差）同。亦即第一行边线数与第二行边线数之差“7”，是为第二行边线数至中线数的数列差“7”；

第三行边线数至中线数的数列为“27，46，65”，其数列差为“19”，跟第二行边线数与第三行边线数之差“19”（即“$3^{5-2}-2^{5-2}$”之差）同。亦即第二行边线数与第三行边线数之差“19”，是为第三行边线数至中线数的数列差“19”；

第四行边线数至中线数的数列为“64,101,138,175”,其数列差为“37”,跟第三行边线数与第四行边线数之差“37”(即“$4^{5-2}-3^{5-2}$”之差)同。亦即第三行边线数与第四行边线数之差“37”,是为第四行边线数至中线数的数列差“37”;

第五行边线数至中线数的数列为“125,186,247,308,369”,其数列差为“61”,跟第四行边线数与第五行边线数之差“61”(即“$5^{5-2}-4^{5-2}$”之差)同:亦即第四行边线数与第五行边线数之差“61”,是为第五行边线数至中线数的数列差“61”;

第六行边线数至中线数的数列为“216,307,398,489,580,671”,其数列差为“91”,跟第五行边线数与第六行边线数之差“91”(即“$6^{5-2}-5^{5-2}$”之差)同。亦即第五行边线数与第六行边线数之差“91”,是为第六行边线数至中线数的数列差“91”,此后依次类推。

2.2 求证正整数方幂方阵的各种数的循序逐增规律

综例证1至例证3的证明,可求得正整数方幂方阵的各种数的循序逐增规律。

*a.* 求证正整数方幂方阵的同行数列相加之和的循序逐增规律

已知:

正整数3次幂方阵,$k=3$,其同行数列相加之和为前后两个正整数的同次方差〔即“$n^3-(n-1)^3$”之差〕的依次排列,即为“$n^k-(n-1)^k$”之差的依次排列;

正整数4次幂方阵,$k=4$,其同行数列相加之和为前后两个正整数的同次方差〔即“$n^4-(n-1)^4$”之差〕的依次排列,即为“$n^k-(n-1)^k$”之差的依次排列;

正整数5次幂方阵,$k=5$,其同行数列相加之和为前后两个正整数的同次方差〔即“$n^5-(n-1)^5$”之差〕的依次排列,即为“$n^k-(n-1)^k$”之差的依次排列。

依照归纳法,得出结论,正整数方幂方阵的同行数列相加之和为前后两个正整数的同次方差〔表为"$n^k-(n-1)^k$"〕的依次排列。

根据正整数方幂方阵的同行数列相加之和的循序逐增规律,可求得正整数方幂方阵的各行同行数列相加之和累加得数的循序逐增规律,也即是正整数方幂方阵的循序逐增规律。

已知:

当 $n$ 为 1,其方阵的同行数列相加之和为"$1^k-(1-1)^k$",即为 $1^k-0^k$,那么,得 $1^k=1^k-0^k$;

当 $n$ 为 2,其方阵的同行数列相加之和为"$2^k-(2-1)^k$",即为 $2^k-1^k$,那么,得 $2^k=(1^k-0^k)+(2^k-1^k)$;

当 $n$ 为 3,其方阵的同行数列相加之和为"$3^k-(3-1)^k$",即为 $3^k-2^k$,那么,得 $3^k=(1^k-0^k)+(2^k-1^k)+(3^k-2^k)$;

当 $n$ 为 4,其方阵的同行数列相加之和为"$4^k-(4-3)^k$",即为 $4^k-3^k$,那么,得 $4^k=(1^k-0^k)+(2^k-1^k)+(3^k-2^k)+(4^k-3^k)$。

依照归纳法,得正整数方幂方阵的循序逐增规律之定理为:

$$n^k=(1^k-0^k)+(2^k-1^k)+(3^k-2^k)+(4^k-3^k)+\cdots\cdots+[n^k-(n-1)^k]$$

*b.* 求证正整数方幂方阵的同行数列相加之和数列差的循序逐增规律

已知:

正整数 3 次幂方阵,$k=3$,其同行数列相加之和数列差为两组"两个正整数的 3 次方差"之差(即"$[(n+1)^3-n^3]-[n^3-(n-1)^3]$"之差)的依次排列;

正整数 4 次幂方阵,$k=4$,其同行数列相加之和数列差为两组"两个正整数的 4 次方差"之差(即"$[(n+1)^4-n^4]-[n^4-(n-1)^4]$"之差)的依次排列;

正整数 5 次幂方阵,$k=5$,其同行数列相加之和数列差为两组"两个正整数的 5 次方差"之差(即"$[(n+1)^5-n^5]-[n^5-(n-1)^5]$"之差)

的依次排列。

依照归纳法,得正整数方幂方阵的同行数列相加之和数列差之定理为:

同行数列相加之和数列差 $=[(n+1)^k-n^k]-[n^k-(n-1)^k]$

*c*. 求证正整数方幂方阵的中线数的循序逐增规律

已知:

正整数3次幂方阵,$k=3$,其中线数数列为前后两个正整数的"$n^{3-1}-(n-1)^{3-1}$"之差的依次排列,即为"$n^{k-1}-(n-1)^{k-1}$"之差的依次排列;

正整数4次幂方阵,$k=4$,其中线数数列为前后两个正整数的"$n^{4-1}-(n-1)^{4-1}$"之差的依次排列,即为"$n^{k-1}-(n-1)^{k-1}$"之差的依次排列;

正整数5次幂方阵,$k=5$,其中线数数列为前后两个正整数的"$n^{5-1}-(n-1)^{5-1}$"之差的依次排列,即为"$n^{k-1}-(n-1)^{k-1}$"之差的依次排列。

依照归纳法,得出结论,正整数方幂方阵的中线数的循序逐增规律是前后两个整数的"$n^{k-1}-(n-1)^{k-1}$"之差的依次排列。

*d*. 求证正整数方幂方阵的中线数数列差的循序逐增规律

已知:

正整数3次幂方阵,$k=3$,其中线数数列差为"$[(n+1)^{3-1}-n^{3-1}]-[n^{3-1}-(n-1)^{3-1}]$"之差的依次排列;

正整数4次幂方阵,$k=4$,其中线数数列差为"$[(n+1)^{4-1}-n^{4-1}]-[n^{4-1}-(n-1)^{4-1}]$"之差的依次排列;

正整数5次幂方阵,$k=5$,其中线数数列差为"$[(n+1)^{5-1}-n^{5-1}]-[n^{5-1}-(n-1)^{5-1}]$"之差的依次排列。

依照归纳法,得正整数方幂方阵的中线数数列差的循序逐增规律之定理为:

正整数方幂方阵的中线数数列差 = $[(n+1)^{k-1}-n^{k-1}]-[n^{k-1}-(n-1)^{k-1}]$

*e.* 求证正整数方幂方阵的边线数的循序逐增规律

已知：

当正整数次幂数为 3（即 $k=3$）时，其方阵的边线数数列依次为"$1^{3-2}$，$2^{3-2}$，$3^{3-2}$，$4^{3-2}$，$5^{3-2}$……"，即为"$1^{k-2}$，$2^{k-2}$，$3^{k-2}$，$4^{k-2}$，$5^{k-2}$……"的依次排列；

当正整数次幂数为 4（即 $k=4$）时，其方阵的边线数数列依次为"$1^{4-2}$，$2^{4-2}$，$3^{4-2}$，$4^{4-2}$，$5^{4-2}$……"，即为"$1^{k-2}$，$2^{k-2}$，$3^{k-2}$，$4^{k-2}$，$5^{k-2}$……"的依次排列；

当正整数次幂数为 5（即 $k=5$）时，其方阵的边线数数列依次为"$1^{5-2}$，$2^{5-2}$，$3^{5-2}$，$4^{5-2}$，$5^{5-2}$……"，即为"$1^{k-2}$，$2^{k-2}$，$3^{k-2}$，$4^{k-2}$，$5^{k-2}$……"的依次排列。

依照归纳法，得出结论，正整数方幂方阵的边线数的循序逐增规律是为"$1^{k-2}$，$2^{k-2}$，$3^{k-2}$，$4^{k-2}$，$5^{k-2}$……"的依次排列。

*f.* 求证正整数方幂方阵的边线数数列差的循序逐增规律

求证正整数方幂方阵的边线数数列差的循序逐增规律，既可根据正整数 3 次幂、4 次幂、5 次幂方阵的边线数数列差的循序逐增规律，依照归纳法而求得，也可根据正整数方幂方阵的边线数数的循序逐增规律而求得。前者翔实冗长，后者简单直接。为精简文字，采用后者方法求证。

已知正整数方幂方阵的边线数的依次排列为"$1^{k-2}$，$2^{k-2}$，$3^{k-2}$，$4^{k-2}$，$5^{k-2}$……"，那么，可知正整数方幂方阵的边线数数列差的循序逐增规律，即：

第一行边线数与第二行边线数之差为"$2^{k-2}-1^{k-2}$"之差；

第二行边线数与第三行边线数之差为"$3^{k-2}-2^{k-2}$"之差；

第三行边线数与第四行边线数之差为"$4^{k-2}-3^{k-2}$"之差；

第四行边线数与第五行边线数之差为“$5^{k-2}-4^{k-2}$”之差；

第五行边线数与第六行边线数之差为“$6^{k-2}-5^{k-2}$”之差，此后依次类推。

*g.* 求证正整数方幂方阵的同行边线数至中线数的数列差的循序逐增规律

已知正整数方幂方阵的边线数数列差的循序逐增规律，又知第一行边线数与第二行边线数之差是为第二行边线数至中线数的数列差，第二行边线数与第三行边线数之差是为第三行边线数至中线数的数列差，第三行边线数与第四行边线数之差是为第四行边线数至中线数的数列差，……那么，可得正整数方幂方阵的同行边线数至中线数的数列差的循序逐增规律，即：

第二行边线数至中线数的数列差为“$2^{k-2}-1^{k-2}$”之差；

第三行边线数至中线数的数列差为“$3^{k-2}-2^{k-2}$”之差；

第四行边线数至中线数的数列差为“$4^{k-2}-3^{k-3}$”之差；

第五行边线数至中线数的数列差为“$5^{k-2}-4^{k-2}$”之差；

第六行边线数至中线数的数列差为“$6^{k-2}-5^{k-2}$”之差，此后依次类推。

*h.* 正整数方幂方阵的规律模式

根据前文求得的正整数方幂方阵的各种数的循序逐增规律，可知正整数方幂方阵的规律模式的各种构件（即各种数）的数据，即：

方阵的行数相加之和为前后两个正整数的“$n^k-(n-1)^k$”之差的依次排列；

方阵的中线数的循序逐增规律是前后两个正整数的“$n^{k-1}-(n-1)^{k-1}$”之差的依次排列；

方阵的边线数的循序逐增规律是为“$1^{k-2}, 2^{k-2}, 3^{k-2}, 4^{k-2}, 5^{k-2}$……”的依次排列；

方阵的同行边线数至中线数的数列差的循序逐增规律为第二行边

线数至中线数的数列差为“$2^{k-2}-1^{k-2}$”之差，第三行边线数至中线数的数列差为“$3^{k-2}-2^{k-2}$”之差，第四行边线数至中线数的数列差为“$4^{k-2}-3^{k-2}$”之差，第五行边线数至中线数的数列差为“$5^{k-2}-4^{k-2}$”之差，第六行边线数至中线数的数列差为“$6^{k-2}-5^{k-2}$”之差……

根据上述的各种数的数据，可构建组成正整数方幂方阵的规律模式，见图 3－7、图 3－8。

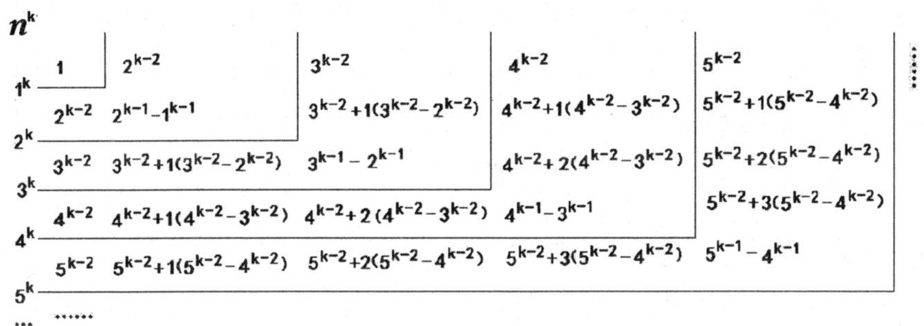


图 3－7　正整数方幂方阵的规律模式之一

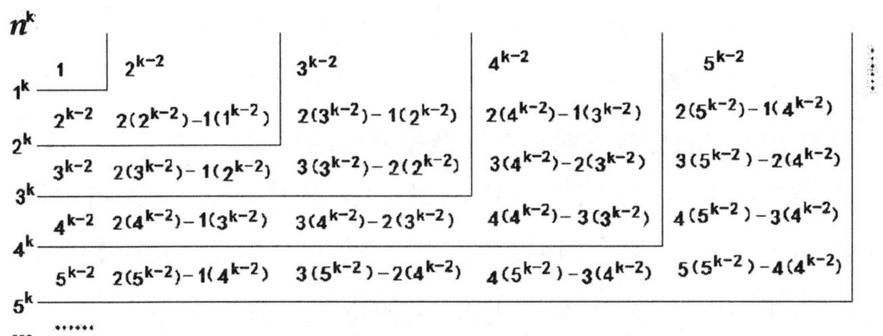


图 3－8　正整数方幂方阵的规律模式之二

*i.* 正整数方幂方阵的同行数列相加之和循序累加得数表

根据正整数方幂方阵的规律模式之一、之二的同行数列相加之和的循序逐增规律，可编得方阵的同行数列相加之和循序累加得数表（见图 3－9）。

| 行次 | 同行数列相加之和 | 即是 | 即是 | 相加之和循序累加 | 累加得数 |
|---|---|---|---|---|---|
| 1 | $1^k-0^k$ | $1^k-(1-1)^k$ | $1^2(1^{k-2})$ | $(1^k-0^k)$ + | $1^k$ |
| 2 | $2^k-1^k$ | $2^k-(2-1)^k$ | $2^2(2^{k-2})-1^2(1^{k-2})$ | $(2^k-1^k)$ + | $2^k$ |
| 3 | $3^k-2^k$ | $3^k-(3-1)^k$ | $3^2(3^{k-2})-2^2(2^{k-2})$ | $(3^k-2^k)$ + | $3^k$ |
| 4 | $4^k-3^k$ | $4^k-(4-1)^k$ | $4^2(4^{k-2})-3^2(3^{k-2})$ | $(4^k-3^k)$ + | $4^k$ |
| 5 | $5^k-4^k$ | $5^k-(5-1)^k$ | $5^2(5^{k-2})-4^2(4^{k-2})$ | $(5^k-4^k)$ + | $5^k$ |
| … | …—… | …—… | …—… | (…—…) | … |

图 3－9

*j.* 正整数方幂(方阵)的定理

根据图3－9 反映出来的方阵的同行数列相加之和循序累加的规律,

求得正整数方幂(方阵)的定理,即:

$n^k=(1^k-0^k)+(2^k-1^k)+(3^k-2^k)+(4^k-3^k)+\cdots\cdots+[n^k-(n-1)^k]$

根据方阵的同行数列相加之和循序累加的规律,可知:

$2^k=(2-1)^k+[2^k-(2-1)^k]$　$3^k=(3-1)^k+[3^k-(3-1)^k]$

$4^k=(4-1)^k+[4^k-(4-1)^k]$　$5^k=(5-1)+[5^k-(5-1)^k]$

$6^k=(6-1)^k+[6^k-(6-1)^k]$　此后依次类推。

依照归纳法,正整数方幂(方阵)定理又可表为:

$n^k=(n-1)^k+[n^k-(n-1)^k]$　(式中 $n>1$)

### 2.1.3　正整数方幂方阵的各种数的循序逐增规律表

笔者根据正整数方幂方阵的各种数的循序逐增规律,编制了正整数方幂方阵的各种数的循序逐增规律表(见图3－10)。

| 正整数方幂($n^k$) | 方阵的各种数的类别 | 方阵的行次 | | | | | | | | | |
|---|---|---|---|---|---|---|---|---|---|---|---|
| | | 1 | 2 | 3 | 4 | 5 | 6 | 7 | 8 | 9 | … |
| $n^3$ | a | $1^3$ | $2^3-1^3$ | $3^3-2^3$ | $4^3-3^3$ | $5^3-4^3$ | $6^3-5^3$ | $7^3-6^3$ | $8^3-7^3$ | $9^3-8^3$ | … |
| | b | $1^2$ | $2^2-1^2$ | $3^2-2^2$ | $4^2-3^2$ | $5^2-4^2$ | $6^2-5^2$ | $7^2-6^2$ | $8^2-7^2$ | $9^2-8^2$ | … |
| | c | 1 | 2 | 3 | 4 | 5 | 6 | 7 | 8 | 9 | … |
| | d | 1 | 2-1 | 3-2 | 4-3 | 5-4 | 6-5 | 7-6 | 8-7 | 9-8 | … |
| | e | $1^3$ | $2^3$ | $3^3$ | $4^3$ | $5^3$ | $6^3$ | $7^3$ | $8^3$ | $9^3$ | … |
| $n^4$ | a | $1^4$ | $2^4-1^4$ | $3^4-2^4$ | $4^4-3^4$ | $5^4-4^4$ | $6^4-5^4$ | $7^4-6^4$ | $8^4-7^4$ | $9^4-8^4$ | … |
| | b | $1^3$ | $2^3-1^3$ | $3^3-2^3$ | $4^3-3^3$ | $5^3-4^3$ | $6^3-5^3$ | $7^3-6^3$ | $8^3-7^3$ | $9^3-8^3$ | … |
| | c | $1^2$ | $2^2$ | $3^2$ | $4^2$ | $5^2$ | $6^2$ | $7^2$ | $8^2$ | $9^2$ | … |
| | d | $1^2$ | $2^2-1^2$ | $3^2-2^2$ | $4^2-3^2$ | $5^2-4^2$ | $6^2-5^2$ | $7^2-6^2$ | $8^2-7^2$ | $9^2-8^2$ | … |
| | e | $1^4$ | $2^4$ | $3^4$ | $4^4$ | $5^4$ | $6^4$ | $7^4$ | $8^4$ | $9^4$ | … |
| $n^5$ | a | $1^5$ | $2^5-1^5$ | $3^5-2^5$ | $4^5-3^5$ | $5^5-4^5$ | $6^5-5^5$ | $7^5-6^5$ | $8^5-7^5$ | $9^5-8^5$ | … |
| | b | $1^4$ | $2^4-1^4$ | $3^4-2^4$ | $4^4-3^4$ | $5^4-4^4$ | $6^4-5^4$ | $7^4-6^4$ | $8^4-7^4$ | $9^4-8^4$ | … |
| | c | $1^3$ | $2^3$ | $3^3$ | $4^3$ | $5^3$ | $6^3$ | $7^3$ | $8^3$ | $9^3$ | … |
| | d | $1^3$ | $2^3-1^3$ | $3^3-2^3$ | $4^3-3^3$ | $5^3-4^3$ | $6^3-5^3$ | $7^3-6^3$ | $8^3-7^3$ | $9^3-8^3$ | … |
| | e | $1^5$ | $2^5$ | $3^5$ | $4^5$ | $5^5$ | $6^5$ | $7^5$ | $8^5$ | $9^5$ | … |
| $n^6$ | a | $1^6$ | $2^6-1^6$ | $3^6-2^6$ | $4^6-3^6$ | $5^6-4^6$ | $6^6-5^6$ | $7^6-6^6$ | $8^6-7^6$ | $9^6-8^6$ | … |
| | b | $1^5$ | $2^5-1^5$ | $3^5-2^5$ | $4^5-3^5$ | $5^5-4^5$ | $6^5-5^5$ | $7^5-6^5$ | $8^5-7^5$ | $9^5-8^5$ | … |
| | c | $1^4$ | $2^4$ | $3^4$ | $4^4$ | $5^4$ | $6^4$ | $7^4$ | $8^4$ | $9^4$ | … |
| | d | $1^4$ | $2^4-1^4$ | $3^4-2^4$ | $4^4-3^4$ | $5^4-4^4$ | $6^4-5^4$ | $7^4-6^4$ | $8^4-7^4$ | $9^4-8^4$ | … |
| | e | $1^6$ | $2^6$ | $3^6$ | $4^6$ | $5^6$ | $6^6$ | $7^6$ | $8^6$ | $9^6$ | … |
| $n^7$ | a | $1^7$ | $2^7-1^7$ | $3^7-2^7$ | $4^7-3^7$ | $5^7-4^7$ | $6^7-5^7$ | $7^7-6^7$ | $8^7-7^7$ | $9^7-8^7$ | … |
| | b | $1^6$ | $2^6-1^6$ | $3^6-2^6$ | $4^6-3^6$ | $5^6-4^6$ | $6^6-5^6$ | $7^6-6^6$ | $8^6-7^6$ | $9^6-8^6$ | … |
| | c | $1^5$ | $2^5$ | $3^5$ | $4^5$ | $5^5$ | $6^5$ | $7^5$ | $8^5$ | $9^5$ | … |
| | d | $1^5$ | $2^5-1^5$ | $3^5-2^5$ | $4^5-3^5$ | $5^5-4^5$ | $6^5-5^5$ | $7^5-6^5$ | $8^5-7^5$ | $9^5-8^5$ | … |
| | e | $1^7$ | $2^7$ | $3^7$ | $4^7$ | $5^7$ | $6^7$ | $7^7$ | $8^7$ | $9^7$ | … |

注："方阵的各种数"栏的"a"是表示"同行数列相加之和"，"b"是表示方阵的"中线数"，"c"是表示方阵的"边线数"，"d"是表示同行的边线数至中线数的数列差，"e"是表示"同行数列相加之和"的累加得数。

**图 3－10　正整数方幂方阵的各种数的循序逐增规律表**

从图 3－10 看出，当正整数方幂的 $k$ 增 1，方阵的五种数的 $k$ 必增 1。可见，方阵的五种数的 $k$ 循着正整数方幂的 $k$ 的升增而升增。

2.1.4　依照正整数方幂方阵的规律模式可构建出正整数任何次幂的方阵

前文根据正整数方幂方阵的各种数的循序逐增规律的数据，构建组成了正整数方幂方阵的规律模式之一、之二。那么，依照正整数方幂方阵的规律模式可构建出正整数任何次幂(正整数 $n>1$,次幂 $k>1$)的方阵。现依照正整数方幂方阵的规律模式之二构建正整数的方幂为 10000 次的方阵,见图 3－11。

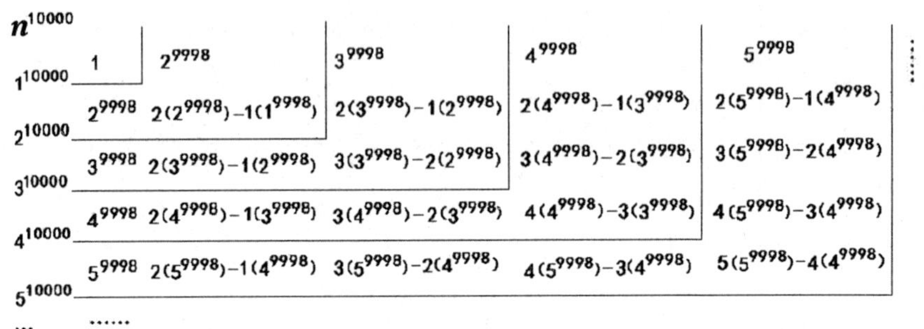


**图 3－11　正整数的 10000 次幂的方阵**

其实,依照正整数方幂方阵的规律模式还可构建出正整数的更大次幂的方阵。对此,笔者不再举例赘证。

2.2　表达方式 2

任何一个正整数方幂均可表为由"该整数的 $k-2$ 次幂(即 $n^{k-2}$)"组成的方阵

笔者研究结果表明,任何一个正整数($n\geqslant 2$)方幂($k>2$)均可表为由"该正整数的($k-2$)次幂"组成的方阵,也可表为由"该正整数的($k-2$)次幂"组成的三角矩阵。

例证 1　正整数 2 的 3 次幂、4 次幂、5 次幂的方阵和三角矩阵(见图 3－12)。

| $2^k$ | 方　　阵 | 三角矩阵 |
|---|---|---|
| $2^3$ | $\begin{bmatrix}2&2\\2&2\end{bmatrix}$ $\left(\begin{bmatrix}2^{3-2}&2^{3-2}\\2^{3-2}&2^{3-2}\end{bmatrix}\right)$ | $\begin{bmatrix}&2&\\2&2&2\end{bmatrix}$ $\left(\begin{bmatrix}&2^{3-2}&\\2^{3-2}&2^{3-2}&2^{3-2}\end{bmatrix}\right)$ |
| $2^4$ | $\begin{bmatrix}2^2&2^2\\2^2&2^2\end{bmatrix}$ $\left(\begin{bmatrix}2^{4-2}&2^{4-2}\\2^{4-2}&2^{4-2}\end{bmatrix}\right)$ | $\begin{bmatrix}&2^2&\\2^2&2^2&2^2\end{bmatrix}$ $\left(\begin{bmatrix}&2^{4-2}&\\2^{4-2}&2^{4-2}&2^{4-2}\end{bmatrix}\right)$ |
| $2^5$ | $\begin{bmatrix}2^3&2^3\\2^3&2^3\end{bmatrix}$ $\left(\begin{bmatrix}2^{5-2}&2^{5-2}\\2^{5-2}&2^{5-2}\end{bmatrix}\right)$ | $\begin{bmatrix}&2^3&\\2^3&2^3&2^3\end{bmatrix}$ $\left(\begin{bmatrix}&2^{5-2}&\\2^{5-2}&2^{5-2}&2^{5-2}\end{bmatrix}\right)$ |

图 3－12

从图 3－12 看出，$2^3$ 的 $k=3$，其方阵是由 $2^2$ 个“$2^{3-2}$”元素组成；$2^4$ 的 $k=4$，其方阵是由 $2^2$ 个“$2^{4-2}$”元素组成；$2^5$ 的 $k=5$，其方阵是由 $2^2$ 个“$2^{5-2}$”元素组成。依照归纳法，得出结论，正整数 2 的方幂（$k>2$）方阵是由 $2^2$ 个“$2^{k-2}$”元素组成。

例证 2　正整数 3 的 3 次幂、4 次幂、5 次幂的方阵和三角矩阵（见图 3－13）。

| $3^k$ | 方　　阵 | 三角矩阵 |
|---|---|---|
| $3^3$ | $\begin{bmatrix}3^{3-2}&3^{3-2}&3^{3-2}\\3^{3-2}&3^{3-2}&3^{3-2}\\3^{3-2}&3^{3-2}&3^{3-2}\end{bmatrix}$ | $\begin{bmatrix}&&3^{3-2}&&\\&3^{3-2}&3^{3-2}&3^{3-2}&\\3^{3-2}&3^{3-2}&3^{3-2}&3^{3-2}&3^{3-2}\end{bmatrix}$ |
| $3^4$ | $\begin{bmatrix}3^{4-2}&3^{4-2}&3^{4-2}\\3^{4-2}&3^{4-2}&3^{4-2}\\3^{4-2}&3^{4-2}&3^{4-2}\end{bmatrix}$ | $\begin{bmatrix}&&3^{4-2}&&\\&3^{4-2}&3^{4-2}&3^{4-2}&\\3^{4-2}&3^{4-2}&3^{4-2}&3^{4-2}&3^{4-2}\end{bmatrix}$ |
| $3^5$ | $\begin{bmatrix}3^{5-2}&3^{5-2}&3^{5-2}\\3^{5-2}&3^{5-2}&3^{5-2}\\3^{5-2}&3^{5-2}&3^{5-2}\end{bmatrix}$ | $\begin{bmatrix}&&3^{5-2}&&\\&3^{5-2}&3^{5-2}&3^{5-2}&\\3^{5-2}&3^{5-2}&3^{5-2}&3^{5-2}&3^{5-2}\end{bmatrix}$ |

图 3－13

从图 3－13 看出，$3^3$ 的 $k=3$，其方阵是由 $3^2$ 个“$3^{3-2}$”元素组成；$3^4$ 的 $k=4$，其方阵是由 $3^2$ 个“$3^{4-2}$”元素组成；$3^5$ 的 $k=5$，其方阵是由 $3^2$ 个“$3^{5-2}$”元素组成。依照归纳法，得出结论，正整数 3 的方幂（$k>2$）方阵是由 $3^2$ 个“$3^{K-2}$”元素组成。

例证 3　正整数 4 的 3 次幂、4 次幂、5 次幂的方阵和三角矩阵（见图 3－14）。

| $4^k$ | 方　阵 | 三角矩阵 |
|---|---|---|
| $4^3$ | $\begin{bmatrix} 4^{3-2} & 4^{3-2} & 4^{3-2} & 4^{3-2} \\ 4^{3-2} & 4^{3-2} & 4^{3-2} & 4^{3-2} \\ 4^{3-2} & 4^{3-2} & 4^{3-2} & 4^{3-2} \\ 4^{3-2} & 4^{3-2} & 4^{3-2} & 4^{3-2} \end{bmatrix}$ | $\begin{bmatrix} 4^{3-2} \\ 4^{3-2}\ 4^{3-2}\ 4^{3-2} \\ 4^{3-2}\ 4^{3-2}\ 4^{3-2}\ 4^{3-2}\ 4^{3-2} \\ 4^{3-2}\ 4^{3-2}\ 4^{3-2}\ 4^{3-2}\ 4^{3-2}\ 4^{3-2}\ 4^{3-2} \end{bmatrix}$ |
| $4^4$ | $\begin{bmatrix} 4^{4-2} & 4^{4-2} & 4^{4-2} & 4^{4-2} \\ 4^{4-2} & 4^{4-2} & 4^{4-2} & 4^{4-2} \\ 4^{4-2} & 4^{4-2} & 4^{4-2} & 4^{4-2} \\ 4^{4-2} & 4^{4-2} & 4^{4-2} & 4^{4-2} \end{bmatrix}$ | $\begin{bmatrix} 4^{4-2} \\ 4^{4-2}\ 4^{4-2}\ 4^{4-2} \\ 4^{4-2}\ 4^{4-2}\ 4^{4-2}\ 4^{4-2}\ 4^{4-2} \\ 4^{4-2}\ 4^{4-2}\ 4^{4-2}\ 4^{4-2}\ 4^{4-2}\ 4^{4-2}\ 4^{4-2} \end{bmatrix}$ |
| $4^5$ | $\begin{bmatrix} 4^{5-2} & 4^{5-2} & 4^{5-2} & 4^{5-2} \\ 4^{5-2} & 4^{5-2} & 4^{5-2} & 4^{5-2} \\ 4^{5-2} & 4^{5-2} & 4^{5-2} & 4^{5-2} \\ 4^{5-2} & 4^{5-2} & 4^{5-2} & 4^{5-2} \end{bmatrix}$ | $\begin{bmatrix} 4^{5-2} \\ 4^{5-2}\ 4^{5-2}\ 4^{5-2} \\ 4^{5-2}\ 4^{5-2}\ 4^{5-2}\ 4^{5-2}\ 4^{5-2} \\ 4^{5-2}\ 4^{5-2}\ 4^{5-2}\ 4^{5-2}\ 4^{5-2}\ 4^{5-2}\ 4^{5-2} \end{bmatrix}$ |

**图 3－14**

从图 3－14 看出，$4^3$ 的 $k=3$，其方阵是由 $4^2$ 个“$4^{3-2}$”元素组成；$4^4$ 的 $k=4$，其方阵是由 $4^2$ 个“$4^{4-2}$”元素组成；$4^5$ 的 $k=5$，其方阵是由 $4^2$ 个“$4^{5-2}$”元素组成。依照归纳法，得出结论，正整数 4 的方幂（$k>2$）方阵是由 $4^2$ 个“$4^{k-2}$”元素组成。

综例证 1、例证 2、例证 3 的证明，已知：

正整数 2 的方幂方阵是由 $2^2$ 个“$2^{k-2}$”元素组成；

正整数 3 的方幂方阵是由 $3^2$ 个“$3^{k-2}$”元素组成；

正整数4的方幂方阵是由 $4^2$ 个“$4^{k-2}$”元素组成。

依照归纳法,得出结论,正整数方幂($k>2$)方阵可由 $n^2$ 个“$n^{k-2}$”元素组成。

根据此规律,遵循循序逐增原理,正整数方幂(即 $n^k$)的方阵(三角矩阵)可以下图来表示:

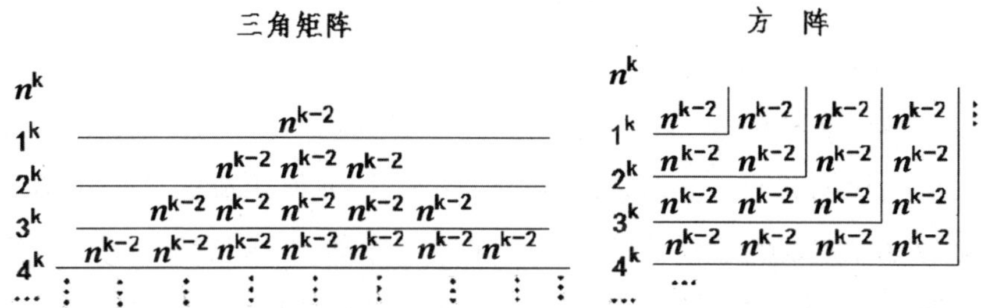


**图3-15 正整数方幂的方阵(三角矩阵)**

其定理为:$n^k=n^2\times n^{k-2}$ (式中 $n>1,k>2$)

根据“$n^2=C_n^2+C_{n+1}^2$”定理,由“$n^2$”个“$n^{k-2}$”元素组成的正整数方幂方阵的定理,又可表为:

$n^k=(C_n^2+C_{n+1}^2)\times n^{k-2}$ (式中 $n>1,k>2$)

经归纳,由“$n^{k-2}$”元素组成的正整数方幂方阵的主要特征有:

特征1 各个正整数同次幂的方阵之间不存在循序逐增的关系,即方阵的组成元素各异。如 $2^3$ 的方阵与 $3^3$ 的方阵,前者的组成元素为“$2^{3-2}$”,后者的组成元素为“$3^{3-2}$”,$3^3$ 的方阵不是在 $2^3$ 的方阵的基础上扩增而成。

特征2 就单个方阵而言,方阵的组成元素同为一个元素,方阵的中线数、边线数以及同行边线数至中线数的数列差均为“0”。如 $4^3$ 的方阵,其组成元素为“$4^{3-2}$”,其中线数、边线数以及同行边线数至中线数的数列差均为“0”。

从由“$n^{k-2}$”元素组成的正整数方幂的方阵的特征看出,由“$n^{k-2}$”元素组成的正整数方幂的方阵比之"其同行数列相加之和为循序逐增的两个正整数的同次方差的方阵"有着较大区别。尽管如此,但两者的方阵定理是等同的,即:

$$n^k = n^2 \times n^{k-2} = (n-1)^k + [n^k - (n-1)^k]$$

2.3 表达方式 3 任何一个正整数方幂均可表为由"$n^{k-2}$"个由"1"元素组成的方阵组成的方阵群

从前文的证明可知,任何一个正整数的 2 次幂均可表为由"1"元素组成的方阵,又任何一个正整数方幂均可表为由"$n^{k-2}$"元素组成的方阵。那么,根据此两个已知条件,可将由"$n^{k-2}$"元素组成的方阵转换为由"$n^{k-2}$"个由"1"元素组成的方阵组成的方阵群,亦即任何一个正整数方幂均可表为由"$n^{k-2}$"个由"1"元素组成的方阵组成的方阵群。

例证 1 $2^4$ 的方阵转换为方阵群

$$2^4=\begin{bmatrix}2^{4-2} & 2^{4-2}\\ 2^{4-2} & 2^{4-2}\end{bmatrix}=\begin{bmatrix}1 & 1\\ 1 & 1\end{bmatrix}\times 2^{4-2}=2^{4-2}\text{个}\begin{bmatrix}1 & 1\\ 1 & 1\end{bmatrix}$$

例证 2 $3^5$ 的方阵转换为方阵群

$$3^5=\begin{bmatrix}3^{5-2} & 3^{5-2} & 3^{5-2}\\ 3^{5-2} & 3^{5-2} & 3^{5-2}\\ 3^{5-2} & 3^{5-2} & 3^{5-2}\end{bmatrix}=\begin{bmatrix}1 & 1 & 1\\ 1 & 1 & 1\\ 1 & 1 & 1\end{bmatrix}\times 3^{5-2}=3^{5-2}\text{个}\begin{bmatrix}1 & 1 & 1\\ 1 & 1 & 1\\ 1 & 1 & 1\end{bmatrix}$$

例证 3 $4^3$ 的方阵转换为方阵群

$$4^3=\begin{bmatrix}4^{3-2} & 4^{3-2} & 4^{3-2} & 4^{3-2}\\ 4^{3-2} & 4^{3-2} & 4^{3-2} & 4^{3-2}\\ 4^{3-2} & 4^{3-2} & 4^{3-2} & 4^{3-2}\\ 4^{3-2} & 4^{3-2} & 4^{3-2} & 4^{3-2}\end{bmatrix}=\begin{bmatrix}1 & 1 & 1 & 1\\ 1 & 1 & 1 & 1\\ 1 & 1 & 1 & 1\\ 1 & 1 & 1 & 1\end{bmatrix}\times 4^{3-2}=4^{3-2}\text{个}\begin{bmatrix}1 & 1 & 1 & 1\\ 1 & 1 & 1 & 1\\ 1 & 1 & 1 & 1\\ 1 & 1 & 1 & 1\end{bmatrix}$$

经归纳,由"$n^{k-2}$"个由"1"元素组成的方阵组成的方阵群的主要特征有:

特征 1　其整体是由若干方阵组成的方阵群。

特征 2　方阵群的各个方阵的组成元素相同，均为“1”。

**3. 正整数的“$x^n+y^n=z^n$”方程式与正整数方幂矩阵**

既然正整数次幂可以矩阵表达出来，那么，当然也可从正整数方幂矩阵的角度来研究正整数的“$x^n+y^n=z^n$”方程式的有关问题。

3.1　正整数的“$x^n+y^n=z^n$”方程式中的一种数学现象

在正整数的“$x^n+y^n=z^n$”方程式中，如将 $x^n$、$y^n$、$z^n$ 三者的次数由 1 至 2、至 3 的等式做分析，不难发现其存在的一种数学现象。

事实告诉我们，当 $x^n$、$y^n$、$z^n$ 三者的次数为 1（即 $n=1$）时，即在“$x+y=z(z\geqslant2)$”方程式中，任何一个 $z$（即大于 1 的正整数）均可表为两个正整数相加之和，反之，任何两个正整数相加之和均可表为另一个正整数。因此，“$x+y=z(z\geqslant2)$”成立。

事实还告诉我们，$x^n$、$y^n$、$z^n$ 三者的次数为 2 时，即在“$x^2+y^2=z^2(z\geqslant2)$”方程式中，不可能做到任何一个大于 1 的正整数平方（即 $z^2$）均可表为两个正整数平方相加之和，比如 $6^2$、$7^2$、$8^2$ 不可能表为一个正整数平方加另一个正整数平方；反之，也不可能做到任何一个正整数平方加一个正整数平方等于另一个正整数平方，比如“$2^2+3^2$”、“$3^2+5^2$”、“$4^2+5^2$”，其和不可能等于另一个正整数平方。因此，在“$x^2+y^2=z^2(z\geqslant2)$”方程式中，只是存在部分一个正整数平方（即 $z^2$）可表为两个正整数平方相加之和，只是存在部分一个正整数平方加一个正整数平方等于另一个正整数平方。所以，正整数的“$x^2+y^2=z^2(z\geqslant2)$”方程式有成立与不成立之分。

事实和费马定理告诉我们，$x^n$、$y^n$、$z^n$ 三者的次数为 3 时，即在“$x^3+y^3=z^3(z\geqslant2)$”方程式中，任何一个正整数三次方（即 $z^3$）均不可能表为两个正整数三次方相加之和，反之，任何两个正整数三次方相加不可能等于另一个正整数三次方。因此，正整数的“$x^3+y^3=z^3(z\geqslant2)$”不成立。

从以上事实看出，在正整数的“$x^n+y^n=z^n$”方程式中，当 $x^n$、$y^n$、$z^n$ 三者的次数为1(即 $n=1$)时，完全成立；当 $x^n$、$y^n$、$z^n$ 三者的次数为2(即 $n=2$)时，部分成立；当 $x^n$、$y^n$、$z^n$ 三者的次数为3(即 $n>2$)时，完全不成立。幂的次数仅是从1至2、至3的增升，其结果就发生了“完全成立→部分成立→完全不成立”如此截然不同的质的变化。“$x^n+y^n=z^n$”方程式中反映出来的幂的次数循序逐增现象，有它的不可理解性。

毫无疑问，正整数的“$x^n+y^n=z^n$”方程式中的这一不可理解性，诚然与正整数的 $x$、$y$、$z$ 以及它们的次幂有着密切联系。基于此，完全可从正整数方幂矩阵的角度来研究它，进而发现它的规律性，发现它的奥秘，找到打开奥秘大门的“金钥匙”。很显然，这对于进一步认识和另辟蹊径破解费马定理是有积极意义的。

3.2 “$x+y=z(z\geqslant2)$”矩阵等式的共同特征

我们知道，任何一个正整数都可表为一个由“1”组成的行阵(或列阵)，如图3-16所示。

| 整数(n) | 行阵 |
|---|---|
| 1 | [1] |
| 2 | [1 1] |
| 3 | [1 1 1] |
| … | … |

图3-16

我们知道，在“$x+y=z(z\geqslant2)$”等式中，任何一个 $z$(即大于2的正整数)均可表为两个正整数相加之和，如用矩阵表示，均可表为一个由“1”组成的行阵加另一个由“1”组成的行阵。

例证1 “2+3=5”的行阵等式。

[11]+[111]=[11111]

例证2 “3 +3 =6”的行阵等式。

[111] + [111] = [111111]

例证3 “2 +5 =7”的行阵等式。

[11] + [11111] = [1111111]

从例证1 至例证3 看出,“$x+y=z(z\geqslant 2)$”行阵等式有两个共同特征,其一,$x$、$y$、$z$ 三个行阵均为由“1”组成,其组成元素相同;其二,1 个完整的 $z$ 行阵是由 2 个完整的、小于 $z$ 的行阵相加组成,$x$、$y$、$z$ 三者行阵数相同,均为1 个。

3.3 正整数的“$x^2+y^2=z^2$”中成立等式与不成立等式的证明

事实告诉我们,在正整数的“$x^2+y^2=z^2$”方程式中分为成立等式与不成立等式两部分。笔者研究结果表明,成立的正整数的“$x^2+y^2=z^2$”等式,其必定可表为“$x^2$ 方阵 + $y^2$ 方阵 = $z^2$ 方阵”,不成立的正整数的“$x^2+y^2=z^2$”等式,其必定不可表为“$x^2$ 方阵 + $y^2$ 方阵 = $z^2$ 方阵”。据此,可通过对两者的方阵等式的分析,找出成立等式与不成立等式不同之处的根本原因。

笔者研究结果还表明,在成立的正整数的“$x^2+y^2=z^2$”的方阵等式中又分为两类,一类是方阵的“末行数列相加之和”等于 $x^2$ 的方阵等式;另一类是 $x^2$、$y^2$、$z^2$3 个方阵是由方阵群组成的方阵等式,其3 个方阵群是前一类方阵等式的3 个方阵分别乘上“$n^2$”而组成。此两类成立的正整数的“$x^2+y^2=z^2$”的方阵等式有何特征,它们成立的必要条件是什么,现予以举例证明。

3.3.1 $z^2$ 方阵的“末行数列相加之和”等于 $x^2$ 的方阵等式的证明

从上文证明可知,正整数2 次幂方阵的组成元素是“1”,其“同行数列相加之和”是依次前后两个正整数的2 次幂之差,为奇数“1,3,5,7,9……”的依次排列,而其“同行数列相加之和”依次累加,其累加得数的次序是正整数 $n^2$ 的依次排列,即:起始行累加得数是“$1^2$”,即方阵的起始行为 $1^2$ 方阵;前2 行累加,其累加得数为“$2^2$”,即方阵的前2 行为 $2^2$

方阵;前 3 行累加,其累加得数为“$3^2$”,即方阵的前 3 行为 $3^2$ 方阵……总而言之,$n$ 行累加,其累加得数为“$n^2$”,即方阵的前 $n$ 行为 $n^2$ 方阵(见前文图 3－2)。

又,根据正整数的“$x^2+y^2=z^2$”的方程式可知,$z^2$ 方阵 > $x^2$ 方阵和 $y^2$ 方阵。笔者依照从小到大的次序,设定 $x^2$ 方阵 < $y^2$ 方阵 < $z^2$ 方阵。那么,在 $z^2$ 方阵的“末行数列相加之和”等于 $x^2$ 的方阵等式中,$x^2$、$y^2$、$z^2$3 个方阵之间存在什么内在联系呢?为此,请见 3－17。

| 方阵行次 | 同行数列相加之和 | 相加之和累加得数($n^2$) | $x^2+y^2=z^2$ 的成立等式 | 方阵行次 | 同行数列相加之和 | 相加之和累加得数($n^2$) | $x^2+y^2=z^2$ 的成立等式 |
|---|---|---|---|---|---|---|---|
| 1 | 1 | 1 ($1^2$) | | … | … | | |
| 2 | 3 | 4 ($2^2$) | | 24 | 47 | 576 ($24^2$) | |
| 3 | 5 | 9 ($3^2$) | | 25 | 49 ($7^2$) | 625 ($25^2$) | $7^2+24^2=25^2$ |
| 4 | 7 | 16 ($4^2$) | | … | … | … | |
| 5 | 9 ($3^2$) | 25 ($5^2$) | $3^2+4^2=5^2$ | 40 | 79 | 1600 ($40^2$) | |
| 6 | 11 | 36 ($6^2$) | | 41 | 81 ($9^2$) | 1681 ($41^2$) | $9^2+40^2=41^2$ |
| 7 | 13 | 49 ($7^2$) | | … | … | … | |
| 8 | 15 | 64 ($8^2$) | | 60 | 119 | 3600 ($60^2$) | |
| 9 | 17 | 81 ($9^2$) | | 61 | 121 ($11^2$) | 3721 ($61^2$) | $11^2+60^2=61^2$ |
| 10 | 19 | 100 ($10^2$) | | … | … | … | |
| 11 | 21 | 121 ($11^2$) | | 84 | 167 | 7056 ($84^2$) | |
| 12 | 23 | 144 ($12^2$) | | 85 | 169 ($13^2$) | 7225 ($85^2$) | $13^2+84^2=85^2$ |
| 13 | 25 ($5^2$) | 169 ($13^2$) | $5^2+12^2=13^2$ | … | … | … | |

**图 3－17**

为着证明表述时不发生混淆,方阵的“同行数列相加之和”的行次以“$z$”表示,“相加之和累加得数”的行次以“$x$”表示。

从图 3－17 看出,当方阵的 $z$ 行的“同行数列相加之和”为奇数平方时,必定会产生一个成立的“$x^2+y^2=z^2$”的方阵等式。

如,方阵第 5 行“同行数列相加之和”9 为 $3^2$,就产生了“$3^2+4^2=5^2$”的成立等式,即 $z^2$ 方阵的 $z^2$ 为 $5^2$,$y^2$ 方阵的 $y^2$ 为 $4^2$,$x^2$ 方阵的 $x^2$ 为 $3^2$;

再如,方阵第 13 行“同行数列相加之和”25 为 $5^2$,就产生了“$5^2+12^2=13^2$”的成立等式,即 $z^2$ 方阵的 $z^2$ 为 $13^2$,$y^2$ 方阵的 $y^2$ 为 $12^2$,$x^2$ 方

阵的 $x^2$ 为 $5^2$；

又如，方阵第25行"同行数列相加之和"49为 $7^2$，就产生了"$7^2+24^2=25^2$"的成立等式，即 $z^2$ 方阵的 $z^2$ 为 $25^2$，$y^2$ 方阵的 $y^2$ 为 $24^2$，$x^2$ 方阵的 $x^2$ 为 $7^2$。

从图3－17中成立的"$x^2+y^2=z^2$"的方阵等式看出，$y^2$ 方阵就是方阵减去末行数列而形成的方阵，$x^2$ 方阵的 $x^2$ 等于 $z^2$ 方阵的"末行数列相加之和"。由此可知，$z^2$ 方阵可分解为 $y^2$ 方阵和 $x^2$ 方阵两个方阵，且此两个方阵是完整的方阵。为此，现通过对方阵进行分解的方式来予以证明。

为精简分解过程，将方阵的末行元素以"①"来表示。

例证1　"$3^2+4^2=5^2$"方阵等式的 $z^2$ 方阵的分解证明

已知 $z^2$ 方阵为 $5^2$ 方阵，见图3－18。

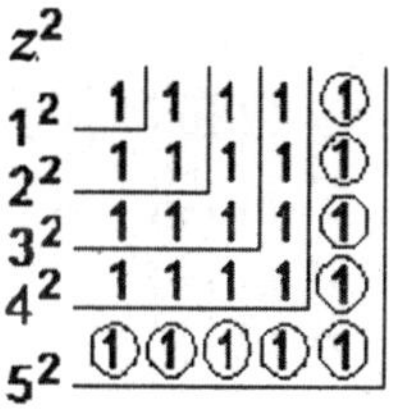

（$z^2$方阵）

图3－18

第一步　将 $z^2$ 方阵（$5^2$ 方阵）的末行数列分解出去后，则为 $y^2$ 方阵，见图3－19。从图3－19看出，$5^2$ 方阵减去末行数列后形成的方阵为 $4^2$ 方阵，即 $4^2=(5-1)^2$，表为 $y^2=(z-1)^2$。

第二步　将分解出来的末行数列组成 $x^2$ 方阵，见图3－20。从图3－20看出，$z^2$ 方阵（方阵）的末行数列组成的 $x^2$ 方阵为 $3^2$ 方阵，即 $5^2$ 方阵的"末行数列相加之和"等同于 $3^2$，$3^2=5^2-(5-1)^2$，表为 $x^2=z^2-(z-1)^2$。

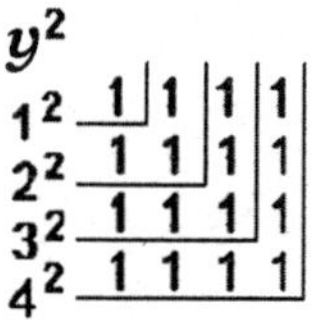

（$y^2$方阵）

图3－19

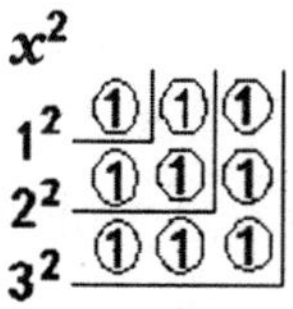

（$x^2$方阵）

图3－20

第三步　将 $z^2$ 方阵及分解形成的 $y^2$ 方阵和 $x^2$ 方阵表为方阵等式：

$$\begin{bmatrix} 1 & 1 & 1 & 1 & ① \\ 1 & 1 & 1 & 1 & ① \\ 1 & 1 & 1 & 1 & ① \\ 1 & 1 & 1 & 1 & ① \\ ① & ① & ① & ① & ① \end{bmatrix} = \begin{bmatrix} 1 & 1 & 1 & 1 \\ 1 & 1 & 1 & 1 \\ 1 & 1 & 1 & 1 \\ 1 & 1 & 1 & 1 \end{bmatrix} + \begin{bmatrix} ① & ① & ① \\ ① & ① & ① \\ ① & ① & ① \end{bmatrix}$$

$(5^2)$ $(4^2)$ $(3^2)$

从上方阵等式看出，$5^2$ 方阵 $=4^2$ 方阵 $+3^2$ 方阵。可见，“$5^2=4^2+3^2$”的方阵等式是成立的方阵等式。此证。

例证 2 “$5^2+12^2=13^2$”方阵等式的 $z^2$ 方阵的分解证明

已知 $z^2$ 方阵为 $13^2$ 方阵，见图 3-21。

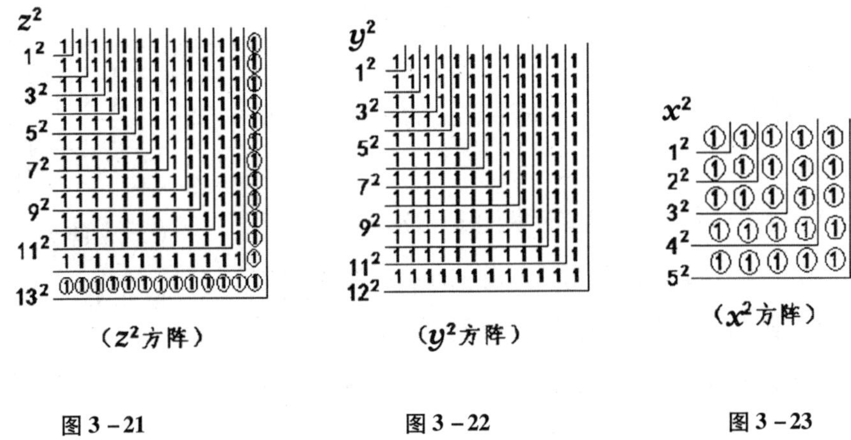


图 3-21 图 3-22 图 3-23

第一步 将 $z^2$ 方阵（$13^2$ 方阵）的末行数列分解出去后，则为 $y^2$ 方阵，见图 3-22。从图 3-22 看出，$13^2$ 方阵减去末行数列后形成的方阵为 $12^2$ 方阵，即 $12^2=(13-1)^2$，表为 $y^2=(z-1)^2$。

第二步 将分解出来的末行数列组成 $x^2$ 方阵，见图 3-23。从图 3-23 看出，$z^2$ 方阵（$13^2$ 方阵）的末行数列组成的 $x^2$ 方阵为 $5^2$ 方阵，即 $13^2$ 方阵的“末行数列相加之和”等同于 $5^2$，$5^2=13^2-(13-1)^2$，表为 $x^2=z^2-(z-1)^2$。

第三步 将 $z^2$ 方阵及分解形成的 $y^2$ 方阵和 $x^2$ 方阵表为方阵等式：

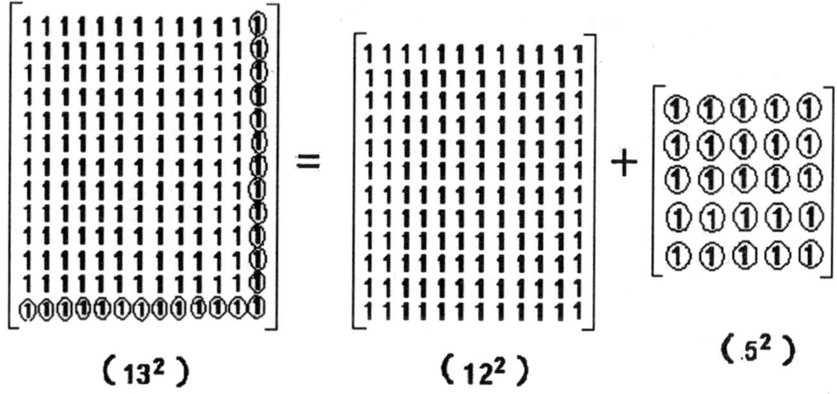


从上方阵等式看出，$13^2$ 方阵 = $12^2$ 方阵 + $5^2$ 方阵。可见，"$13^2 = 12^2 + 5^2$"的方阵等式是成立的方阵等式。此证。

例证 3　"$7^2 + 24^2 = 25^2$"方阵等式的 $z^2$ 方阵的分解证明

已知　$z^2$ 方阵为 $25^2$ 方阵（方阵元素以点表示 1），见图 3 – 24。

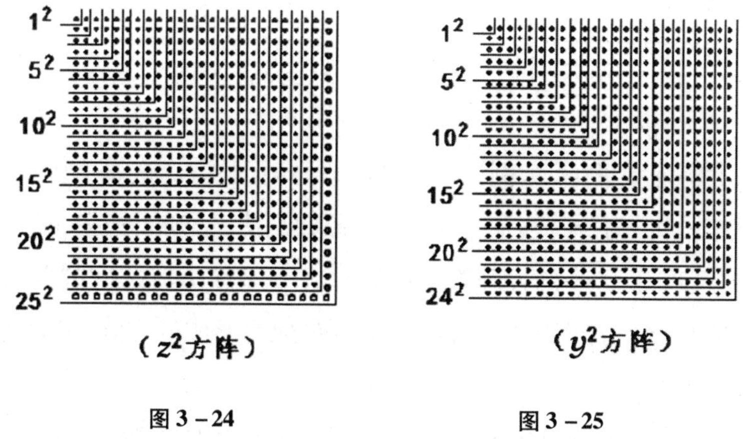


**图 3 – 24**　　**图 3 – 25**

第一步　将 $z^2$ 方阵（方阵）的末行数列分解出去后，则为 $y^2$ 方阵，见图 3 – 25。从图 3 – 25 看出，$25^2$ 方阵减去末行数列后形成的方阵为 $24^2$ 方阵，即 $24^2 = (25-1)^2$，表为 $y^2 = (z-1)^2$。

第二步　将分解出来的末行数列组成 $x^2$ 方阵，见图 3 – 26。从图 3 – 26 看出，$z^2$ 方阵（$25^2$ 方阵）的末行数列组成的 $x^2$ 方阵为 $7^2$ 方阵，即

$25^2$ 方阵的“末行数列相加之和”等于 $7^2$，$7^2=25^2-(25-1)^2$，表为 $x^2=z^2-(z-1)^2$。

第三步　将 $z^2$ 方阵及分解形成的 $y^2$ 方阵和 $x^2$ 方阵表为方阵等式：

从下方阵等式看出，$25^2$ 方阵 $=24^2$ 方阵 $+7^2$ 方阵。可见，“$25^2=24^2+7^2$”的方阵等式是成立的方阵等式。此证。

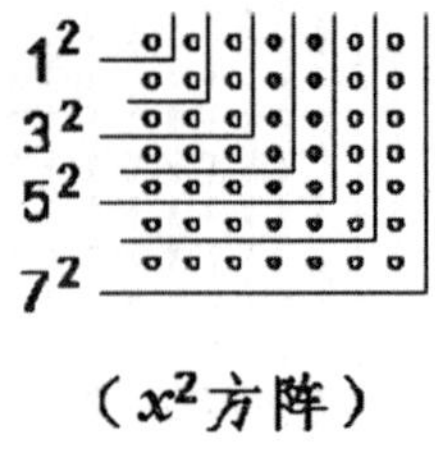


图 3－26

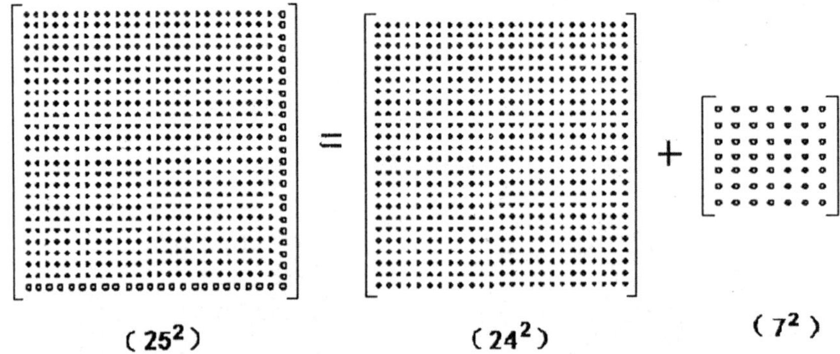


综上例证 1、例证 2、例证 3 的证明，已知正整数 2 次幂方阵的“同行数列相加之和”为“$n^2-(n-1)^2$”。依照归纳法，可知 $z^2$ 方阵的“末行数列相加之和”等于 $x^2$ 的方阵等式中的 $x^2$、$y^2$、$z^2$3 个方阵之间的关系：

结论 1　$y^2$ 方阵是 $z^2$ 方阵减去末行数列后形成的方阵，可表为 $y^2=(z-1)^2$。

结论 2　$x^2$ 方阵是由 $z^2$ 方阵的末行数列组成的方阵，$z^2$ 方阵的“末行数列相加之和”等于 $x^2$，可表为 $x^2=z^2-(z-1)^2$。

结论 3　$z^2$ 方阵可分解为 2 个小于其的完整的方阵，即为 $y^2$ 方阵和 $x^2$ 方阵，可表为 $z^2=y^2+x^2=(z-1)^2+[z^2-(z-1)^2]$。

3.3.2　$x^2$、$y^2$、$z^2$ 3 个方阵是由方阵群组成的方阵等式的证明

例证 1　“$6^2+8^2=10^2$”的方阵等式

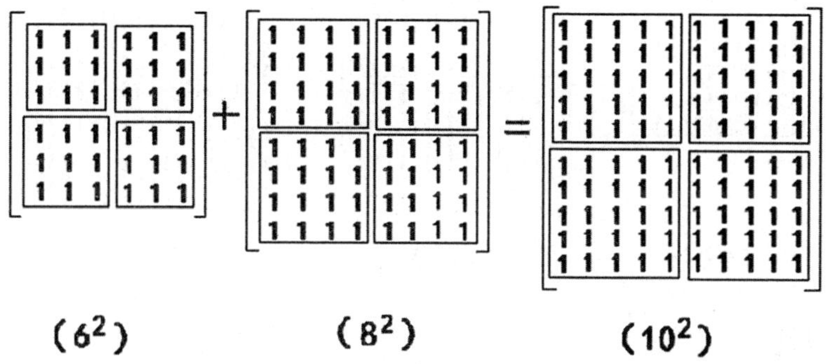


即是：

$$\begin{bmatrix}3^2 & 3^2\\3^2 & 3^2\end{bmatrix}+\begin{bmatrix}4^2 & 4^2\\4^2 & 4^2\end{bmatrix}=\begin{bmatrix}5^2 & 5^2\\5^2 & 5^2\end{bmatrix}$$

$$(3^2\times2^2)\quad(4^2\times2^2)\quad(5^2\times2^2)$$

从“$6^2+8^2=10^2$”的方阵等式可知，$x^2$ 方阵 $6^2=(10^2-8^2)$，即“$x^2=(z^2-y^2)$”，而 $6^2$ 可表为 $(3^2\times2^2)$，表明 $x^2$ 方阵是由“$2^2$”个 $3^2$ 方阵组成的方阵群；$y^2$ 方阵 $8^2=(10^2-6^2)$，即“$y^2=z^2-x^2$”，而 $8^2$ 可表为 $(4^2\times2^2)$，表明 $y^2$ 方阵是由“$2^2$”个 $4^2$ 方阵组成的方阵群；$z^2$ 方阵 $10^2=(6^2+8^2)$，即“$z^2=x^2+y^2$”，而 $10^2$ 可表为 $(5^2\times2^2)$，表明 $z^2$ 方阵是由“$2^2$”个 $5^2$ 方阵组成的方阵群。由此可知，“$6^2+8^2=10^2$”的方阵等式的 3 个方阵，是“$3^2+4^2=5^2$”的方阵等式的 3 个方阵分别乘上“$2^2$”而组成的方阵群，即“$6^2+8^2=10^2$”等于“$(3^2\times2^2)+(4^2\times2^2)=(5^2\times2^2)$”。又从“$10^2$”（即 $z^2$）方阵可知，其“末行数列相加之和”为“19”，不是正整数的平方，但其末两行的“同行数列相加之和”相加（即 17 + 19）之和为“36”，而“36”是正整数 $6^2$，是“$10^2-8^2$”（即“$z^2-y^2$”）之差，等同于“$10^2$”方阵前 6 行的“同行数列相加之和”的累加得数，与 $x^2$ 方阵 $6^2$ 等同。

例证 2　“$9^2+12^2=15^2$”的方阵等式

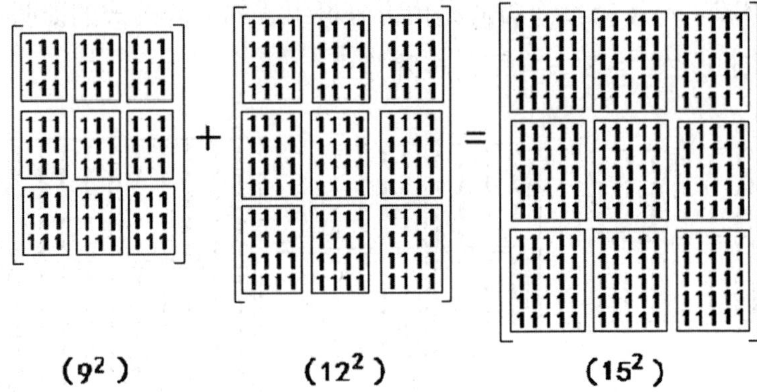


即是：

$$\begin{bmatrix} 3^2 & 3^2 & 3^2 \\ 3^2 & 3^2 & 3^2 \\ 3^2 & 3^2 & 3^2 \end{bmatrix} + \begin{bmatrix} 4^2 & 4^2 & 4^2 \\ 4^2 & 4^2 & 4^2 \\ 4^2 & 4^2 & 4^2 \end{bmatrix} = \begin{bmatrix} 5^2 & 5^2 & 5^2 \\ 5^2 & 5^2 & 5^2 \\ 5^2 & 5^2 & 5^2 \end{bmatrix}$$

$(3^2\times 3^2)$　　$(4^2\times 3^2)$　　$(5^2\times 3^2)$

从“$9^2+12^2=15^2$”的方阵等式可知，$x^2$ 方阵 $9^2=15^2-12^2$，即“$x^2=(z^2-y^2)$”，而 $9^2$ 可表为（$3^2\times 3^2$），表明 $x^2$ 方阵是由“$3^2$”个 $3^2$ 方阵组成的方阵群；$y^2$ 方阵 $12^2=15^2-9^2$，即“$y^2=z^2-x^2$”，而 $12^2$ 可表为（$4^2\times 3^2$），表明 $y^2$ 方阵是由“$3^2$”个 $4^2$ 方阵组成的方阵群；$z^2$ 方阵为 $15^2=(9^2+12^2)$，即“$z^2=x^2+y^2$”，而 $15^2$ 可表为（$5^2\times 3^2$），表明 $z^2$ 方阵是由“$3^2$”个 $5^2$ 方阵组成的方阵群。由此可知，“$9^2+12^2=15^2$”的方阵等式的 3 个方阵，是“$3^2+4^2=5^2$”的方阵等式的 3 个方阵分别乘上“$3^2$”而组成的方阵群，即“$9^2+12^2=15^2$”等于“$(3^2\times 3^2)+(4^2\times 3^2)=(5^2\times 3^2)$”。又从“$15^2$”（即 $z^2$）方阵可知，其“末行数列相加之和”为“29”，不是正整数的平方，但其末三行的“同行数列相加之和”相加（即 $25+27+29$）之和为“81”，而“81”是正整数 $9^2$，是“$15^2-12^2$”（即“$z^2-y^2$”）之差，等于“$15^2$”（即 $z^2$）方阵的前 9 行的“同行数列相加之和”的累加得数，与 $x^2$ 方阵 $9^2$ 等同。

例证 3　“$10^2+24^2=26^2$”的方阵等式（方阵元素以点表示 1）

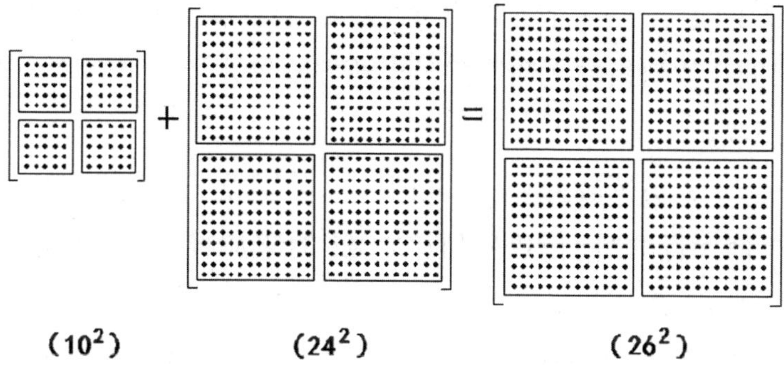

即是：

$$\begin{bmatrix}5^2 & 5^2\\ 5^2 & 5^2\end{bmatrix} + \begin{bmatrix}12^2 & 12^2\\ 12^2 & 12^2\end{bmatrix} = \begin{bmatrix}13^2 & 13^2\\ 13^2 & 13^2\end{bmatrix}$$

$$(5^2\times2^2)\qquad(12^2\times2^2)\qquad(13^2\times2^2)$$

从"$10^2+24^2=26^2$"的方阵等式可知，$x^2$ 方阵 $10^2=26^2-24^2$，即"$x^2=(z^2-y^2)$"，而 $10^2$ 可表为 $(5^2\times2^2)$，表明 $x^2$ 方阵是由"$2^2$"个 $5^2$ 方阵组成的方阵群；$y^2$ 方阵 $24^2=26^2-10^2$，即"$y^2=z^2-x^2$"，而 $24^2$ 可表为 $(12^2\times2^2)$，表明 $y^2$ 方阵是由"$2^2$"个 $12^2$ 方阵组成的方阵群；$z^2$ 方阵 $26^2=10^2+24^2$，即"$z^2=x^2+y^2$"，而 $26^2$ 可表为 $(13^2\times2^2)$，表明 $z^2$ 方阵是由"$2^2$"个 $13^2$ 方阵组成的方阵群。由此可知，"$10^2+24^2=26^2$"的方阵等式的 3 个方阵，是"$5^2+12^2=13^2$"的方阵等式的 3 个方阵分别乘上"$2^2$"而组成的方阵群，即"$10^2+24^2=26^2$"等于"$(5^2\times2^2)+(12^2\times2^2)=(13^2\times2^2)$"。又从"$26^2$"(即 $z^2$)方阵可知，其"末行数列相加之和"为"51"，不是正整数的平方，但其末两行的"同行数列相加之和"相加(即 $49+51$)之和为"100"，而"100"是正整数 $10^2$，是"$26^2-24^2$"(即"$z^2-y^2$")之差，等于"$26^2$"(即 $z^2$)方阵的前 10 行的"同行数列相加之和"的累加得数，与 $x^2$ 方阵 $10^2$ 等同。

综上例证 1、例证 2、例证 3 的证明，$x^2$、$y^2$、$z^2$ 3 个方阵是由方阵群组成的方阵等式的特征可归纳为：

特征 1　$z^2$、$y^2$、$x^2$3 个方阵均为方阵群，且此 3 个方阵群是“$z^2$”方阵的末行“同行数列相加之和”等于 $x^2$ 的方阵等式的 3 个方阵分别乘上“$n^2$”而组成。

特征 2　$z^2$ 方阵减去 $y^2$ 方阵（即“$z^2-y^2$”）之差，是正整数 $n^2$，等于 $z^2$ 方阵的前 $n$ 行的“同行数列相加之和”的累加得数，与 $x^2$ 方阵 $x^2$ 等同，可表为 $x^2=z^2-y^2$。

3.3.3　两类正整数的“$x^2+y^2=z^2$”中成立等式的关系及共同特征

从以上对两类正整数的“$x^2+y^2=z^2$”成立等式的证明可知，表面看来，两类成立等式在具体的等式内容上有区别，可是就“成立”这一本质来说则是相同的。因为，$z^2$ 方阵的“末行数列相加之和”等于 $x^2$ 的方阵等式，与 $x^2$、$y^2$、$z^2$3 个方阵为方阵群的方阵等式具有源与流的关系。后者的 $z^2$、$y^2$、$x^2$3 个方阵为前者的 $z^2$、$y^2$、$x^2$3 个方阵分别乘上“$n^2$”而组成的方阵群。据此，在已知前者的3 个方阵的条件下，同时乘上“$n^2$”，可知后者的 $z^2$、$y^2$、$x^2$3 个方阵群，求得后者的“$x^2+y^2=z^2$”的成立等式。见图 3－27。

从图 3－27 看出，$z^2$ 方阵的“末行数列相加之和”等于 $x^2$ 的方阵等式存在，那么，$x^2$、$y^2$、$z^2$ 为方阵群的方阵等式必定存在。可见，前者衍生后者，后者延伸前者，两者是源与流的关系，是一脉相承的同一本质的方阵等式。正因为如此，所以，在两者的“$x^2+y^2=z^2$”的方阵等式中，不论是 $x^2=z^2-y^2$，还是 $y^2=z^2-x^2$ 都是成立的。而这，正是两类正整数的“$x^2+y^2=z^2$”的成立等式的共同特征。

| 例证 | $z^2$方阵的“末行数列相加之和”等同于$x^2$的“$x^2+y^2=z^2$”成立等式 | 3个方阵分别乘上$n^2$ | 可得$x^2$、$y^2$、$z^2$为方阵群的“$x^2+y^2=z^2$”成立等式 | 其中“$y^2$”的等式 |
|---|---|---|---|---|
| 例1 | $3^2+4^2=5^2$ | $2^2$ | $6^2+8^2=10^2$ | $8^2=(10-2)^2$ |
| | | $3^2$ | $9^2+12^2=15^2$ | $12^2=(15-3)^2$ |
| | | $4^2$ | $12^2+16^2=20^2$ | $16^2=(20-4)^2$ |
| | | … | … | … |
| 例2 | $5^2+12^2=13^2$ | $2^2$ | $10^2+24^2=26^2$ | $24^2=(26-2)^2$ |
| | | $3^2$ | $15^2+36^2=39^2$ | $36^2=(39-3)^2$ |
| | | $4^2$ | $20^2+48^2=52^2$ | $48^2=(52-4)^2$ |
| | | … | … | … |
| 例3 | $7^2+24^2=25^2$ | $2^2$ | $14^2+48^2=50^2$ | $48^2=(50-2)^2$ |
| | | $3^2$ | $21^2+72^2=75^2$ | $72^2=(75-3)^2$ |
| | | $4^2$ | $28^2+96^2=100^2$ | $96^2=(100-4)^2$ |
| | | … | … | … |
| 例4 | $9^2+40^2=41^2$ | $2^2$ | $18^2+80^2=82^2$ | $80^2=(82-2)^2$ |
| | | $3^2$ | $27^2+120^2=123^2$ | $120^2=(123-3)^2$ |
| | | $4^2$ | $36^2+160^2=164^2$ | $160^2=(164-4)^2$ |
| | | … | … | … |
| … | … | … | … | … |

图 3－27

遵循正整数方幂方阵的循序逐增规律，根据“$x^2+y^2=z^2$”方阵等式中$x^2$、$y^2$、$z^2$3个方阵之间的关系，可设定，$z^2$方阵是存在的已知方阵，$y^2$方阵也是存在的已知方阵〔即为“$(z-1)^2$的方阵”〕，而不知的则是$x^2$方阵，也就是$z^2$方阵的“末行数列相加之和”〔即“$z^2-(z-1)^2$”之差〕是否等于$x^2$。基于这一解读，我们在求证正整数的“$x^2+y^2=z^2$”的等式时，只需求证$z^2$方阵的“末行数列相加之和”〔即“$z^2-(z-1)^2$”之差〕是否等于$x^2$这个关键点便见分晓，而无须做更多的证明。

### 3.3.4 正整数的“$x^2+y^2=z^2$”不成立等式的根本原因

事实证明，正整数的“$x^2+y^2=z^2$”成立等式之所以成立，是在于“$z^2$

方阵 $-y^2$ 方阵 $=x^2$ 方阵”，而其关键点又在于 $z^2$ 方阵的“末行数列相加之和”等于 $x^2$。那么，正整数的“$x^2+y^2=z^2$”不成立等式的根本原因又是什么呢？下面举例予以证明。

例证 1　$6^2=5^2+x^2$ 等式的方阵的分解证明

已知　$z^2$ 方阵为 $6^2$ 方阵（见图 3－28），$6^2$ 方阵减去末行数列而形成的 $y^2$ 方阵〔即“$(6-1)^2=5^2$”〕为 $5^2$ 方阵（见图 3－29），需求证的是 $z^2$ 方阵（$6^2$ 方阵）的“末行数列相加之和”〔即“$z^2-(z-1)^2$”之差〕是否等于 $x^2$。

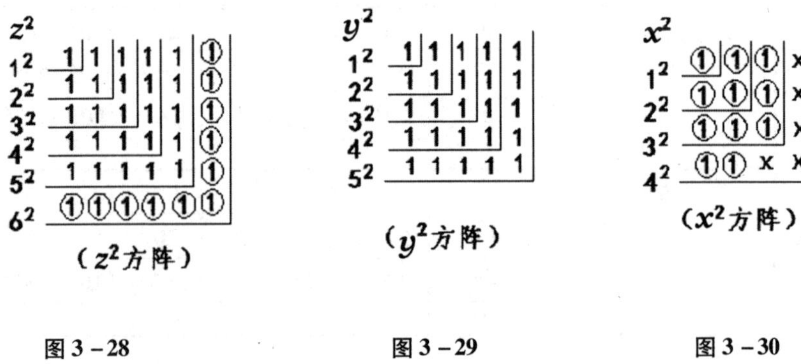


图 3－28　　图 3－29　　图 3－30

从 $6^2$ 方阵可知，其“末行数列相加之和”〔即“$6^2-(6-1)^2$”之差〕为 11，而 $11\approx3.166^2$，不是正整数平方。现将 $z^2$ 方阵（即 $6^2$ 方阵）的末行数列（元素）组成 $x^2$ 方阵，见图 3－30。

从图 3－30 看出，$6^2$ 方阵的末行数列组成的 $x^2$ 方阵，处于 $3^2$ 余 2、$4^2$ 缺 5 之状态，是不完整的正整数 2 次幂方阵，与 $6^2-(6-1)^2=11\approx3.166^2$ 相符。可见，$6^2$ 方阵分解的两个方阵，$y^2$ 方阵为 $5^2$ 方阵成立，而 $x^2$ 方阵为“$6^2-(6-1)^2=11\approx3.166^2$”，是不完整的方阵，$6^2$ 方阵 $\neq5^2$ 方阵 $+3^2$ 方阵，也 $6^2$ 方阵 $\neq5^2$ 方阵 $+4^2$ 方阵。所以，$6^2=5^2+x^2$ 等式作为正整数的“$x^2+y^2=z^2$”等式是不成立的等式。此证。

例证 2　$7^2=6^2+x^2$ 等式的 $z^2$ 方阵的分解证明

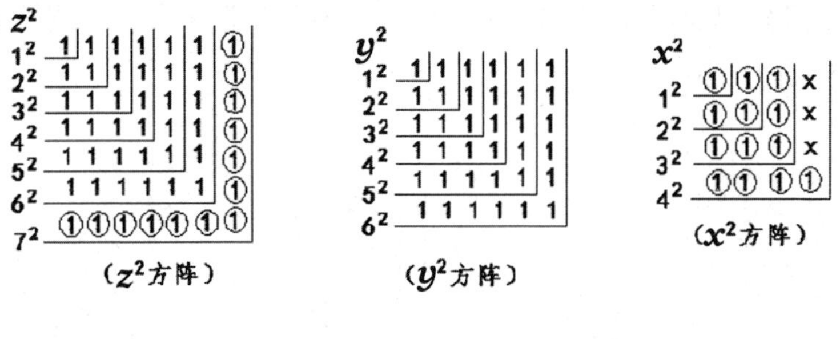


图 3－31　　　　图 3－32　　　　图 3－33

已知　$z^2$ 方阵为 $7^2$ 方阵（见图 3－31），$7^2$ 方阵减去末行数列而形成的 $y^2$ 方阵〔即“$(7-1)^2=6^2$”〕为 $6^2$ 方阵（见图 3－32），需求证的是 $z^2$ 方阵（$7^2$ 方阵）的“末行数列相加之和”〔即“$z^2-(z-1)^2$”之差〕是否等于 $x^2$。

从 $7^2$ 方阵可知，其“末行数列相加之和”〔即“$7^2-(7-1)^2$”之差〕为 13，而 $13\approx3.6056^2$。现将 $z^2$ 方阵（即 $6^2$ 方阵）的末行数列（元素）组成 $x^2$ 方阵，见图 3－33。

从图 3－33 看出，$7^2$ 方阵的末行数列组成的 $x^2$ 方阵，处于 $3^2$ 余 4、$4^2$ 缺 3 之状态，是不完整的正整数 2 次幂方阵，与“$7^2-(7-1)^2=13\approx3.6056^2$”相符。可见，$7^2$ 方阵分解的两个方阵，$y^2$ 方阵为 $6^2$ 方阵成立，而 $x^2$ 方阵为“$7^2-(7-1)^2=13\approx3.6056^2$”，是不完整的方阵，$7^2$ 方阵 ≠ $6^2$ 方阵 + $3^2$ 方阵，也 $7^2$ 方阵 ≠ $6^2$ 方阵 + $4^2$ 方阵。所以，$7^2=6^2+x^2$ 等式作为正整数的“$x^2+y^2=z^2$”等式是不成立的等式。此证。

例证 3　$8^2=7^2+x^2$ 等式的 $z^2$ 方阵的分解证明

已知　$z^2$ 方阵为 $8^2$ 方阵（见图 3－34），$8^2$ 方阵减去末行数列而形成的 $y^2$ 方阵〔即“$(8-1)^2=7^2$”〕为 $7^2$ 方阵（见图 3－35），需求证的是 $z^2$ 方阵（$8^2$ 方阵）的“末行数列相加之和”〔即“$z^2-(z-1)^2$”之差〕是否等于 $x^2$。

从 $8^2$ 方阵可知，其“末行数列相加之和”〔即“$8^2-(8-1)^2$”之差〕

为15，而$15 \approx 3.873^2$。现将方阵（即$8^2$方阵）的末行数列（元素）组成$x^2$方阵，见图3－36。

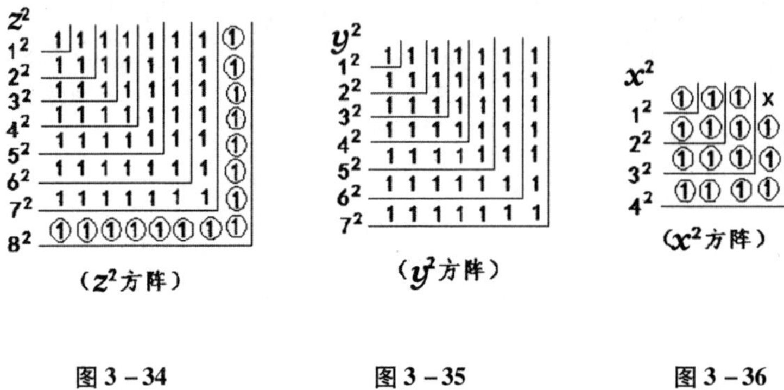

图3－34　　图3－35　　图3－36

从图3－36看出，$8^2$方阵的末行数列组成的$x^2$方阵，处于$3^2$余6、$4^2$缺1之状态，是不完整的正整数2次幂方阵，与"$8^2-(8-1)^2=15 \approx 3.873^2$"相符。可见，$8^2$方阵分解的两个方阵，$y^2$方阵为$7^2$方阵成立，而$x^2$方阵为"$8^2-(8-1)^2=15 \approx 3.873^2$"，是不完整的方阵，$8^2$方阵$\neq 7^2$方阵$+3^2$方阵，也$8^2$方阵$\neq 7^2$方阵$+4^2$方阵。所以，$8^2=7^2+x^2$等式作为正整数的"$x^2+y^2=z^2$"等式是不成立的等式。此证。

综例证1、例证2、例证3的证明，依照归纳法，得出结论：

正整数的"$x^2+y^2=z^2$"不成立等式的根本原因，在于$z^2$方阵的"末行数列相加之和"不等于$x^2$，即"$z^2-(z-1)^2$"之差不可表为正整数的平方。

3.3.5　正整数的"$x^2+y^2=z^2$"的成立等式与不成立等式的区别

从以上的方阵等式证明可知，正整数的"$x^2+y^2=z^2$"的成立等式与不成立等式的区别主要在于方阵的"末行数列相加之和"〔即"$z^2-(z-1)^2$"之差〕是否等于$x^2$，成立的等式，$z^2-(z-1)^2=x^2$（如是$x^2$、$y^2$、$z^2$分别乘上"$n^2$"的方阵等式，则是"$x^2=z^2-y^2$"）；不成立的等式，则$z^2-(z-1)^2 \neq x^2$（如将$x^2$、$y^2$、$z^2$分别乘上"$n^2$"，其方阵等式必定"$x^2 \neq z^2-y^2$"）。

其实,从正整数方幂方阵的角度来说,成立等式与不成立等式的区别,还在于方阵的"同行数列相加之和"与"相加之和累加得数"的两种数字之关系的不同。为此,请回头细看前文图 3 – 17 中的"同行数列相加之和"和"相加之和累加得数"。

先看成立等式的两个数字之关系。从图 3 – 17 看出:

第 5 行的"同行数列相加之和"9 和第 3 行的"相加之和累加得数"9 同,即同为 $3^2$,成立等式为 $5^2=4^2+3^2$;

第 13 行的"同行数列相加之和"25 和第 5 行的"相加之和累加得数"25 同,即同为 $5^2$,成立等式为 $13^2=12^2+5^2$;

第 25 行的"同行数列相加之和"49 和第 7 行的"相加之和累加得数"49 同,即同为 $7^2$,成立等式为 $25^2=24^2+7^2$;

第 41 行的"同行数列相加之和"81 和第 9 行的"相加之和累加得数"81 同,即同为 $9^2$,成立等式为 $41^2=40^2+9^2$;

……

可见,成立的等式,在方阵的"同行数列相加之和"与"相加之和累加得数"的两种数字中必定存在等同数。这也就是说,成立的等式,因其方阵的"同行数列相加之和"是正整数的平方,所以,存在于"相加之和累加得数"数字之中。

现再看不成立等式的两种数字之关系。从图 3 – 17 看出:

第 6 行的"同行数列相加之和"11($11\approx3.166^2$),大于第 3 行的"相加之和累加得数"9,小于第 4 行的"相加之和累加得数"16(即 $11>3^2$、$<4^2$),因 11 不是正整数的平方,所以,在"相加之和累加得数"中不存在其等同数;

第 7 行的"同行数列相加之和"13($13\approx3.6056^2$),大于第 3 行的"相加之和累加得数"9,小于第 4 行的"相加之和累加得数"16(即 $13>3^2$、$<4^2$),因 13 不是正整数的平方,所以,在"相加之和累加得数"中不存在其等同数;

第8行的“同行数列相加之和”15（$15 \approx 3.873^2$），大于第3行的“相加之和累加得数”9，小于第4行的“相加之和累加得数”16（即 $15 > 3^2$、$< 4^2$），因15不是正整数的平方，所以，在“相加之和累加得数”中不存在其等同数；

……

可见，不成立的等式，在方阵的“同行数列相加之和”与“相加之和累加得数”的两种数字中不存在等同数。这也就是说，不成立的等式，因其 $z^2$ 方阵的“同行数列相加之和”不是正整数的平方，所以，在“相加之和累加得数”中不存在其等同数。

事实证明，反映在方阵的“同行数列相加之和”与“相加之和累加得数”的两种数字的关系上，成立等式是存在等同数，而不成立等式则不存在等同数。

3.3.6　结论

综上正整数的“$x^2 + y^2 = z^2$”的方阵等式的证明，得出结论：

结论1　在正整数的“$x^2 + y^2 = z^2$”的方阵等式中，$z^2$ 方阵是方阵等式的核心方阵，是设定的已知方阵。可通过已知的 $z^2$ 方阵，推知 $y^2$ 方阵的 $y^2 = (z-1)^2$，$x^2$ 方阵的 $x^2 = z^2 - (z-1)^2$。

结论2　$z^2$ 方阵的“末行数列相加之和”〔即 $z^2 - (z-1)^2$〕是方阵等式的关键要素。因为，实质上它是组成 $x^2$ 方阵的元素。

结论3　“$x^2 = z^2 - (z-1)^2$”是方阵等式成立的必要条件，是求证方阵等式是否成立的关键点。

**4. 对费马定理的证明**

1670年，费马的儿子在清理其父遗著时发现了费马定理。325年之后，1995年英国数学家安德鲁·怀尔斯与其学生理查·泰勒应用椭圆曲线的原理对费马定理做出了证明。笔者认为，费马定理是一个关于正整数方幂之间关系的方程式命题，一方面，应用正整数方幂方阵的原理对其做出证明，这似乎更合乎该命题的题意；另一方面，记得我在念高中的时候,一位数学老师曾说过,一道代数方程式不止一个解法,应有两个以上的多个解法。基于这个观点,笔者尝试以正整数方幂方阵的原理,运用方阵等式的证明方法,从费马定理不成立的必要条件的角度,对费马定理进行论证。

4.1 费马定理的另一种表述

四川科学技术出版社于1985年出版的《古今数学趣话》一书的《能下金蛋的母鸡——“费马猜测”古今谈》对费马定理的原本内容是这样表述的:“不可能把一个整数的立方表为两个整数的立方和,也不可能把一个整数的四次幂表为两个整数的四次幂和。一般来说,不可能把任意一个次数大于2的整数的方幂,表为两个整数的同次方幂之和。”用现代的专业用语来说,就是当 $n>2$ 时,不定方程:

$x^n+y^n=z^n$ 不存在正整数解。

笔者认为,上段文字关于费马定理的内容,用正整数方幂方阵的原理的语言来表述,则为:

不可能把一个整数的立方的方阵表为两个整数的立方的方阵,也不可能把一个整数的四次幂的方阵表为两个整数的四次幂的方阵。一般来说,不可能把任意一个次数大于2的整数的方幂的方阵,表为两个整数的同次方幂之方阵。其不定方程的方阵等式为:

$x^n$ 方阵 $+y^n$ 方阵 $=z^n$ 方阵 $n>2$ 时不存在正整数解。

4.2 对“$x^n+y^n\neq z^n$”($n\geqslant3$)的证明

正整数的“$x^2+y^2=z^2$”的方阵等式的证明结果告诉我们,求证正整数的“$x^2+y^2=z^2$”的方阵等式是否成立,实质是求证 $z^2$ 方阵能否分解为2个完整的方阵(即 $y^2$ 方阵和 $x^2$ 方阵),即在 $z^2$ 方阵是设定的已知方阵,又确定 $y^2$ 方阵为 $z^2$ 方阵减去末行数列的方阵〔即 $y^2=(z-1)^2$〕的条件下,$z^2$ 方阵的“末行数列相加之和”是否等于 $x^2$ 方阵的 $x^2$。因此,求证“$z^2-(z-1)^2$ 是否等于 $x^2$”才是求证方阵等式是否成立的关键点。

正整数的“$x^2+y^2=z^2$”的方阵等式的证明结果还告诉我们，反映在方阵的“同行数列相加之和”与“相加之和累加得数”的两种数字的关系上，成立等式是存在等同数，而不成立等式则不存在等同数。具体地说，成立的等式，因其 $z^2$ 方阵的“同行数列相加之和”是正整数的平方，所以，这个数字存在于“相加之和累加得数”数字之中。而不成立的等式，因其 $z^2$ 方阵的“同行数列相加之和”不是正整数的平方，所以，在“相加之和累加得数”中不存在其等同数。

根据对正整数的“$x^2+y^2=z^2$”的方阵等式的证明结论，遵循正整数方幂方阵的循序逐增原理，在正整数次幂 $n>2$ 的“$x^n+y^n=z^n$”的方阵等式中，同样 $z^n$ 方阵是设定的已知方阵，$y^n$ 方阵为 $z^n$ 方阵减去末行数列的方阵〔即 $y^n=(z-1)^n$〕，是可推知的方阵，而 $x^n$ 方阵的 $x^n=z^n-(z-1)^n$ 是方阵等式成立的必要条件，$z^n$ 方阵的“末行数列相加之和”是否等于 $x^n$，是求证方阵等式是否成立的关键点。对此，既可从方阵的“同行数列相加之和”的数字中有无存在与“相加之和累加得数”等同的数予以验证，也可直接对“$x^n=z^n-(z-1)^n$”做出证明。

4.2.1　方阵的“同行数列相加之和”中无与“相加之和累加得数”等同的数

事实证明，在正整数次幂 $n>2$ 后，方阵的“同行数列相加之和”中（“1”除外，下同）不存在有与“相加之和累加得数”等同的数（即不存在正整数的同次幂的数）。请看图 3－37、图 3－38。

| 正整数次幂 | 方阵行次 | 1 | 2 | 3 | 4 | 5 | 6 | 7 | 8 | 9 | 10 |
|---|---|---|---|---|---|---|---|---|---|---|---|
| $n^3$ | 数列之和 | 1 | 7 | 19 | 37 | 61 | 91 | 127 | 169 | 217 | 271 |
| | 累加得数 | 1 ($1^3$) | 8 ($2^3$) | 27 ($3^3$) | 64 ($4^3$) | 125 ($5^3$) | 216 ($6^3$) | 343 ($7^3$) | 512 ($8^3$) | 729 ($9^3$) | 1000 ($10^3$) |
| $n^4$ | 数列之和 | 1 | 15 | 65 | 175 | 369 | 671 | 1105 | 1695 | 2465 | 3439 |
| | 累加得数 | 1 ($1^4$) | 16 ($2^4$) | 81 ($3^4$) | 256 ($4^4$) | 625 ($5^4$) | 1296 ($6^4$) | 2401 ($7^4$) | 4096 ($8^4$) | 6561 ($9^4$) | 10000 ($10^4$) |
| $n^5$ | 数列之和 | 1 | 31 | 211 | 781 | 2101 | 4651 | 9301 | 15961 | 26281 | 40951 |
| | 累加得数 | 1 ($1^5$) | 32 ($2^5$) | 243 ($3^5$) | 1024 ($4^5$) | 3125 ($5^5$) | 7776 ($6^5$) | 16807 ($7^5$) | 32768 ($8^5$) | 59049 ($9^5$) | 100000 ($10^5$) |
| $n^6$ | 数列之和 | 1 | 63 | 665 | 3367 | 11529 | 31031 | 70993 | 144495 | 269297 | 468559 |
| | 累加得数 | 1 ($1^6$) | 64 ($2^6$) | 729 ($3^6$) | 4096 ($4^6$) | 15625 ($5^6$) | 46656 ($6^6$) | 117649 ($7^6$) | 262144 ($8^6$) | 531441 ($9^6$) | 1000000 ($10^6$) |
| $n^7$ | 数列之和 | 1 | 127 | 2059 | 14197 | 61741 | 201811 | 543607 | 1273609 | 2685817 | 5217031 |
| | 累加得数 | 1 ($1^7$) | 128 ($2^7$) | 2187 ($3^7$) | 16384 ($4^7$) | 78125 ($5^7$) | 279936 ($6^7$) | 823543 ($7^7$) | 2097152 ($8^7$) | 4782969 ($9^7$) | 10000000 ($10^7$) |

注：表中“数列之和”是指方阵的“同行数列相加之和”，“累加得数”是指“同行数列相加之和”累加之得数。

图 3－37

| 正整数次幂 | 方阵行次 | 11 | 12 | 13 | 14 | 15 | 16 | … |
|---|---|---|---|---|---|---|---|---|
| $n^3$ | 数列之和 | 331 | 397 | 469 | 547 | 631 | 721 | … |
| | 累加得数 | 1331 ($11^3$) | 1728 ($12^3$) | 2197 ($13^3$) | 2744 ($14^3$) | 3375 ($15^3$) | 4096 ($16^3$) | … (…) |
| $n^4$ | 数列之和 | 4641 | 6095 | 7825 | 9855 | 12209 | 14911 | … |
| | 累加得数 | 14641 ($11^4$) | 20736 ($12^4$) | 28561 ($13^4$) | 38416 ($14^4$) | 50625 ($15^4$) | 65536 ($16^4$) | … (…) |
| $n^5$ | 数列之和 | 61051 | 87781 | 122461 | 166531 | 221551 | 289201 | … |
| | 累加得数 | 161051 ($11^5$) | 248832 ($12^5$) | 371293 ($13^5$) | 537824 ($14^5$) | 759375 ($15^5$) | 1048576 ($16^5$) | … (…) |
| $n^6$ | 数列之和 | 771561 | 1214423 | 1840825 | 2702727 | 3861089 | 5386591 | … |
| | 累加得数 | 1771561 ($11^6$) | 2985984 ($12^6$) | 4826809 ($13^6$) | 7529536 ($14^6$) | 11390625 ($15^6$) | 16777216 ($16^6$) | … (…) |
| $n^7$ | 数列之和 | 9487171 | 16344637 | 26916709 | 42664987 | 65445871 | 97576081 | … |
| | 累加得数 | 19487171 ($11^7$) | 35831808 ($12^7$) | 62748517 ($13^7$) | 105413504 ($14^7$) | 170859375 ($15^7$) | 268435456 ($16^7$) | … (…) |

注：表中“数列之和”是指方阵的“同行数列相加之和”，“累加得数”是指“同行数列相加之和”累加之得数。

图 3－38（续接图 3－37）

图 3－37、图 3－38 是正整数 1 至 16、次幂为 3 至 7 的方阵的“同行数列相加之和”和“相加之和累加得数”的统计表。从图 3－37、图 3－38 看出，在正整数 3 次幂的方阵的两种数字中，方阵的第 16 行“同行数列相加之和”为 721，方阵的 1 至 8 行的相加之和累加得数均 <721，2 至

16 行的“同行数列相加之和”中不存在有与“累加得数”等同的数。在正整数 4 次幂的方阵的两种数字中，方阵的第 16 行“同行数列相加之和”为 14911，方阵的 1 至 11 行的相加之和累加得数均 $<14911$，2 至 16 行的“同行数列相加之和”中不存在有与“累加得数”等同的数。在正整数 5 次幂的方阵的两种数字中，方阵的第 16 行“同行数列相加之和”为 289201，方阵的 1 至 12 行的相加之和累加得数均 $<289201$，2 至 16 行的“同行数列相加之和”中不存在有与“累加得数”等同的数。在正整数 6 次幂的方阵的两种数字中，方阵的第 16 行“同行数列相加之和”为 5386591，方阵的 1 至 13 行的相加之和累加得数均 $<5386591$，2 至 16 行的“同行数列相加之和”中不存在有与“累加得数”等同的数。在正整数 7 次幂的方阵的两种数字中，方阵的第 16 行“同行数列相加之和”为 97576081，方阵的 1 至 14 行的相加之和累加得数均 $<97576081$，2 至 16 行的“同行数列相加之和”中不存在有与“累加得数”等同的数。

综图 3－37、图 3－38 的实例证明，依照归纳法，得出结论：在正整数次幂 $n>2$ 后，方阵的“同行数列相加之和”的数字中（1 除外）不存在有与“相加之和累加得数”等同的数（即不存在正整数的同次幂的数）。从中证明，在正整数次幂 $>2$ 的“$z^n$ 方阵 $=y^n$ 方阵 $+x^n$ 方阵”的等式中，“$x^n=z^n-(z-1)^n$”不存在正整数解。

4.2.2　对“$x^n=z^n-(z-1)^n$”的“$x$”是不是正整数的证明

本人研究结果表明，在正整数次幂 $n>2$ 后，之所以方阵的“同行数列相加之和”中不存在有与“相加之和累加得数”等同的数，这是因为，当将“$x^n=z^n-(z-1)^n$”表为“$x=\sqrt[n]{z^n-(z-1)^n}$”时，$x$ 不是正整数。

例证 1　以正整数的 3 次幂方阵的“同行数列相加之和”为例。

已知 $4^3-(4-1)^3=37$，那么，$x=\sqrt[3]{37}\approx3.32$，“$x$”不是正整数

已知 $5^3-(5-1)^3=61$，那么，$x=\sqrt[3]{61}\approx3.93$，“$x$”不是正整数。

已知 $6^3-(6-1)^3=91$，那么，$x=\sqrt[3]{91}\approx4.50$，“$x$”不是正整数。

已知$7^3-(7-1)^3=127$,那么,$x=\sqrt[3]{127}\approx5.03$,“$x$”不是正整数。

已知$8^3-(8-1)^3=169$,那么,$x=\sqrt[3]{169}\approx5.53$,“$x$”不是正整数。

已知$9^3-(9-1)^3=217$,那么,$x=\sqrt[3]{217}\approx6.01$,“$x$”不是正整数。

已知$10^3-(10-1)^3=271$,那么,$x=\sqrt[3]{271}\approx6.47$,“$x$”不是正整数。

已知$11^3-(11-1)^3=331$,那么,$x=\sqrt[3]{331}\approx6.92$,“$x$”不是正整数。

已知$12^3-(12-1)^3=397$,那么,$x=\sqrt[3]{397}\approx7.35$,“$x$”不是正整数。

已知$13^3-(13-1)^3=469$,那么,$x=\sqrt[3]{469}\approx7.77$,“$x$”不是正整数。

已知$14^3-(14-1)^3=547$,那么,$x=\sqrt[3]{547}\approx8.18$,“$x$”不是正整数。

……

综以上正整数的3次幂方阵的“同行数列相加之和”实例证明,得出结论,在“$x^3=z^3-(z-1)^3$”等式中,在$z$为正整数的条件下,“$x$”不是正整数,即“$z^3=y^3+x^3$”不存在正整数解,此证。

例证2　以正整数4次幂方阵的“同行数列相加之和”为例。

已知$4^4-(4-1)^4=175$,那么,$x=\sqrt[4]{175}\approx3.64$,“$x$”不是正整数。

已知$5^4-(5-1)^4=369$,那么,$x=\sqrt[4]{369}\approx4.38$,“$x$”不是正整数。

已知$6^4-(6-1)^4=671$,那么,$x=\sqrt[4]{671}\approx5.09$,“$x$”不是正整数。

已知$7^4-(7-1)^4=1105$,那么,$x=\sqrt[4]{1105}\approx5.77$,“$x$”不是正整数。

已知$8^4-(8-1)^4=1695$,那么,$x=\sqrt[4]{1695}\approx6.42$,“$x$”不是正整数。

已知$9^4-(9-1)^4=2465$,那么,$x=\sqrt[4]{2465}\approx7.05$,“$x$”不是正整数。

已知$10^4-(10-1)^4=3439$,那么,$x=\sqrt[4]{3439}\approx7.66$,“$x$”不是正整数。

已知$11^4-(11-1)^4=4641$,那么,$x=\sqrt[4]{4641}\approx8.25$,“$x$”不是正整数。

已知$12^4-(12-1)^4=6095$,那么,$x=\sqrt[4]{6095}\approx8.84$,“$x$”不是正

整数。

已知 $13^4-(13-1)^4=7825$，那么，$x=\sqrt[4]{7825}\approx 9.41$，“$x$”不是正整数。

已知 $14^4-(14-1)^4=9855$，那么，$x=\sqrt[4]{9855}\approx 9.96$，“$x$”不是正整数。

……

综以上正整数的4次幂方阵的“同行数列相加之和”实例证明，得出结论，在“$x^4=z^4-(z-1)^4$”等式中，在 $z$ 为正整数的条件下，“$x$”不是正整数，即“$z^4=y^4+x^4$”不存在正整数解，此证。

例证3　以正整数5次幂方阵的“同行数列相加之和”为例

已知 $4^5-(4-1)^5=781$，那么，$x=\sqrt[5]{781}\approx 3.79$，“$x$”不是正整数。

已知 $5^5-(5-1)^5=2101$，那么，$x=\sqrt[5]{2101}\approx 4.62$，“$x$”不是正整数。

已知 $6^5-(6-1)^5=4651$，那么，$x=\sqrt[5]{4651}\approx 5.41$，“$x$”不是正整数。

已知 $7^5-(7-1)^5=9031$，那么，$x=\sqrt[5]{9031}\approx 6.18$，“$x$”不是正整数。

已知 $8^5-(8-1)^5=15961$，那么，$x=\sqrt[5]{15961}\approx 6.93$，“$x$”不是正整数。

已知 $9^5-(9-1)^5=26281$，那么，$x=\sqrt[5]{26281}\approx 7.65$，“$x$”不是正整数。

已知 $10^5-(10-1)^5=40951$，那么，$x=\sqrt[5]{40951}\approx 8.36$，“$x$”不是正整数。

已知 $11^5-(11-1)^5=61051$，那么，$x=\sqrt[5]{61051}\approx 9.06$，“$x$”不是正整数。

已知 $12^5-(12-1)^5=87781$，那么，$x=\sqrt[5]{87781}\approx 9.74$，“$x$”不是正整数。

已知 $13^5-(13-1)^5=122461$，那么，$x=\sqrt[5]{122461}\approx 10.41$，“$x$”不是

正整数。

已知 $14^5-(14-1)^5=166531$,那么,$x=\sqrt[5]{166531}\approx 11.07$,“$x$”不是正整数。

……

综以上正整数的5次幂方阵的“同行数列相加之和”实例证明,得出结论,在“$x^5=z^5-(z-1)^5$”等式中,在 $z$ 为正整数的条件下,“$x$”不是正整数,即“$z^5=y^5+x^5$”不存在正整数解,此证。

依照归纳法,得出结论:在“$x^n=z^n-(z-1)^n$”($n>2$)等式中,在 $z$ 为正整数的条件下,“$x$”不是正整数。因此,“$z^n=y^n+x^n$”($n>2$)不存在正整数解。所以,费马定理成立。此证。

4.2.3　对“$x^n=z^n-(z-1)^n$”等式是否成立的证明

那么,在 $z$、$x$ 均为正整数的条件下,“$x^n=z^n-(z-1)^n$”等式是否成立呢?现予以证明。

现设定“$z^2=y^2+x^2$”是成立的正整数2次幂的方阵等式。据此,次幂 $n>2$ 时,依照正整数方幂方阵的原理,“$z^n=y^n+x^n$”可表为:

$z^2\times z^{n-2}=(y^2\times y^{n-2})+(x^2\times x^{n-2})$

根据 $z^n$ 方阵、$y^n$ 方阵、$x^n$ 方阵此3个方阵之间的关系,已知,$z^n$ 方阵是设定已知的方阵,$y^n$ 方阵是 $z^n$ 方阵减去末行数列而形成的方阵〔即 $y^n$ 方阵的 $y^n=(z-1)^n$〕,$x^n$ 方阵是 $z^n$ 方阵的末行数列组成的方阵(即 $x^n$ 方阵的 $x^n=[z^n-(z-1)^n]$)。

正整数方幂方阵的循序逐增原理告诉我们,在正整数次幂 $n>2$ 时,不论正整数 $z$ 及方幂如何升增,“$z^2\times z^{n-2}=z^n$”都是成立的。而作为 $z^n$ 方阵减去末行数列而形成的 $y^n$ 方阵,不论 $z^n$ 方阵的 $z$ 及 $n$ 如何升增,其“$y^n=(z-1)^2\times(z-1)^{n-2}$”〔即“$(z-1)^n=(z-1)^2\times(z-1)^{n-2}$”〕都是成立的。如,设 $z^n=5^3$,已知 $z=5$,$n=3$,那么,$y^n=(z-1)^2\times(z-1)^{n-2}=(5-1)^2\times(5-1)^{3-2}=4^2\times 4=4^3$;又如,设 $z^n=6^7$,已知 $z=6$,$n$

$=7$，那么，$y^n=(z-1)^2\times(z-1)^{n-2}=(6-1)^2\times(6-1)^{7-2}=5^2\times5^5=5^7$。

那么，当 $z^n$ 方阵的 $n>2$ 时，其“$z^n-(z-1)^n=x^n$”是否成立呢。对此，将该等式分为“$z^n-(z-1)^n$”（$z^n$ 方阵的“末行数列相加之和”）和“$x^n$”（即 $x^n$ 方阵的 $x^n$）两部分来解读，并做出证明。

依照 $z^n$ 方阵的 $z^n=z^2\times z^{n-2}$ 的表达方式，$z^n$ 方阵的末行数列相加之和“$z^n-(z-1)^n$”则可表为：$(z^2\times z^{n-2})-[(z-1)^2\times(z-1)^{n-2}]$

已知，$x^2=z^2-(z-1)^2$，当正整数次幂 $n>2$ 时，依照 $z^n$ 方阵的 $z^n=z^2\times z^{n-2}$ 的表达方式，那么，$x^n$ 可表为：

$$x^n=x^2\times x^{n-2}=[z^2-(z-1)^2]\times[\sqrt{z^2-(z-1)^2}]^{n-2}$$

依据上两等式，可知，“$z^n-(z-1)^n=x^n$”是否成立，即是验证 $(z^2\times z^{n-2})-[(z-1)^2\times(z-1)^{n-2}]$ 是否等于

$[z^2-(z-1)^2]\times[\sqrt{z^2-(z-1)^2}]^{n-2}$。下面举例证明。

例证 1　设 $z^2=y^2+x^2$ 为 $5^2=4^2+3^2$，现求证 $z^n$ 方阵为 $5^3$ 方阵时，$5^3-4^3=3^3$〔即“$z^n-(z-1)^n=x^n$”〕是否成立？

已知　$z=5,n=3$。那么，将“$z=5,n=3$”套入“$(z^2\times z^{n-2})-[(z-1)^2\times(z-1)^{n-2}]$”得：

$$(5^2\times5^{3-2})-[(5-1)^2\times(5-1)^{3-2}]=5^3-4^3=125-64=61$$

现又将“$z=5,n=3$”套入“$[z^2-(z-1)^2]\times[\sqrt{z^2-(z-1)^2}]^{n-2}$”得：

$$[5^2-(5-1)^2]\times[\sqrt{5^2-(5-1)^2}]^{3-2}=(5^2-4^2)\times\sqrt{9}=9\times3=27$$

可见，$5^3-4^3\neq3^3$，$z^n-(z-1)^n\neq x^n$。所以，“$z^n-(z-1)^n=x^n$”不成立。此证。

例证 2　设 $z^2=y^2+x^2$ 为 $13^2=12^2+5^2$，现求证 $z^n$ 方阵为 $13^5$ 方阵时，$13^5-12^5=5^5$〔即“$z^n-(z-1)^n=x^n$”〕是否成立？

已知　$z=13,n=5$。那么，将“$z=13,n=5$”套入“$(z^2\times z^{n-2})-[(z$

$-1)^2\times(z-1)^{n-2}]$”得：

$(13^2\times13^{5-2})-[(13-1)^2\times(13-1)^{5-2}]=13^5-12^5=371293-248832=122461$

现又将“$z=13,n=5$”套入“$[z^2-(z-1)^2]\times[\sqrt{z^2-(z-1)^2}]^{n-2}$”得：$[13^2-(13-1)^2]\times[\sqrt{13^2-(13-1)^2}]^{5-2}=(13^2-12^2)\times(\sqrt{25})^3=3125$

可见，$13^5-12^5\neq5^5$，$z^n-(z-1)^n\neq x^n$。所以，“$z^n-(z-1)^n=x^n$”不成立。此证。

例证3　设$z^2=y^2+x^2$为$25^2=24^2+7^2$，现求证$z^n$方阵为$25^4$方阵时，$25^4-24^4=7^4$〔即“$z^n-(z-1)^n=x^n$”〕是否成立？

已知　$z=25,n=4$。那么，将“$z=25,n=4$”套入“$(z^2\times z^{n-2})-[(z-1)^2\times(z-1)^{n-2}]$”得：

$(25^2\times25^{4-2})-[(25-1)^2\times(25-1)^{4-2}]=25^4-24^4=390625-331776=58849$

现又将“$z=25,n=4$”套入“$[z^2-(z-1)^2]\times[\sqrt{z^2-(z-1)^2}]^{n-2}$”得：

$[25^2-(25-1)^2]\times[\sqrt{25^2-(2-1)^2}]^{4-2}=(25^2-24^2)\times(\sqrt{49})^2=2401$

可见，$25^4-24^4\neq7^4$，$z^n-(z-1)^n\neq x^n$。所以，“$z^n-(z-1)^n=x^n$”不成立。此证。

综例证1、例证2、例证3的证明，依照归纳法，得出结论：当正整数次幂$n>2$时，因为$z^n-(z-1)^n\neq x^n$，所以，“$z^n-(z-1)^n=x^n$”不成立。当正整数次幂$n>2$时，因为“$z^n-(z-1)^n=x^n$”不成立，所以，“$z^n=y^n+x^n$”也不成立。此证。

4.3　应用另两种方阵方式对“$z^n=y^n+x^n$”的证明

正整数方幂方阵有三种表达方式。前文是应用“其同行数列相加之和为循序逐增的两个正整数的同次方差的方阵”方式，对“$z^n=y^n+x^n$”做出的证明。那么，应用“由该正整数的 $n-2$ 次幂（亦即 $n^{k-2}$）组成的方阵”和“由 $n^{n-2}$ 个由‘1’组成的方阵组成的方阵群”此两种方阵方式，对“$z^n=y^n+x^n$”做出的证明，其证明结果又是怎样的呢?

4.3.1　应用“由该正整数的 $n-2$ 次幂组成的方阵”方式的证明结果

本人研究结果表明，任何一个正整数的 $n$ 次幂均可表为“由该正整数的 $n-2$ 次幂组成的方阵”。现用将“方阵的个数相同”而“方阵的组成元素不相同”的不成立的方阵等式（即“$x^n$ 方阵 $+\ y^n$ 方阵 $\neq z^n$ 方阵”），改换为“方阵的个数相同”而“方阵的组成元素也相同”的成立的方阵等式（即“$x^n$ 方阵 $+\ y^n$ 方阵 $=z^n$ 方阵”）的方法，对“$z^n=y^n+x^n$”予以证明。

例证 1　以 $3^3+4^3\neq5^3$ 为例

已知：$x^3=3^3=3^{3-2}\times3^2$；$y^3=4^3=4^{3-2}\times4^2$；$z^3=5^3=5^{3-2}\times5^2$。$x$、$y$、$z$ 均是正整数。

那么，$3^3+4^3\neq5^3$ 则为：$(3^{3-2}\times3^2)+(4^{3-2}\times4^2)\neq5^{3-2}\times5^2$。

其方阵等式为：

$$\underset{(3^3)}{\begin{bmatrix}3^{3-2}&3^{3-2}&3^{3-2}\\3^{3-2}&3^{3-2}&3^{3-2}\\3^{3-2}&3^{3-2}&3^{3-2}\end{bmatrix}}+\underset{(4^3)}{\begin{bmatrix}4^{3-2}&4^{3-2}&4^{3-2}&4^{3-2}\\4^{3-2}&4^{3-2}&4^{3-2}&4^{3-2}\\4^{3-2}&4^{3-2}&4^{3-2}&4^{3-2}\\4^{3-2}&4^{3-2}&4^{3-2}&4^{3-2}\end{bmatrix}}\neq\underset{(5^3)}{\begin{bmatrix}5^{3-2}&5^{3-2}&5^{3-2}&5^{3-2}&5^{3-2}\\5^{3-2}&5^{3-2}&5^{3-2}&5^{3-2}&5^{3-2}\\5^{3-2}&5^{3-2}&5^{3-2}&5^{3-2}&5^{3-2}\\5^{3-2}&5^{3-2}&5^{3-2}&5^{3-2}&5^{3-2}\\5^{3-2}&5^{3-2}&5^{3-2}&5^{3-2}&5^{3-2}\end{bmatrix}}$$

从“$(3^{3-2}\times3^2)+(4^{3-2}\times4^2)\neq5^{3-2}\times5^2$”方阵等式看出，此方阵等式不成立，是在于 $x^3$、$y^3$、$z^3$ 3 个方阵，虽然方阵的个数相同（均为 1 个），但组成方阵的元素各不相同，$x^3$ 方阵的组成元素是 $3^{3-2}$，$y^3$ 方阵的组成元素是 $4^{3-2}$，$z^3$ 方阵的组成元素是 $5^{3-2}$。现将 $x^3$、$y^3$ 两个方阵的组成元

素改换为同是 $z^3$ 方阵的组成元素“$5^{3-2}$”,那么,其方阵等式为:

$$\begin{bmatrix} 5^{3-2} & 5^{3-2} & 5^{3-2} \\ 5^{3-2} & 5^{3-2} & 5^{3-2} \\ 5^{3-2} & 5^{3-2} & 5^{3-2} \end{bmatrix} + \begin{bmatrix} 5^{3-2} & 5^{3-2} & 5^{3-2} & 5^{3-2} \\ 5^{3-2} & 5^{3-2} & 5^{3-2} & 5^{3-2} \\ 5^{3-2} & 5^{3-2} & 5^{3-2} & 5^{3-2} \\ 5^{3-2} & 5^{3-2} & 5^{3-2} & 5^{3-2} \end{bmatrix} = \begin{bmatrix} 5^{3-2} & 5^{3-2} & 5^{3-2} & 5^{3-2} & 5^{3-2} \\ 5^{3-2} & 5^{3-2} & 5^{3-2} & 5^{3-2} & 5^{3-2} \\ 5^{3-2} & 5^{3-2} & 5^{3-2} & 5^{3-2} & 5^{3-2} \\ 5^{3-2} & 5^{3-2} & 5^{3-2} & 5^{3-2} & 5^{3-2} \\ 5^{3-2} & 5^{3-2} & 5^{3-2} & 5^{3-2} & 5^{3-2} \end{bmatrix}$$

$(x^3)$　　　$(y^3)$　　　$(z^3)$

显然,此方阵等式是成立的。但其表达的是“$(5^{3-2}\times 3^2)+(5^{3-2}\times 4^2)=5^{3-2}\times 5^2$”,并非是“$(3^{3-2}\times 3^2)+(4^{3-1}\times 4^2)\neq 5^{3-2}\times 5^2$”。因此,此等式的 $x^3$ 方阵已是“$5^{3-2}\times 3^2$”方阵,并非是“$3^{3-2}\times 3^2$”方阵,而 $x^3=5^{3-2}\times 3^2=45$, $x=\sqrt[3]{45}\approx 3.56$, $x$ 不是正整数;此等式的 $y^3$ 方阵已是“$5^{3-2}\times 4^2$”方阵,并非是“$4^{3-2}\times 4^2$”方阵,而 $y^3=5^{3-2}\times 4^2=90$, $y=\sqrt[3]{90}\approx 4.48$, $y$ 不是正整数。可见,将“$(3^{3-2}\times 3^2)+(4^{3-2}\times 4^2)\neq 5^{3-2}\times 5^2$”方阵等式改换为“$(5^{3-2}\times 3^2)+(5^{3-2}\times 4^2)=5^{3-2}\times 5^2$”的方阵等式后,虽是成立的方阵等式,但其“$x^3+y^3=z^3$”方程式不存在正整数解。此证。

例证 2　以 $3^4+4^4\neq 5^4$ 为例

已知:$x^4=3^4=3^{4-2}\times 3^2$;$y^4=4^4=4^{4-2}\times 4^2$;$z^4=5^4=5^{4-2}\times 5^2$。$x$、$y$、$z$ 均是正整数。

那么,$3^4+4^4\neq 5^4$ 则为$(3^{4-2}\times 3^2)+(4^{4-2}\times 4^2)\neq 5^{4-2}\times 5^2$。其方阵等式为:

$$\begin{bmatrix} 3^{4-2} & 3^{4-2} & 3^{4-2} \\ 3^{4-2} & 3^{4-2} & 3^{4-2} \\ 3^{4-2} & 3^{4-2} & 3^{4-2} \end{bmatrix} + \begin{bmatrix} 4^{4-2} & 4^{4-2} & 4^{4-2} & 4^{4-2} \\ 4^{4-2} & 4^{4-2} & 4^{4-2} & 4^{4-2} \\ 4^{4-2} & 4^{4-2} & 4^{4-2} & 4^{4-2} \\ 4^{4-2} & 4^{4-2} & 4^{4-2} & 4^{4-2} \end{bmatrix} \neq \begin{bmatrix} 5^{4-2} & 5^{4-2} & 5^{4-2} & 5^{4-2} & 5^{4-2} \\ 5^{4-2} & 5^{4-2} & 5^{4-2} & 5^{4-2} & 5^{4-2} \\ 5^{4-2} & 5^{4-2} & 5^{4-2} & 5^{4-2} & 5^{4-2} \\ 5^{4-2} & 5^{4-2} & 5^{4-2} & 5^{4-2} & 5^{4-2} \\ 5^{4-2} & 5^{4-2} & 5^{4-2} & 5^{4-2} & 5^{4-2} \end{bmatrix}$$

$(3^4)$　　　$(4^4)$　　　$(5^4)$

从“$(3^{4-2}\times3^2)+(4^{4-2}\times4^2)\neq5^{4-2}\times5^2$”方阵等式看出，此方阵等式不成立，是在于$x^4$、$y^4$、$z^4$3个方阵，虽然方阵的个数相同(均为1个)，但组成方阵的元素各不相同，$x^4$方阵的组成元素是$3^{4-2}$，$y^4$方阵的组成元素是$4^{4-2}$，$z^4$方阵的组成元素是$5^{4-2}$。现将$x^4$、$y^4$两个方阵的组成元素改换为同是$z^4$方阵的组成元素“$5^{4-2}$”，那么，其方阵等式为：

$$\underset{(x^4)}{\begin{bmatrix}5^{4-2}&5^{4-2}&5^{4-2}\\5^{4-2}&5^{4-2}&5^{4-2}\\5^{4-2}&5^{4-2}&5^{4-2}\end{bmatrix}}+\underset{(y^4)}{\begin{bmatrix}5^{4-2}&5^{4-2}&5^{4-2}&5^{4-2}\\5^{4-2}&5^{4-2}&5^{4-2}&5^{4-2}\\5^{4-2}&5^{4-2}&5^{4-2}&5^{4-2}\\5^{4-2}&5^{4-2}&5^{4-2}&5^{4-2}\end{bmatrix}}=\underset{(z^4)}{\begin{bmatrix}5^{4-2}&5^{4-2}&5^{4-2}&5^{4-2}&5^{4-2}\\5^{4-2}&5^{4-2}&5^{4-2}&5^{4-2}&5^{4-2}\\5^{4-2}&5^{4-2}&5^{4-2}&5^{4-2}&5^{4-2}\\5^{4-2}&5^{4-2}&5^{4-2}&5^{4-2}&5^{4-2}\\5^{4-2}&5^{4-2}&5^{4-2}&5^{4-2}&5^{4-2}\end{bmatrix}}$$

显然，此方阵等式是成立的。但其表达的是“$(5^{4-2}\times3^2)+(5^{4-2}\times4^2)=5^{4-2}\times5^2$”，并非是“$(3^{4-2}\times3^2)+(4^{4-2}\times4^2)\neq5^{4-2}\times5^2$”。因此，此等式的$x^4$方阵已是“$5^{4-2}\times3^2$”方阵，并非是“$3^{4-2}\times3^2$”方阵，而$x^4=5^{4-2}\times3^2=225$，$x=\sqrt[4]{225}\approx3.87$，$x$不是正整数；此等式的$y^4$方阵已是“$5^{4-2}\times4^2$”的方阵，并非是“$4^{4-2}\times4^2$”的方阵，而$y^4=5^{4-2}\times4^2=400$，$y=\sqrt[4]{400}\approx4.47$，$y$不是正整数。可见，将“$(3^{4-2}\times3^2)+(4^{4-2}\times4^2)\neq5^{4-2}\times5^2$”方阵等式改换为“$(5^{4-2}\times3^2)+(5^{4-2}\times4^2)=5^{4-2}\times5^2$”的方阵等式后，虽是成立的方阵等式，但其“$x^4+y^4=z^4$”方程式不存在正整数解。此证。

例证3　以$6^3+8^3\neq10^3$为例

已知：$x^3=6^3=6\times6^2$；$y^3=8^3=8\times8^2$；$z^3=10^3=10\times10^2$。$x$、$y$、$z$均是正整数。

那么，$6^3+8^3\neq10^3$则为：$(6\times6^2)+(8\times8^2)\neq10\times10^2$。其方阵等式为：

$$\begin{bmatrix} 6&6&6&6&6&6\\ 6&6&6&6&6&6\\ 6&6&6&6&6&6\\ 6&6&6&6&6&6\\ 6&6&6&6&6&6\\ 6&6&6&6&6&6 \end{bmatrix} + \begin{bmatrix} 8&8&8&8&8&8&8&8\\ 8&8&8&8&8&8&8&8\\ 8&8&8&8&8&8&8&8\\ 8&8&8&8&8&8&8&8\\ 8&8&8&8&8&8&8&8\\ 8&8&8&8&8&8&8&8\\ 8&8&8&8&8&8&8&8\\ 8&8&8&8&8&8&8&8 \end{bmatrix} \neq \begin{bmatrix} 10&10&10&10&10&10&10&10&10&10\\ 10&10&10&10&10&10&10&10&10&10\\ 10&10&10&10&10&10&10&10&10&10\\ 10&10&10&10&10&10&10&10&10&10\\ 10&10&10&10&10&10&10&10&10&10\\ 10&10&10&10&10&10&10&10&10&10\\ 10&10&10&10&10&10&10&10&10&10\\ 10&10&10&10&10&10&10&10&10&10\\ 10&10&10&10&10&10&10&10&10&10\\ 10&10&10&10&10&10&10&10&10&10 \end{bmatrix}$$

$(6^3)$ $(8^3)$ $(10^3)$

从"$(6\times6^2)+(8\times8^2)\neq10\times10^2$"方阵等式看出，$x^3$、$y^3$、$z^3$3 个方阵，虽然方阵的个数相同（均为 1 个），但组成方阵的元素各不相同，$x^3$ 方阵的组成元素是 6，$y^3$ 方阵的组成元素是 8，$z^3$ 方阵的组成元素是 10。现将 $x^3$、$y^3$ 两个方阵的组成元素改换为同是 $z^3$ 方阵的组成元素"10"，那么，其方阵等式为：

$$\begin{bmatrix} 10&10&10&10&10&10\\ 10&10&10&10&10&10\\ 10&10&10&10&10&10\\ 10&10&10&10&10&10\\ 10&10&10&10&10&10\\ 10&10&10&10&10&10 \end{bmatrix} + \begin{bmatrix} 10&10&10&10&10&10&10&10\\ 10&10&10&10&10&10&10&10\\ 10&10&10&10&10&10&10&10\\ 10&10&10&10&10&10&10&10\\ 10&10&10&10&10&10&10&10\\ 10&10&10&10&10&10&10&10\\ 10&10&10&10&10&10&10&10\\ 10&10&10&10&10&10&10&10 \end{bmatrix} = \begin{bmatrix} 10&10&10&10&10&10&10&10&10&10\\ 10&10&10&10&10&10&10&10&10&10\\ 10&10&10&10&10&10&10&10&10&10\\ 10&10&10&10&10&10&10&10&10&10\\ 10&10&10&10&10&10&10&10&10&10\\ 10&10&10&10&10&10&10&10&10&10\\ 10&10&10&10&10&10&10&10&10&10\\ 10&10&10&10&10&10&10&10&10&10\\ 10&10&10&10&10&10&10&10&10&10\\ 10&10&10&10&10&10&10&10&10&10 \end{bmatrix}$$

$(x^3)$ $(y^3)$ $(z^3)$

显然，此方阵等式是成立的。但其表达的是"$(10\times6^2)+(10\times8^2)=10\times10^2$"，并非是"$(6\times6^2)+(8\times8^2)\neq10\times10^2$"。因此，此等式的 $x^3$ 方阵已是"$10\times6^2$"方阵，并非是"$6\times6^2$"方阵，而 $x^3=10\times6^2=360$，$x=\sqrt[3]{360}\approx7.11$，$x$ 不是正整数；此等式的 $y^3$ 已是"$10\times8^2$"方阵，并非是"$8\times8^2$"方阵，而 $y^3=10\times8^2=640$，$y=\sqrt[3]{640}\approx8.62$，$y$ 不是正整数。可见，将"$(6\times6^2)+(8\times8^2)\neq10\times10^2$"方阵等式改换为"$(10\times6^2)+(10\times8^2)=10\times10^2$"的方阵等式后，虽是成立的方阵等式，但其"$x^3+y^3=z^3$"方程式不存在正整数解。此证。

综例证 1 至例证 3 的证明，得出结论：正整数次幂 $n>2$ 时，"$x^n+y^n\neq z^n$"的方阵等式，其方程式"$x^n+y^n\neq z^n$"的 $x$、$y$、$z$ 虽是正整数，但其方程式本身是不等式，而成立的"$x^n+y^n=z^n$"的方阵等式，其方程式"$x^n$ +

$y^n = z^n$”不存在正整数解。所以，费马定理成立，此证。

4.3.2 应用“由 $n^{n-2}$ 个由‘1’组成的方阵组成的方阵群”的方阵等式的证明结果

本人研究结果表明，任何一个正整数的 $n$ 次幂均可表为“由 $n^{n-2}$ 个由‘1’组成的方阵组成的方阵群”。现用将“方阵的组成元素相同”而“方阵群的方阵个数不相同”的不成立的方阵等式（即“$x^n$ 方阵群 + $y^n$ 方阵群 $\neq z^n$ 方阵群”），改换为“方阵的组成元素相同”而“方阵群的方阵个数也相同”的成立的方阵等式（即“$x^n$ 方阵群 + $y^n$ 方阵群 = $z^n$ 方阵群”）的方法，对“$z^n = y^n + x^n$”予以证明。

例证 1 以 $3^3 + 4^3 \neq 5^3$ 为例

已知：$x^3 = 3^3 = 3^2 \times 3^{3-2}$；$y^3 = 4^3 = 4^2 \times 4^{3-2}$；$z^3 = 5^3 = 5^2 \times 5^{3-2}$。$x$、$y$、$z$ 均是正整数。

那么，$3^3 + 4^3 \neq 5^3$ 则为：$(3^2 \times 3^{3-2}) + (4^2 \times 4^{3-2}) \neq 5^2 \times 5^{3-2}$。其方阵等式为：

$$\left(\begin{bmatrix}1&1&1\\1&1&1\\1&1&1\end{bmatrix}\times 3^{3-2}\right)+\left(\begin{bmatrix}1&1&1&1\\1&1&1&1\\1&1&1&1\\1&1&1&1\end{bmatrix}\times 4^{3-2}\right)\neq\begin{bmatrix}1&1&1&1&1\\1&1&1&1&1\\1&1&1&1&1\\1&1&1&1&1\\1&1&1&1&1\end{bmatrix}\times 5^{3-2}$$

（$3^3$方阵群） （$4^3$方阵群） （$5^3$方阵群）

从“$(3^2 \times 3^{3-2}) + (4^2 \times 4^{3-2}) \neq 5^2 \times 5^{3-2}$”方阵等式看出，$x^3$、$y^3$、$z^3$ 3 个方阵，虽然方阵的组成元素相同（元素均为“1”），但是组成方阵群的方阵个数各不相同，$x^3$ 方阵群是由 $3^{3-2}$ 个 $3^2$ 方阵组成，$y^3$ 方阵群是由 $4^{3-2}$ 个 $4^2$ 方阵组成，$z^3$ 方阵群是由 $5^{3-2}$ 个 $5^2$ 方阵组成。现将 $x^3$ 方阵群改换为由 $5^{3-2}$ 个 $3^2$ 方阵组成，$y^3$ 方阵群改换为由 $5^{3-2}$ 个 $4^2$ 方阵组成，即此 2 个方阵群的方阵个数与 $z^3$ 方阵群的方阵个数（$5^{3-2}$ 个）相同，那么，其方阵等式为：

$$\left(\begin{bmatrix}1&1&1\\1&1&1\\1&1&1\end{bmatrix}\times 5^{3-2}\right)+\left(\begin{bmatrix}1&1&1&1\\1&1&1&1\\1&1&1&1\\1&1&1&1\end{bmatrix}\times 5^{3-2}\right)=\begin{bmatrix}1&1&1&1&1\\1&1&1&1&1\\1&1&1&1&1\\1&1&1&1&1\\1&1&1&1&1\end{bmatrix}\times 5^{3-2}$$

（$x^3$ 方阵群）　（$y^3$ 方阵群）　（$z^3$ 方阵群）

显然,此方阵等式是成立的。但其表达的是"$(3^2\times5^{3-2})+(4^2\times5^{3-2})=5^2\times5^{3-2}$",并非是"$(3^2\times3^{3-2})+(4^2\times4^{3-2})\neq5^2\times5^{3-2}$"。因此,此等式的 $x^3$ 方阵群已是"$(3^2\times5^{3-2})$"方阵群,并非是"$3^2\times3^{3-2}$"方阵群,而 $x^3=3^2\times5^{3-2}=45$,$x=\sqrt[3]{45}\approx3.56$,$x$ 不是正整数;此等式的 $y^3$ 方阵群已是"$4^2\times5^{3-2}$"方阵群,并非是"$4^2\times4^{3-2}$"方阵群,而 $y^3=4^2\times5^{3-2}=90$,$y=\sqrt[3]{90}\approx4.48$,$y$ 不是正整数。可见,将"$(3^2\times3^{3-2})+(4^2\times4^{3-2})\neq5^2\times5^{3-2}$"的方阵等式改换为"$(3^2\times5^{3-2})+(4^2\times5^{3-2})=5^2\times5^{3-2}$"的方阵等式后,虽是成立的方阵等式,但其"$x^3+y^3=z^3$"方程式不存在正整数解。此证。

例证2　以 $3^4+4^4\neq5^4$ 为例

已知:$x^4=3^4=3^2\times3^{4-2}$;$y^4=4^4=4^2\times4^{4-2}$;$z^4=5^4=5^2\times5^{4-2}$。$x$、$y$、$z$ 均是正整数。

那么,$3^4+4^4\neq5^4$ 则为 $(3^2\times3^{4-2})+(4^2\times4^{4-2})\neq5^2\times5^{4-2}$。其方阵等式为:

$$\left(\begin{bmatrix}1&1&1\\1&1&1\\1&1&1\end{bmatrix}\times 3^{4-2}\right)+\left(\begin{bmatrix}1&1&1&1\\1&1&1&1\\1&1&1&1\\1&1&1&1\end{bmatrix}\times 4^{4-2}\right)\neq\begin{bmatrix}1&1&1&1&1\\1&1&1&1&1\\1&1&1&1&1\\1&1&1&1&1\\1&1&1&1&1\end{bmatrix}\times 5^{4-2}$$

（$3^4$ 方阵群）　（$4^4$ 方阵群）　（$5^4$ 方阵群）

从"$(3^2\times3^{4-2})+(4^2\times4^{4-2})\neq5^2\times5^{4-2}$"方阵等式看出,$x^4$、$y^4$、$z^4$ 3个方阵群,虽然方阵的组成元素相同(元素均为"1"),但是组成方阵群

的方阵个数各不相同，$x^4$ 方阵群是由 $3^{4-2}$ 个 $3^2$ 方阵组成，$y^4$ 方阵群是由 $4^{4-2}$ 个 $4^2$ 方阵组成，$z^4$ 方阵群是由 $5^{4-2}$ 个 $5^2$ 方阵组成。现将 $x^4$ 方阵群改换为由 $5^{4-2}$ 个 $3^2$ 方阵组成，$y^4$ 方阵群改换为由 $5^{4-2}$ 个 $4^2$ 方阵组成，即此 2 个方阵群的方阵个数与 $z^4$ 方阵群的方阵个数（$5^{4-2}$ 个）相同，那么，其方阵等式为：

$$\left(\begin{bmatrix}1&1&1\\1&1&1\\1&1&1\end{bmatrix}\times 5^{4-2}\right)+\left(\begin{bmatrix}1&1&1&1\\1&1&1&1\\1&1&1&1\\1&1&1&1\end{bmatrix}\times 5^{4-2}\right)=\begin{bmatrix}1&1&1&1&1\\1&1&1&1&1\\1&1&1&1&1\\1&1&1&1&1\\1&1&1&1&1\end{bmatrix}\times 5^{4-2}$$

（$x^4$ 方阵群）　　（$y^4$ 方阵群）　　（$z^4$ 方阵群）

显然，此方阵等式是成立的。但其表达的是"$(3^2\times 5^{4-2})+(4^2\times 5^{4-2})=5^2\times 5^{4-2}$"，并非是"$(3^2\times 3^{4-2})+(4^2\times 4^{4-2})\neq 5^2\times 5^{4-2}$"。因此，此等式的 $x^4$ 方阵群已是"$(3^2\times 5^{4-2})$"方阵群，并非是"$3^2\times 4^{3-2}$"方阵群，而 $x^4=3^2\times 5^{4-2}=225$，$x=\sqrt[4]{225}\approx 3.87$，$x$ 不是正整数；此等式的 $y^4$ 方阵群已是"$4^2\times 5^{4-2}$"方阵群，并非是"$4^2\times 4^{4-2}$"方阵群，而 $y^4=4^2\times 5^{4-2}=400$，$y=\sqrt[4]{400}\approx 4.47$，$y$ 不是正整数。可见，将"$(3^2\times 3^{4-2})+(4^2\times 4^{4-2})\neq 5^2\times 5^{4-2}$"的方阵等式改换为"$(3^2\times 5^{4-2})+(4^2\times 5^{4-2})=5^2\times 5^{4-2}$"的方阵等式后，虽是成立的方阵等式，但其"$x^3+y^3=z^3$"方程式不存在正整数解。此证。

综例证 1、例证 2 的证明，得出结论：正整数次幂 $n>2$ 时，"$x^n+y^n\neq z^n$"的方阵等式，其方程式"$x^n+y^n\neq z^n$"的 $x$、$y$、$z$ 虽是正整数，但其方程式本身是不等式，而成立的"$x^n+y^n=z^n$"的方阵等式，其方程式"$x^n+y^n=z^n$"不存在正整数解。所以，费马定理成立，此证。

4.3.3　总的证明结论

事实上，根据"$x^n$ 方阵 $+\,y^n$ 方阵 $=z^n$ 方阵"必须具备的必要条件和费马定理给出的"同次方幂"的原则，用逆向思维方式去思考，不难发现,对费马定理的证明,其实就是对“$(x^2\times x^{n-2})+(y^2\times y^{n-2})\neq z^2\times z^{n-2}$”做出证明。现证明如下:

解　$(x^2\times x^{n-2})+(y^2\times y^{n-2})\neq z^2\times z^{n-2}$

将“$(x^2\times x^{n-2})+(y^2\times y^{n-2})\neq z^2\times z^{n-2}$”转换为:

$[(x^2\times x^{n-2})+(y^2\times y^{n-2})]\div z^{n-2}\neq z^2$

那么,得$[(x^2\times x^{n-2})\div z^{n-2}]+[(y^2\times y^{n-2})\div z^{n-2}]\neq z^2$

$\because z^{n-2}>x^{n-2}$,$\therefore (x^2\times x^{n-2})\div z^{n-2}<x^2$,亦即$(x^2\times x^{n-2})<(x^2\times z^{n-2})$,或是$(x^2\times x^{n-2})\neq(x^2\times z^{n-2})$。

同理,$\because z^{n-2}>y^{n-2}$,$\therefore (y^2\times y^{n-2})\div z^{n-2}<y^2$,亦即$(y^2\times y^{n-2})<(y^2\times z^{n-2})$,或是$(y^2\times y^{n-2})\neq(y^2\times z^{n-2})$。

由此得出结论:$(x^2\times x^{n-2})+(y^2\times y^{n-2})\neq z^2\times z^{n-2}$。所以费马定理成立。此证。

完稿时间:2014 年 3 月 28 日

# 素数的循序逐增现象与素数若干问题

## ——兼对素数没有穷尽问题的证明

摘要:本文分析了素数的三种循序逐增现象,遵循循序逐增的原理,创立了自然数的扩延范围单位,分别从素数的有效排除力和新生素数无穷多个的角度对素数及孪生素数没有穷尽问题、杰波夫猜想进行了证明;创建了自然数"235 状态",浅谈了对有关素数若干问题的看法,提出了有关素数问题的若干猜测及破解哥德巴赫猜想的新思路。

关键词:素数　孪生素数　有效排除作用　有效排除力　自然数"235 状态"　没有穷尽

一直以来,人们认为素数是无序、无规律可循的。然而,笔者研究结果表明,自然数没有穷尽的过程是一个循序逐增的过程,作为与自然数同存相随的素数,与自然数一样是有序、有规律可循的,同样存在着循序逐增现象,从这些循序逐增现象中可发现其规律。

笔者研究结果表明,素数的循序逐增现象主要体现在如下三个方面:

循序逐增现象 1　起到有效排除作用的素数,在量上是随着自然数的不断扩延而循序逐增的。

循序逐增现象 2　整体素数的有效排除力是循序逐增的。

循序逐增现象3　新生素数的量是随着自然数的不断扩延而循序逐增的。

笔者认为,人们只有认识和了解素数的循序逐增现象,才有可能打开“素数没有穷尽”等问题的奥秘的大门。

**1. 起到有效排除作用的素数是随着自然数的扩延而循序逐增**

事实告诉我们,在没有穷尽的素数中,偶素数是穷尽的(于3起已穷尽),而没有穷尽的是奇素数;在没有穷尽的奇素数中,个位数为5的奇素数是穷尽的(于6起已穷尽),而没有穷尽的是个位数为1、3、7、9的奇素数。因此,对素数没有穷尽的研究,实际是对素数中“可穷尽”和“不可穷尽”现象的研究,是对奇素数没有穷尽的研究。笔者研究结果表明,素数中“可穷尽”和“不可穷尽”现象,与素数的有效排除作用有着密切联系。

因此,想要正确认识素数的循序逐增现象,须先正确认识素数的有效排除作用和除数的分类。

1.1　关于除数的分类

这里说的除数,是指自然数中合数的约数。从数学除法算式来说,合数的约数均可为合数的除数。合数之所以是非素数,是因为可被大于1的其他自然数整除而排除出素数之外。

笔者认为,想要正确认识素数没有穷尽的问题,须先正确认识除数及其在将合数排除出素数之外中所起到的作用,了解除数的有效排除作用与新生素数的量之间的因果关系。

我们知道,合数可被1个或多个别的自然数整除。但应看到,这些除数在将合数排除出素数之外的过程中所起到的作用是不同的。以合数60为例,除1和60外,其可被2、3、4、5、6、10、12、15、20、30共10个数整除。在此10个除数中,2是将60排除出素数的第一位除数,才是起到有效排除作用的除数,3与5是于2之后将60重复排除出素数的除数,为重复排除的除数,而4、6、10、12、15、20、30此7个除数,虽对60可以整除,由于其本身也是可被2、3、5整除的合数,因此,就将60排除出素数这点来说,实际上它们起到的是“零作用”,故为无关排除的除数。笔者根据除数所起到的作用之不同,将除数分为三类:

之一,“有效排除的除数”,是指将某个自然数排除出素数之外的除数中依序排在首位的非合数除数。

之二,“重复排除的除数”,是依序排在首位除数之后的非合数除数。

之三,“无关排除的除数”,是指除数中的合数。

据此,可以说,有效排除的除数和重复排除的除数均为素数,无关排除的除数均为合数。

对除数作如此分类,其意义于前文已阐述,不再赘言。

1.2 关于素数的定义和分类

素数,是指在大于1的自然数中,除了1和此整数外,不能被其他自然数整除的数。这个定义是相对于合数而下的定义,并不是从表达素数与自然数之间的关系、素数与素数之间的关系来诠释。因此,容易给人们造成这样的误读:

以素数7为例,如依照该定义,7成为素数,是在于既不能被<7的各自然数(1除外)整除,也不能被>7的各自然数整除,与1、7之外的所有自然数都有关系。而笔者根据自己的研究成果认为,7成为素数只是在于不能被素数2整除,仅与素数2有关系。

再以合数60为例,如依照该定义,60成为合数,是在于可被2、3、4、5、6、10、12、15、20、30此10个自然数整除,与此10个数都有关系。而笔者认为,60成为合数,是在于可被素数2整除,并将其排除出素数之外,仅与素数2有关系。基于此观点,笔者对素数下的定义是:所谓素数,是指不能被小于等于该自然数平方根的素数整除的自然数。此定义虽有悖于定义的原则,但它是来自于事实证明的结论,旨在表达素数与自然数之间的关系、素数与素数之间的关系。

为使此定义具有可靠的正确性,须明确如下三个问题:

其一,1 是特殊自然数。因为其既非素数也非合数。在素数产生的过程中,其不应作为任何自然数的除数。

其二,2 与 3 称之为“原生素数”或“自然素数”。因为,2、3 这两个数的平方根处于大于 1 小于 2 之间,不存在经能否被其他素数整除这个验证环节,是原本天生的素数。

其三,依序排在 2、3 之后的素数称之为“新生素数”或“非原生素数”。因为,它们均要经能否被 2、3 以及其他素数整除这个验证环节,相对于 2、3 来说,是属于新产生的素数。

简言之,以产生条件来区分,素数只分为原生素数和新生素数,原生素数和新生素数是素数整体中产生条件不同的两个部分。

在明确并认可此三个问题后,据此,可做定论:所有合数,均是因可被小于等于其平方根的素数整除而排除出素数之外的;所有成为新生素数的自然数,皆因没能被小于等于其平方根的素数整除之缘故;素数将合数排除出素数之外,完全是排除“异己”行为,在此过程中,素数又把不能被自己整除的自然数作为新生素数迎进自己的“阵营”。

1.3　素数没有穷尽问题的不可理解性以及研究的有趣性

对素数的结构作分析,可发现,在没有穷尽的素数中,除原生素数 2 是偶素数外,新生素数全为奇素数,不存在偶素数。而这正是偶素数 2 将大于 2 的偶数全部有效排除出素数之外的结果。还可发现,在没有穷尽的奇素数中,除 5 外,个位数为 5 的奇数均为非素数。此是素数 3 和 5 将大于 5、个位数为 5 的奇数全部有效排除出素数之外的结果。这两种情形使笔者生发出对素数没有穷尽的问题的不可理解性。

不可理解 1　1 个偶素数 2 可做到将大于 2 的偶数全部有效排除出素数之外,使偶素数于 3 起已穷尽,而无数多个奇素数却没能做到将某个高位奇数起的奇数全部有效排除出素数之外,使奇素数于此穷尽,进而使素数也随之穷尽。这是为什么?

不可理解 2　3 和 5 两奇素数可做到将大于 5、个位数为 5 的奇数全部有效排除出素数之外，使个位数为 5 的奇素数于 6 起已穷尽，而 7 起的奇素数却没能做到将个位数为 1、3、7、9 其中之一的奇数于某个高位奇数起全部有效排除出素数之外，使之穷尽。这是为什么？

不可理解 3　如将素数排除的量记为$\frac{n}{p}$，那么，按照"$\frac{n}{p_1}+\frac{n}{p_2}+\frac{n}{p_3}+\cdots\cdots+\frac{n}{p_m}$"等式计算，素数于自然数 30 起就应穷尽。因为，$\frac{30}{2}+\frac{30}{3}+\frac{30}{5}>30$。可事实告诉我们，素数不但没能于 30 起穷尽，甚至于 $3000^{3000}$ 之后都不可能穷尽。这是为什么？

上述三个问题，正是素数没有穷尽问题的不可理解性，同时又是素数没有穷尽问题研究的有趣性。

事实上，素数之所以不可穷尽，其原因就在于素数将合数排除出素数之外的过程中，并非是全部为真正意义上的有效排除，这当中还存在重复排除。正是重复排除的存在，使得素数有效排除力大打折扣，使得素数有着不可穷尽的扩延空间。

### 1.4　素数的有效排除线及其作用

定义 1　有效排除线　是指一个素数作为除数，将被其整除的自然数有效排除出素数之外的起点线，亦是一个素数起到有效排除作用的起始自然数。

为精简篇幅，本文将"起到有效排除作用的素数"简称为"起效素数"，"扩延范围"简称为"扩围"。

#### 1.4.1　素数的有效排除线

前文说到，素数将被其整除的自然数排除出素数之外可分为有效排除和重复排除。就具体到每一个素数来说，其有效排除线该从哪个自然数算起呢？笔者根据"素数是指不能被小于等于该自然数平方根的素数整除的自然数"这一定义的规则，应用逆向思维方式，遵循自然数和素数循序逐增的原理,将素数的平方定为该素数的有效排除线,即为该素数起到有效排除作用的起始自然数。如素数2,其有效排除线从2的平方4算起;素数3,其有效排除线从3的平方9算起;素数5,其有效排除线从5的平方25算起,其余以此类推。

在此,需说清楚的,一个素数将被其整除的自然数有效排除出素数之外的起点线,虽是从其平方算起,但并非说,有效排除线起可被该素数整除的所有自然数都算作其有效排除,还得看该素数是不是依序排在除数中首位,如是方能算作其有效排除,否则算作其重复排除。如数45,可被素数3、5整除,3是依序排在除数中首位,5是第二位,因此,虽5的有效排除从25算起,但45被排除出素数之外,不能算作5的有效排除,应算作3的有效排除,算作5的重复排除。

在此,还需说清楚的,偶素数2,因其是首位素数,故其只存在有效排除,不存在重复排除。奇素数3,因其是首位奇素数,故对可被其整除的奇数,只存在有效排除,不存在重复排除,相反,对可被其整除的偶数只存在重复排除,却不存在有效排除。所有新生素数,对可被其整除的自然数,均有有效排除和重复排除之分。

1.4.2　素数的有效排除线的三个重要作用

作用1　标志着1个起效素数于此线起要发挥有效排除作用

如,4是素数2的有效排除线,那么,表明从自然数4起,素数2对可被其整除的自然数要进行有效排除;再如,9是素数3的有效排除线,那么,表明从自然数9起,素数3对可被其整除的奇数要进行有效排除;又如,25是素数5的有效排除线,那么,表明从自然数25起,素数5对可被其整除、又不能被前素数整除的自然数要进行有效排除。余例不一一详举。

现将各个素数的有效排除线数字连接为自然数扩延线,并在扩延线的有效排除线数字下面相对应标示出起效素数(见图4-1),可看出,起效素数在量上循着1个→2个→3个→4个→5个→6个→…的次序逐增。这就是素数的循序逐增现象之一。

| 由素数的有效排除线连接形成的自然数扩延线 | 4→9→25→49→121→169→289→361→ … |
|---|---|
| 依序出现的起效素数 | 2　3　5　7　11　13　17　19　… |

图 4－1

作用 2　对此线前的所剩留的自然数就是新生素数的认定

我们知道,1 是特殊自然数,2、3 是原生素数,起到有效排除作用的第一个素数是 2,其有效排除线是 4,而起到有效排除作用的第二个素数 3 的有效排除线为 9。据此,在素数 3 的有效排除线 9 前的自然数为 4 至 8 之间,经素数 2 的有效排除后,剩有 5、7 两个自然数,那么,5、7 此两个自然数就是新生素数。再比如,25 是 5 的有效排除线,已知 9 后至 25 之前的自然数为 10 至 24 之间,经素数 2、3 的有效排除后,剩有 11、13、17、19、23 共 5 个自然数,那么,此 5 个自然数就是继 5、7 之后的新生素数。又比如,49 是 7 的有效排除线,已知 25 后至 49 之前的自然数为 26 至 48 之间,经素数 2、3、5 的有效排除后,剩有 29、31、37、41、43、47 共 6 个自然数,那么,此 6 个自然数就是继 5、7、11、13、17、19、23 之后的新生素数。余例略。

作用 3　是合理设置自然数扩围单位的重要依据

如下文表 4－5《各自然数扩围单位新生素数统计表》中的自然数扩围单位,就是以起效素数的有效排除线至下一个起效素数的有效排除线的前一个自然数为依据来设定的。它的合理性是在于将自然数的扩延与起效素数的有效排除作用紧密联系起来,可从中验证起效素数的有效排除效果。

**2. 整体素数的有效排除力是随着起效素数循序逐增而循序逐增**

2.1　素数的有效排除力

定义 2　素数有效排除力　是指素数作为除数,将可被其整除的自然数排除出素数之外的实际能力。

素数的有效排除力,可分单个素数的有效排除力和整体素数的有效排除力。从理论上说,单个素数的有效排除力的计算方法应是:该素数的应有排除自然数的量-重复排除自然数的量=实际排除量。但在实践中并不好操作。笔者发现了一种简单又科学的计算方法,即:应用循序逐增原理,设定每个起效素数的自然数扩围单位(以起效素数依序连乘之积为扩围单位的自然数的量),然后验证每扩围单位被该起效素数有效排除的自然数的量,扩围单位的自然数的量与被该起效素数有效排除的自然数的量的比率,就是该起效素数的有效排除力。整体素数的有效排除力,即是单个素数有效排除力相加总和。事实证明,随着自然数的不断扩延,一方面,起效素数的量在循序逐增,另一方面,每增加一个起效素数,整体素数的有效排除力也随之增加。因此,整体素数的有效排除力是一个循序逐增过程。

2.2　对单个素数的有效排除力的证明

例证1　求证素数2的有效排除力

已知2的有效排除线为4。

第一步,设定2的自然数扩围单位。因2是首位素数,故2的自然数扩围单位为2个自然数(见图4-2);

| ~~4~~ | ~~6~~ | ~~8~~ | ~~10~~ | ~~12~~ | ~~14~~ | ~~16~~ | ~~18~~ | ~~20~~ | ~~22~~ | ~~24~~ | ~~26~~ | ~~28~~ | ~~30~~ | ~~32~~ | ~~34~~ | ~~36~~ | ~~38~~ | ⋮ |
|---|---|---|---|---|---|---|---|---|---|---|---|---|---|---|---|---|---|---|
| 5 | 7 | 9 | 11 | 13 | 15 | 17 | 19 | 21 | 23 | 25 | 27 | 29 | 31 | 33 | 35 | 37 | 39 | |

**图4-2**

第二步,将可被2整除的自然数划去(见图4-2);

第三步,验证。从图4-2看出,每个扩围可被2整除而有效排除的自然数为1个。那么,得:

素数2的有效排除力为$\frac{1}{2}$。

例证 2　求证素数 3 的有效排除力

已知 3 的有效排除线为 9。

第一步，设定 3 的自然数扩围单位。因 $2\times3=6$，故 3 的自然数扩围单位为 6 个自然数（见图 4－3）；

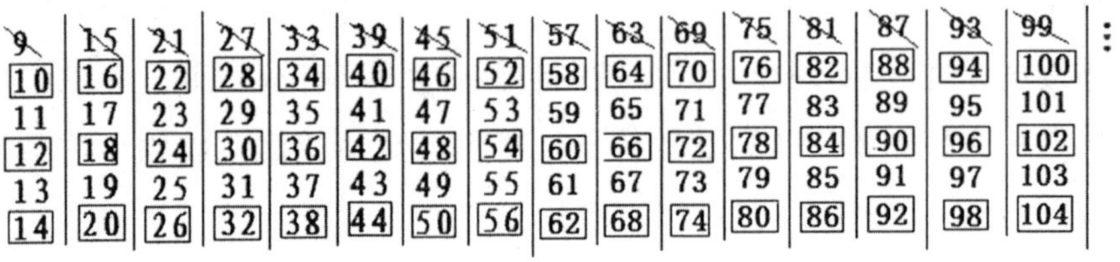

| 9 | 15 | 21 | 27 | 33 | 39 | 45 | 51 | 57 | 63 | 69 | 75 | 81 | 87 | 93 | 99 | ⋮ |
|---|---|---|---|---|---|---|---|---|---|---|---|---|---|---|---|---|
| 10 | 16 | 22 | 28 | 34 | 40 | 46 | 52 | 58 | 64 | 70 | 76 | 82 | 88 | 94 | 100 | |
| 11 | 17 | 23 | 29 | 35 | 41 | 47 | 53 | 59 | 65 | 71 | 77 | 83 | 89 | 95 | 101 | |
| 12 | 18 | 24 | 30 | 36 | 42 | 48 | 54 | 60 | 66 | 72 | 78 | 84 | 90 | 96 | 102 | |
| 13 | 19 | 25 | 31 | 37 | 43 | 49 | 55 | 61 | 67 | 73 | 79 | 85 | 91 | 97 | 103 | |
| 14 | 20 | 26 | 32 | 38 | 44 | 50 | 56 | 62 | 68 | 74 | 80 | 86 | 92 | 98 | 104 | |

**图 4－3（图中方框数是被前素数整除的数）**

第二步，将可被 3 整除的自然数划去（见图 4－3）；

第三步，验证。从图 4－3 看出，每个扩围可被 3 整除而有效排除的自然数为 1 个。那么，得：

素数 3 的有效排除力为：$\frac{1}{2\times3}=\frac{1}{6}$

例证 3　求证素数 5 的有效排除力

已知 5 的有效排除线为 25。

第一步，设定 5 的自然数扩围单位。因 $2\times3\times5=30$，故 5 的自然数扩围单位为 30 个自然数（见图 4－4）；

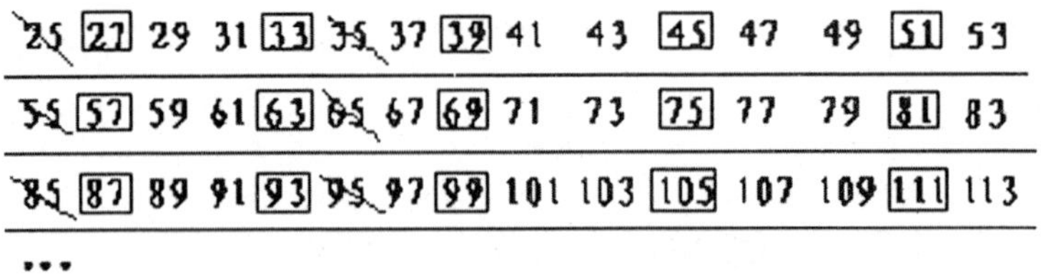

| 25 | 27 | 29 | 31 | 33 | 35 | 37 | 39 | 41 | 43 | 45 | 47 | 49 | 51 | 53 |
|---|---|---|---|---|---|---|---|---|---|---|---|---|---|---|
| 55 | 57 | 59 | 61 | 63 | 65 | 67 | 69 | 71 | 73 | 75 | 77 | 79 | 81 | 83 |
| 85 | 87 | 89 | 91 | 93 | 95 | 97 | 99 | 101 | 103 | 105 | 107 | 109 | 111 | 113 |

…

**图 4－4（注：图中偶数略，方框数是被前素数整除的数）**

第二步，将可被 5 整除的自然数划去（见图 4－4）；

第三步,验证。从图4-4看出,每个扩围可被5整除而有效排除的自然数为2个。那么,得:

素数5的有效排除力为:$\frac{1}{2\times3\times5}=\frac{2}{30}$

例证4　求证素数7的有效排除力

已知7的有效排除线为49。

第一步,设定7的自然数扩围单位。因$2\times3\times5\times7=210$,故7的自然数扩围单位为210个自然数;

第二步,将可被7整除的自然数划去;

第三步,验证(见表4-1)。

**表4-1**

| 扩延范围 | 被7有效排除的自然数 |
|---|---|
| 49至258 | 49　77　91　119　133　161　203　217　(8个) |
| 259至468 | 259　287　301　329　343　371　413　427　(8个) |
| 469至678 | 469　497　511　539　553　581　623　637　(8个) |
| … | … |

从表4-1看出,每个扩围可被7整除而有效排除的自然数为8个。那么,得:

素数7的有效排除力为:$\frac{8}{2\times3\times5\times7}=\frac{8}{210}$

余例不一一详举。

为使人们能更好地理解素数的有效排除力及其规律,笔者将素数2至23的有效排除力汇制了一个表(见表4-2)。只要将表中各栏目数字做比较分析,就会发现这两个规律:

规律1　"每个扩围"栏的"本素数有效排除"的量,正是上一行的"剩留的量"。

如素数3,其“本素数有效排除”的量,正是上一行素数2的“剩留的量”1个,记作为“(2-1)”;素数5的“本素数有效排除”的量,正是上一行素数3的“剩留的量”2个,记作为“(2-1)×(3-1)”;素数7的“本素数有效排除”的量,正是上一行素数5的“剩留的量”8个,记作为“(2-1)×(3-1)×(5-1)”,其余以此类推。

**表4-2　素数2至23的有效排除力的统计表**

| 序号 | 起效素数 | 有效排除线 | 自然数扩围单位设定 | 每个扩围 | | | | 素数有效排除力 |
|---|---|---|---|---|---|---|---|---|
| | | | | 自然数的量 | 本素数有效排除 | 被有效排除量累计 | 剩留的量 | |
| 1 | 2 | 4 | 2 | 2 | 1 | 1 | 1 | $\frac{1}{2}$ |
| 2 | 3 | 9 | ×3 | 6 | 1 | (1×3)+1=4 | 2 | $\frac{1}{6}$ |
| 3 | 5 | 25 | ×5 | 30 | 2 | (4×5)+2=22 | 8 | $\frac{2}{30}$ |
| 4 | 7 | 49 | ×7 | 210 | 8 | (22×7)+8=162 | 48 | $\frac{8}{210}$ |
| 5 | 11 | 121 | ×11 | 2310 | 48 | (162×11)+48=1830 | 480 | $\frac{48}{2310}$ |
| 6 | 13 | 169 | ×13 | 30030 | 480 | (1830×13)+480=24270 | 5760 | $\frac{480}{30030}$ |
| 7 | 17 | 289 | ×17 | 510510 | 5760 | (24270×17)+5760=418350 | 92160 | $\frac{5760}{510510}$ |
| 8 | 19 | 361 | ×19 | 9699690 | 92160 | (418350×19)+92160=8040810 | 1658880 | $\frac{92160}{9699690}$ |
| 9 | 23 | 529 | ×23 | 223092870 | 1658880 | (8040810×23)+1658880=186597510 | 36495360 | $\frac{1658880}{223092870}$ |

根据此规律,又已知各个起效素数的自然数扩围单位的量为起效素数依序连乘之积,那么,得各个素数的有效排除力定理:

素数2的有效排除力为:$\frac{1}{2}$

素数3的有效排除力为:$\frac{2-1}{2\times3}=\frac{1}{6}$

素数5的有效排除力为:$\frac{(2-1)\times(3-1)}{2\times3\times5}=\frac{2}{30}$

素数7的有效排除力为:$\frac{(2-1)\times(3-1)\times(5-1)}{2\times3\times5\times7}=\frac{8}{210}$

其余以此类推。

依照循序逐增原理和相对应的原则,素数的有效排除力定理可表达为:

$$\frac{1\times(2-1)\times(3-1)\times(5-1)\times(7-1)\times\cdots\times(p\text{的上个素数}-1)}{2\times3\times5\times7\times11\times\cdots\times p}$$

素数的有效排除力定理表明:素数越小,其有效排除力越大;素数越大,其有效排除力越小。

规律2　扩围的“自然数的量”减去“被有效排除量累计”等于“剩留的量”,三者均为延续关系。

笔者将表4－2的“剩留的量”用等式表达出来,就会发现其与扩围的“自然数的量”有着这样的规律:

| 扩围自然数的量 | |
|---|---|
| 1×2 | 2 |
| ×3 | 6 |
| ×5 | 30 |
| ×7 | 210 |
| ×11 | 2310 |
| ×13 | 30030 |
| ×… | |
| ×p | |

－ 被有效排除量累计数 ＝

| 剩留的量 | |
|---|---|
| (2−1) | 1 |
| ×(3−1) | 2 |
| ×(5−1) | 8 |
| ×(7−1) | 48 |
| ×(11−1) | 480 |
| ×(13−1) | 5760 |
| ×… | |
| ×(p−1) | |

根据此规律,可求得自然数不断扩延并不断被有效排除后的“剩留的量”的定理:

扩围的“自然数的量”－“被有效排除量累计”＝“剩留的量”

其公式为:

$(1\times2\times3\times5\times7\times\cdots\times p)$－被有效排除量累计$=(2-1)\times(3-1)\times(5-1)\times(7-1)\times\cdots\times p$

(注:“被有效排除量累计”的等式不便表达,故略)

在此,应说清楚的,“剩留的量”,并非是素数的量,因为“被有效排除量累计”,仅指被自然数扩围中连乘的起效素数整除的有效排除量累计。因此,“剩留的量”的自然数并非全是素数,仍存在部分合数。

2.3　整体素数的有效排除力是一个循序逐增过程

整体素数的有效排除力,即是单个素数有效排除力相加总和。根据各素数的有效排除力定理,可求得整体素数的有效排除力总和定理，即：

$$素数有效排除力总和=\frac{1}{2}+\frac{2-1}{2\times3}+\frac{(2-1)\times(3-1)}{2\times3\times5}+\frac{(2-1)\times(3-1)\times(5-1)}{2\times3\times5\times7}+\cdots+\frac{(2-1)\times(3-1)\times(5-1)\times\cdots\times(p的上个素数-1)}{2\times3\times5\times7\times\cdots\times p}$$

笔者研究结果表明，整体素数的有效排除力是一个循序逐增的过程。为此，请见表4－3.

**表4－3　素数2至79的有效排除力累计表**

| 序号 | 起效素数 | 素数有效排除力 | 素数有效排除力累计 |
|---|---|---|---|
| 1 | 2 | $\frac{1}{2}$ (0.5) | $\frac{1}{2}$ (0.5) |
| 2 | 3 | $\frac{1}{6}$ (0.166666) | $\frac{4}{6}$ (0.666666) |
| 3 | 5 | $\frac{2}{30}$ (0.066666) | $\frac{22}{30}$ (0.733333) |
| 4 | 7 | $\frac{8}{210}$ (0.038095) | $\frac{162}{210}$ (0.771429) |
| 5 | 11 | $\frac{48}{2310}$ (0.020779) | $\frac{1830}{2310}$ (0.792208) |
| 6 | 13 | $\frac{480}{30030}$ (0.015984) | $\frac{24270}{30030}$ (0.808192) |
| 7 | 17 | $\frac{5760}{510510}$ (0.011283) | $\frac{418350}{510510}$ (0.819475) |
| 8 | 19 | $\frac{92160}{9699690}$ (0.009501) | $\frac{8040810}{9699690}$ (0.828976) |
| 9 | 23 | $\frac{1658880}{223092870}$ (0.007436) | $\frac{186597510}{223092870}$ (0.836412) |
| 10 | 29 | $\frac{36495360}{6469693230}$ (0.005641) | $\frac{5447823150}{6469693230}$ (0.842053) |
| 第11个起效素数31至第21个起效素数73略 | | | |
| 22 | 79 | 约$\frac{1}{626.752203708}$ (0.001596) | 约 0.8755450477 |

注：1、括号内的数是约数，取小数点后6位数；
2、第22个起效素数79的“素数有效排除力”以及“素数有效排除力累计”的分子式数字太长，故略。

从表4－3看出，起效素数从2起，仅有2一个起效素数时，整体素数的有效排除力为$\frac{1}{2}$（即0.5）；当增至3为2个起效素数时，整体素数的有效排除力为$\frac{4}{6}$（约0.666666）；当增至5为3个起效素数时，整体素数的有效排除力为$\frac{22}{30}$（约0.733333）；当增至7为4个起效素数时，整体素数的有效排除力为$\frac{162}{210}$（约0.771429）…当增至79为22个起效素数时，整体素数的有效排除力为约0.87554850477。可见，每增加一个起效素数，整体素数的有效排除力也随之增加。因此，整体素数的有效排除力是一个循序逐增过程。

2.4　整体素数的有效排除力与素数没有穷尽问题

对于素数没有穷尽的问题，在两千年前数学家欧几里得已做出了证明。其证明定理为：$K = 2 \times 3 \times 5 \times 7 \times 11 \times \cdots\cdots \times (p+1)$

笔者认为，欧几里得的证明，是从寻求素数“集合”之外存在更大素数来证明的。而笔者对素数没有穷尽问题的证明，则是置于素数的有效排除这一环境，从素数的有效排除力、起效素数的数与新生素数的量的因果关系此两个方面来证明的。

综上文的证明，可知：(1)所有合数是素数将其排除出素数之外的；(2)所谓“素数没有穷尽问题”，实质上是奇素数没有穷尽问题，因为偶素数是穷尽的；(3)随着自然数的不断扩延，整体素数的有效排除力也在循序逐增。根据此三个结论，我们可作这样的解读：从素数的有效排除力角度来说，素数没有穷尽问题，也就是素数能否做到将于某个高位数起的自然数全部（即100%）有效地排除出素数之外，也即是奇素数能否做到将于某个高位数起的奇数全部（即100%）有效地排除出素数之外。基于此，可置于这样的思路来证明素数没有穷尽的问题。

证明1　对素数没有穷尽问题的证明

首先,根据"扩围的'自然数的量'-'被有效排除量累计'='剩留的量'"的定理,将自然数整体(包含于某高位数起的自然数整体)设为1,那么,扩围的"自然数的量"可表达为"$1=\frac{1\times2\times3\times5\times7\times\cdots\times p}{1\times2\times3\times5\times7\times\cdots\times p}$"。"1-1=0"等式告诉我们,要做到将于某高位数起的自然数全部(即100%)有效地排除出素数之外,整体素数的有效排出力也必须达到1(即100%)。

根据上面求证到的"素数有效排除力总和定理"可推知,

$$\frac{1\times2\times3\times5\times7\times\cdots\times p}{1\times2\times3\times5\times7\times\cdots\times p}>\frac{1}{2}+\frac{2-1}{2\times3}+\frac{(2-1)\times(3-1)}{2\times3\times5}+\frac{(2-1)\times(3-1)\times(5-1)}{2\times3\times5\times7}+\cdots+\frac{(2-1)\times(3-1)\times(5-1)\times\cdots\times p\text{的上个素数}-1}{2\times3\times5\times7\times\cdots\times p}$$

"整体素数的有效排除力总和$<\frac{1\times2\times3\times5\times7\times\cdots\times p}{1\times2\times3\times5\times7\times\cdots\times p}$"表明,自然数于某个高位数起不可能被素数全部有效排除出素数之外,所以,素数不可穷尽。此证。

证明2 对"偶素数可穷尽问题"的证明

已知偶素数2的有效排除力为$\frac{1}{2}$,设3起的偶数总量为自然数总量的$\frac{1}{2}$,那么,得:$\frac{1}{2}-\frac{1}{2}=0$。

所以,偶素数2的有效排除力可将大于2的偶数全部有效排除出素数之外,并使偶素数于3起穷尽。此证。

证明3 对"个位数为5的素数可穷尽问题"的证明

已知素数5的自然数扩延范围单位为30(即2×3×5=30)个自然数,从6起每30个自然数中,个位数为5的自然数共有3个,表为$\frac{3}{30}$。

其中,可被3有效排除的1个(见图4-3),表为$\frac{1}{30}$,被5有效排除的2个(见图4-4),表为$\frac{2}{30}$。那么,得:$\frac{3}{30}-(\frac{1}{30}+\frac{2}{30})=\frac{3}{30}-\frac{3}{30}=0$

所以,素数3和5可将6起的个位数为5的自然数全部有效排除出素数之外,使个位数为5的素数于6起穷尽。此证。

证明4　对"奇素数不可穷尽问题"的证明

将于某个高位数起的奇数整体设为$\frac{1}{2}$。如要做到将某个高位数起的奇数全部有效地排除出素数之外,奇素数的有效排出力总和须等于"$\frac{1}{2}$"。已知,整体素数的有效排除力总和<1,减去偶素数2的有效排除力$\frac{1}{2}$,求得奇素数的有效排除力总和。据此,可推知:

$$1-\frac{1}{2}>$$

$$[\frac{1}{2}+\frac{2-1}{2\times3}+\frac{(2-1)\times(3-1)}{2\times3\times5}+\frac{(2-1)\times(3-1)\times(5-1)}{2\times3\times5\times7}]+\cdots+\frac{(2-1)\times(3-1)\times(5-1)\times\cdots\times(p\text{的上个素数}-1)}{2\times3\times5\times7\times\cdots\times p}]-\frac{1}{2}$$

得:

$$\frac{1}{2}>[\frac{2-1}{2\times3}+\frac{(2-1)\times(3-1)}{2\times3\times5}+\frac{(2-1)\times(3-1)\times(5-1)}{2\times3\times5\times7}+\cdots+\frac{(2-1)\times(3-1)\times(5-1)\times\cdots\times(p\text{的上个素数}-1)}{2\times3\times5\times7\times\cdots\times p}]$$

因此,奇素数不能做到将某个高位奇数起的奇数全部有效排除出素数之外,使奇素数穷尽。因奇素数是不可穷尽,所以,素数不可穷尽。此证。

证明5　对"个位数为1、3、7、9的奇素数不可穷尽问题"的证明已知素数2、3、5的有效排除力为$\frac{22}{33}$,其自然数扩延范围单位为30个自然数,经2、3、5的有效排除后,数25起,每30个自然数中,剩有个位数为1、3、7、9的自然数共8个,即为自然数总量的$\frac{8}{33}$。将整体素数的有效排除力总和减去素数2、3、5的有效排除力,求得7起奇素数的有效排除力总和为$<\frac{8}{33}$。因此,7起的奇素数不能做到将某个高位数起的个位数为1、3、7、9的奇数全部有效排除出素数之外。所以,个位数为1、3、7、9的奇素数不可穷尽。此证。

**3. 新生素数的量是随着自然数的不断扩延而循序逐增**

下面根据起效素数的数与新生素数的量的两者因果关系,从新生素数的量有无穷多个来证明素数没有穷尽问题。

3.1　起效素数的数与新生素数的量

自然数和素数都是没有穷尽的。两者的没有穷尽,既体现在数的无穷大上,也体现在量的无穷多个上。两者没有穷尽的过程既是数的无穷大的不断扩展过程,同时又是量无穷多个的循序逐增的过程。素数没有穷尽的过程自始至终与自然数没有穷尽的过程同存相随。这个同存相随,既体现在素数的数隐藏在自然数的数之中,同时又体现在素数的量包含于自然数的量之中。由于自然数的数的扩展与量的逐增是等于关系(即$n=n$个,如自然数扩展到10则为10个自然数,扩展到100则为100个自然数),人们忽视了自然数的这种客观存在的等于关系,既没能注意到素数没有穷尽的过程与自然数没有穷尽的过程同存相随关系,也没能注意到素数的有效排除作用与新生素数的量之间的因果关系,习惯于以1位数到2位数、3位数……$n$位数的扩延来认识自然数没有穷尽问题,以素数与自然数的比率来求证素数的分布问题,看不到这个比率本身就包含着两者在量上没有穷尽的一种同存相随关系,脱离自然数的数和量没有穷尽的过程,仅是从寻求更大素数来求证素数没有穷尽问题。

笔者对素数没有穷尽问题的证明方法,就是跳出传统的从1位数到2位数、3位数……$n$位数的扩展延伸来认识自然数没有穷尽问题的习惯思维,遵循素数没有穷尽与自然数没有穷尽同存相随的原理,依照循序逐增的规律,以既要反映素数与自然数之间的关系,又要反映起效素数的数与新生素数的量的因果关系为依据,重新设定自然数扩延范围单位,即将一个素数的有效排除线起至下一个素数的有效排除线的前一个自然数设定为自然数的一个扩围单位,从中检验在增加1个起效素数后,这一扩围的自然数有无全被整除而全被排除出素数之外,如是,新生素数为0个,或没被整除的自然数在量上呈减少趋势,新生素数在量上呈逐减之势,那么,则证明素数在量上有可能穷尽,如果新生素数在量上呈逐增趋势,那么,则证明素数随着自然数没有穷尽的扩延,在量上有无穷多个,不可穷尽。

自然数扩围的素数的量计算公式为:

自然数扩围的素数的量 = 本扩围的自然数的量 - 被有效排除的量

例证1 “$2^2$ 至 $3^2-1$”扩延范围的素数的量的证明

已知“$2^2$ 至 $3^2-1$”扩围为4至8,共有5个自然数,起效素数1个,是素数2。

经验证,有4、6、8此3个偶数可被2整除,被有效排除,剩有5、7此2个数没能被2整除,为新生素数。那么,$5-3=2$。因此,在“$2^2$ 至 $3^2-1$”扩围,新生素数2(个),等于起效素数2。

例证2 “$3^2$ 至 $5^2-1$”扩围的素数的量的证明

已知“$3^2$ 至 $5^2-1$”扩围为9至24,共有16个自然数,起效素数增至2个,为2、3。

经验证,有10、12、14、16、18、20、22、24此8个偶数可被2整除,有9、15、21此3个奇数可被3整除,合计有11个数被有效排除,剩有11、13、17、19、23此5个数没能被2、3整除,为新生素数。那么,$16-11=5$。

因此,在“$3^2$ 至 $5^2-1$”扩围,新生素数5(个),大于新增起效素数3。

可见,在“$3^2$ 至 $5^2-1$”扩围,在原有素数2继续发挥有效排除作用的基础上,虽增加了素数3的有效排除,但2、3两个素数没能将此扩围的自然数全部有效排除,反而新增素数5个。

例证3 “$5^2$ 至 $7^2-1$”扩围的素数的量的证明

已知“$5^2$ 至 $7^2-1$”扩围为25至48,共有24个自然数,起效素数增至3个,为2、3、5。

经验证,有26、28、30、32、34、36、38、40、42、44、46、48此12个偶数可被2整除,有27、33、39、45此4个奇数可被3整除,有25、35此2个奇数可被5整除,合计有18个数被有效排除,剩有29、31、37、41、43、47此6个数没能被2、3、5整除,为新生素数。那么,$24-18=6$。因此,在“$5^2$ 至 $7^2-1$”扩围,新生素数6(个),大于新增起效素数5。

可见,在“$5^2$ 至 $7^2-1$”扩围,在原有素数2、3继续发挥有效排除作用的基础上,虽增加了素数5的有效排除,但2、3、5此3个素数没能将此扩围的自然数全部有效排除,反而新增素数6个。

例证4 “$7^2$ 至 $11^2-1$”扩围的素数的量的证明

已知 “$7^2$ 至 $11^2-1$”扩围为49至120,共有72个自然数,起效素数增至4个,为2、3、5、7。

经对49至120的72个自然数验证,有36个偶数(略)可被2整除,有12个奇数(略)可被3整除,有55、65、85、95、115此5个奇数可被5整除,有49、77、91、119此4个奇数可被7整除,合计有57个数被有效排除,剩有15个自然数(略)没能被2、3、5、7整除,为新生素数。那么,$72-57=15$。因此,在“$7^2$ 至 $11^2-1$”扩围,新生素数15(个),大于新增起效素数7。

可见,在“$7^2$ 至 $11^2-1$”扩围,在原有素数2、3、5继续发挥有效排除作用的基础上,虽增加了素数7的有效排除,但2、3、5、7此4个素数没能将此扩围的自然数全部有效排除,反而新增素数15个。

为精简篇幅，不再一一举例。

为使人们能更好地了解素数的有效排除与新生素数之间的关系，笔者编制了两个表，一个是随着自然数的扩延，起效素数 2 至 43 在各扩围的有效排除情况统计表（见表 4－4）；另一个是自然数“1 至 $3137^2-1$”范围内的各扩围的新生素数情况统计表（见表 4－5）。

**表 4－4　起效素数 2 至 43 在各扩围的有效排除情况统计表**

| 序号 | 扩延范围 | 扩围自然数（个） | 被有效排除（个） | 其中各起效素数有效排除的自然数（个） | | | | | | | | | | | | | | 新生素数（个） |
|---|---|---|---|---|---|---|---|---|---|---|---|---|---|---|---|---|---|---|
| | | | | 2 | 3 | 5 | 7 | 11 | 13 | 17 | 19 | 23 | 29 | 31 | 37 | 41 | 43 | |
| 1 | $2^2$至$3^2-1$ | 5 | 3 | 3 | | | | | | | | | | | | | | 2 |
| 2 | $3^2$至$5^2-1$ | 16 | 11 | 8 | 3 | | | | | | | | | | | | | 5 |
| 3 | $5^2$至$7^2-1$ | 24 | 18 | 12 | 4 | 2 | | | | | | | | | | | | 6 |
| 4 | $7^2$至$11^2-1$ | 72 | 57 | 36 | 12 | 5 | 4 | | | | | | | | | | | 15 |
| 5 | $11^2$至$13^2-1$ | 48 | 39 | 24 | 8 | 3 | 2 | 2 | | | | | | | | | | 9 |
| 6 | $13^2$至$17^2-1$ | 120 | 98 | 60 | 20 | 8 | 4 | 3 | 3 | | | | | | | | | 22 |
| 7 | $17^2$至$19^2-1$ | 72 | 61 | 36 | 12 | 5 | 3 | 2 | 1 | 2 | | | | | | | | 11 |
| 8 | $19^2$至$23^2-1$ | 168 | 141 | 84 | 28 | 11 | 6 | 4 | 3 | 3 | 2 | | | | | | | 27 |
| 9 | $23^2$至$29^2-1$ | 312 | 265 | 156 | 52 | 21 | 12 | 6 | 6 | 4 | 5 | 3 | | | | | | 47 |
| 10 | $29^2$至$31^2-1$ | 120 | 104 | 60 | 20 | 8 | 5 | 2 | 3 | 1 | 1 | 2 | 2 | | | | | 16 |
| 11 | $31^2$至$37^2-1$ | 408 | 351 | 204 | 68 | 27 | 15 | 8 | 6 | 6 | 5 | 4 | 4 | 4 | | | | 57 |
| 12 | $37^2$至$41^2-1$ | 312 | 268 | 156 | 52 | 21 | 12 | 7 | 4 | 3 | 3 | 4 | 1 | 2 | 3 | | | 44 |
| 13 | $41^2$至$43^2-1$ | 168 | 148 | 84 | 28 | 11 | 7 | 3 | 3 | 3 | 2 | 1 | 2 | 1 | 1 | 2 | | 20 |
| 14 | $43^2$至$47^2-1$ | 360 | 314 | 180 | 60 | 24 | 13 | 9 | 6 | 3 | 5 | 2 | 3 | 3 | 2 | 2 | 2 | 46 |

从表 4－4 的“其中各起效素数有效排除的自然数”栏的数字可看出，当自然数扩围为“$2^2$ 至 $3^2-1$”时，起效素数仅有“2”1 个，3 起各素数未能起到有效排除作用；当自然数扩围为“$3^2$ 至 $5^2-1$”时，起效素数仅有“2、3”2 个，5 起各素数未能起到有效排除作用；当自然数扩围为“$7^2$ 至 $11^2-1$”时，起效素数仅有“2、3、5”3 个，7 起各素数未能起到有效排除作用，其余依此类推。

可见，随着自然数的不断扩延，起效素数的量在循序逐增。此外，偶素数 2 的有效排除力一直为自然数的量的 1/2，奇素数 3 的有效排除力为自然数的量的 1/6。

表 4-5 各自然数扩延范围新生素数统计表

| 序号 | 自然数扩延范围 | 自然数数量(个) | 起效素数(个) | 被有效排除的自然数(个) | 新生素数(个) | 素数累计(个) |
|---|---|---|---|---|---|---|
| 0 | 1 至 3 | 3 | / | / | / | 2 |
| 1 | $2^2$ 至 $3^2-1$ | 5 | 1 | 3 | 2 | 4 |
| 2 | $3^2$ 至 $5^2-1$ | 16 | 2 | 11 | 5 | 9 |
| 3 | $5^2$ 至 $7^2-1$ | 24 | 3 | 18 | 6 | 15 |
| 4 | $7^2$ 至 $11^2-1$ | 72 | 4 | 57 | 15 | 30 |
| 5 | $11^2$ 至 $13^2-1$ | 48 | 5 | 39 | 9 | 39 |
| 6 | $13^2$ 至 $17^2-1$ | 120 | 6 | 98 | 22 | 61 |
| 7 | $17^2$ 至 $19^2-1$ | 72 | 7 | 61 | 11 | 72 |
| 8 | $19^2$ 至 $23^2-1$ | 168 | 8 | 141 | 27 | 99 |
| 9 | $23^2$ 至 $29^2-1$ | 312 | 9 | 265 | 47 | 146 |
| 10 | $29^2$ 至 $31^2-1$ | 120 | 10 | 104 | 16 | 162 |
| 11 | $31^2$ 至 $37^2-1$ | 408 | 11 | 351 | 57 | 219 |
| 12 | $37^2$ 至 $41^2-1$ | 312 | 12 | 268 | 44 | 263 |
| 13 | $41^2$ 至 $43^2-1$ | 168 | 13 | 148 | 20 | 283 |
| 14 | $43^2$ 至 $47^2-1$ | 360 | 14 | 314 | 46 | 329 |
| 15至445 | $47^2$ 至 $3121^2-1$ | 9738423 | 445 | 9090179 | 648254 | 648583 |
| 446 | $3121^2$ 至 $3137^2-1$ | 100128 | 446 | 93907 | 6221 | 654804 |

从表 4-5 看出，续上文例证 4 之后，从"$11^2$ 至 $13^2-1$"扩围到"$43^2$ 至 $47^2-1$"扩围，起效素数的量虽在循序逐增，但都没能做到将本扩围的自然数全部有效排除，新生素数在量上呈逐增之势。

直到"$3121^2$ 至 $3137^2-1$"扩围，起效素数已增至 446 个，同样没能做到将此扩围的 100128 个自然数全部有效排除，新生素数 6221（个），新生素数的量大于新增起效素数 3121。

据笔者所知，到"$1000099^2$ 至 $1000117^2-1$"扩围，起效素数高达 78504 个，同样没能做到将此扩围的 36003888 个自然数全部有效排除，新生素数不小于 1000099 个。

综上证明，得出结论：随着自然数的不断扩延，起效素数虽在循序逐增，但都没能做到将新扩围的自然数全部有效排除，新生素数在量上总是以自有的增幅规律在有序逐增。可见,随着自然数没有穷尽的扩延,素数在量上有无穷多个,不可穷尽。此证。

根据表4-5各栏目数字之间的关系,以 $D_1$、$D_2$、$D_3$……分别依序表示第一个扩围、第二个扩围、第三个扩围……那么,素数无穷多个(即没有穷尽)定理可表达为:

素数总量(个)=原生素数的量+$D_1$新生素数的量+$D_2$新生素数的量+$D_3$新生素数的量+……+$D_n$新生素数的量

为使人们更好地了解起效素数的数与新生素数的量两者的因果关系,进一步理解素数没有穷尽问题,笔者编制了"起效素数的数与新生素数的量比对表",请看表4-6。

将表4-6的"新增起效素数"栏数字与"新生素数的量"栏数字作比对,可看出,后者的数字大多大于前者的数字,即使偶尔会出现后者的数字小于前者的数字的情形,但这种情况只出现在孪素或两个差为4的素数之间,符合常理。一方面,孪素或两个差为4的素数相加之和,接近于此两素数的"新生素数的量"相加之和,另一方面,这种情形并不影响新生素数的量大于新增起效素数的数此一总趋势。因为,从表4-6看出,"素数量累计"数始终大于"素数数循序累加之和"。根据这一事实,笔者求得素数无穷多个(即没有穷尽)定理2:

"1至 $P^2-1$"素数总量(个) $>2+3+5+7+\cdots\cdots+p$

(式中P表示素数)

这个定理,反映了"新增起效素数的数"与"扩围新生素数的量"两者的因果关系,从素数的有效排除之效果这个角度对素数没有穷尽问题做出了证明。虽然随着自然数的扩延,"素数循序累加之和"与"素数的量累计"的差逐渐拉大,但我们要证明的不是素数的量的精确数字,而是素数没有穷尽的问题。

表 4－6　起效素数的数与新生素数的量比对表

| 序号 | 自然数扩延范围 | 新增起效素数 | 新生素数（个） | 素数数循序累加之和 | 素数量累计（个） |
|---|---|---|---|---|---|
| 0 | 1 至 3 | | / | | 2 |
| 1 | $2^2$ 至 $3^2-1$ | 2 | 2 | 2 | 4 |
| 2 | $3^2$ 至 $5^2-1$ | 3 | 5 | 5 | 9 |
| 3 | $5^2$ 至 $7^2-1$ | 5 | 6 | 10 | 15 |
| 4 | $7^2$ 至 $11^2-1$ | 7 | 15 | 17 | 30 |
| 5 | $11^2$ 至 $13^2-1$ | 11 | 9 | 28 | 39 |
| 6 | $13^2$ 至 $17^2-1$ | 13 | 22 | 41 | 61 |
| 7 | $17^2$ 至 $19^2-1$ | 17 | 11 | 58 | 72 |
| 8 | $19^2$ 至 $23^2-1$ | 19 | 27 | 77 | 99 |
| 9 | $23^2$ 至 $29^2-1$ | 23 | 47 | 100 | 146 |
| 10 | $29^2$ 至 $31^2-1$ | 29 | 16 | 129 | 162 |
| 11 | $31^2$ 至 $37^2-1$ | 31 | 57 | 160 | 219 |
| 12 | $37^2$ 至 $41^2-1$ | 37 | 44 | 197 | 263 |
| 13 | $41^2$ 至 $43^2-1$ | 41 | 20 | 238 | 283 |
| 14 | $43^2$ 至 $47^2-1$ | 43 | 46 | 281 | 329 |
| 15 | $47^2$ 至 $53^2-1$ | 47 | 80 | 328 | 409 |
| 16 | $53^2$ 至 $59^2-1$ | 53 | 78 | 381 | 487 |
| 17 | $59^2$ 至 $61^2-1$ | 59 | 32 | 440 | 519 |
| 18 | $61^2$ 至 $67^2-1$ | 61 | 90 | 501 | 609 |

假如将表 4－6“素数循序累加之和”改为“下一个起效素数循序累之和”，亦即将表 4－6“素数循序累加之和”的下一行数字与“素数量累计”的上一行数字进行比对，就会发现两者数字相当接近，有的接近率达 99.9%，而整体的接近率达 95%。比如表中序号 15 的“素数循序累加之和”为 328，而序号 14 的“素数量累计”为 329，接近率为 99.6%。据此，其公式为：

“1 至 $P^2-1$”素数总量（个）≈2＋3＋5＋7＋……＋P＋下一个起到有效排除作用的素数　（式中 P 表示素数）

本人研究结果表明，自第 216 个扩延范围（即“$1321^2$ 至 $1327^2-1$”）

起,“素数量累计”数大于“下一个起到有效排除作用的素数累加之和”,即使如此,但后续的相当长的扩围的两者数字接近率为95%。据此,笔者求得素数1327起的素数无穷多个(即没有穷尽)定理:

“1至$P^2-1$”素数总量(个)$>2+3+5+7+\cdots\cdots+1327+\cdots\cdots+p$+下一个起效素数 (式中P表示素数)

总之,随着自然数循序逐增的不断扩延,新生素数也跟着循序逐增的不断产生,素数没有穷尽的过程自始至终与自然数没有穷尽的过程同存相随。作为自然数没有穷尽的过程,其数与量两者是相一致的,即$n=n$(个),可从其数知其量。而素数没有穷尽的过程,其数与量两者是不一致的,人们知其数未必知其量。笔者求证到的上述定理,其目的旨在证明素数没有穷尽的同时,试图从素数的数去求得素数的量。虽然说求证到的得数不是精确数,但最起码可让人知道个“大概”。其意义在于让人们了解新生素数在量上与起效素数有着因果关系,素数无穷多个的产生过程与素数的数有着一定内在联系。

3.2 关于罗卡尔命题的证明

法国数学家罗卡尔认为,两个素数的平方之间至少有4个素数。事实上,笔者前文在对素数没有穷尽问题做出证明的同时,也对罗卡尔命题做出了证明。本人研究结果表明,起效素数的数与新生素数的量有着因果关系,扩围的新生素数的量大于起效素数的数。已知,小于4的素数只有原生素数2和3,任何一个新生素数均大于4,从前文表4-5、表4-6看出,从“$3^2$至$5^2-1$”的扩围起,每个扩围的新生素数的量均大于4。所以,罗卡尔关于“两个素数的平方之间至少有4个素数”的命题,从素数3起成立。此证。

**4. 循序逐增现象与杰波夫猜想及其证明**

1855年,数学家杰波夫认为,在$n^2$和$(n+1)^2$之间有一定素数。笔者认为,杰波夫猜想中表达的“$n^2$和$(n+1)^2$之间”,就是一种循序逐增现象。因此,对杰波夫猜想的证明,须依照循序逐增原理,弄清$n^2$和$(n$

$+1)^2$ 之间的关系。笔者在“地图与数学的组合、排列及三角矩阵”一文(见《数学学习与研究》2011 年第 9 期)证明到,任何一个自然数($n>1$)的平方均可表达为由“1”组成的方阵,而且这个方阵既可表为一个由“1”组成的三角矩阵,也可表为两个由“1”组成的三角矩阵,见图 4-5。

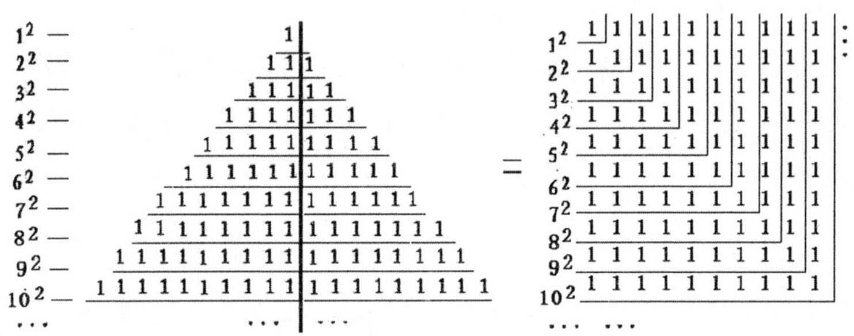

图 4-5

从图 4-5 看出,由“1”组成的三角矩阵的循序逐增的关系,正是反映了 $n^2$ 和 $(n+1)^2$ 之间的续接关系。

如将三角矩阵的“1”依序换成自然数,$n^2$ 和 $(n+1)^2$ 之间的这种续接关系表达得更为清楚,见图 4-6。

1<br>
2 3 4<br>
5 6 7 8 9<br>
10 11 12 13 14 15 16<br>
17 18 19 20 21 22 23 24 25<br>
26 27 28 29 30 31 32 33 34 35 36<br>
37 38 39 40 41 42 43 44 45 46 47 48 49<br>
50 51 52 53 54 55 56 57 58 59 60 61 62 63 64<br>
65 66 67 68 69 70 71 72 73 74 75 76 77 78 79 80 81<br>
82 83 84 85 86 87 88 89 90 91 92 93 94 95 96 97 98 99 100<br>
⋮ ⋮ ⋮ ⋮ ⋮ ⋮ ⋮ ⋮ ⋮ ⋮ ⋮ ⋮ ⋮ ⋮ ⋮ ⋮ ⋮ ⋮ ⋮ ⋮ ⋮

图 4-6

据此,现对杰波夫猜想进行证明。

第一步,将图 4-6 自然数中的合数用方框框上,那么,没框的自然数就是素数,见图 4-7。

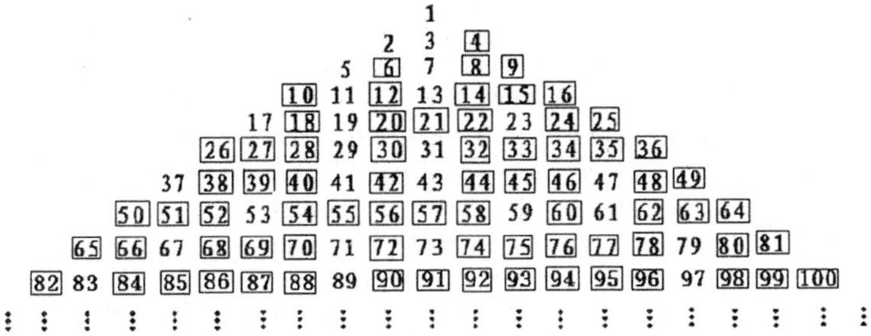

1

2 3 4

5 6 7 8 9

10 11 12 13 14 15 16

17 18 19 20 21 22 23 24 25

26 27 28 29 30 31 32 33 34 35 36

37 38 39 40 41 42 43 44 45 46 47 48 49

50 51 52 53 54 55 56 57 58 59 60 61 62 63 64

65 66 67 68 69 70 71 72 73 74 75 76 77 78 79 80 81

82 83 84 85 86 87 88 89 90 91 92 93 94 95 96 97 98 99 100

⋮ ⋮ ⋮ ⋮ ⋮ ⋮ ⋮ ⋮ ⋮ ⋮ ⋮ ⋮ ⋮ ⋮ ⋮ ⋮ ⋮ ⋮ ⋮ ⋮

图 4 – 7

第二步，验证。即看三角矩阵的每一行自然数是否都存在素数，如是，则证明杰波夫猜想成立，否则就不成立。

第三步，将三角矩阵的每一行自然数中存在素数的数量，与小于 $n^2$ 的 $n$ 的素数的量（即起效素数的量）作比对分析，从中找到它们之间的因果关系。为此，笔者将 $1^2$ 至 $320^2$ 的各个“$n^2$ 和 $(n+1)^2$”自然数范围的素数情况进行了统计，并作分析研究。表 4 – 7 就是 $1^2$ 至 $60^2$ 的素数分布情况统计表。

从图 4 – 7 看出，三角矩阵的每一行自然数均存在素数。又从表 4 – 7 看出，随着自然数的扩延，各个“$n^2$ 和 $(n+1)^2$”自然数范围的素数在量上总的是呈逐增之势，与起效素数的量存在一定的因果关系，除了“$1^2$ 至 $2^2$”自然数范围的素数为 2 个外，在 $2^2$ 至 $60^2$ 的各个“$n^2$ 和 $(n+1)^2$”自然数范围，自然数范围的素数的量处于“$(P-\frac{P}{2})$ 至 $(P+1)$”（式中 $P$ 表示起效素数的量，下同）之间。自“$60^2$ 至 $61^2$”起，各个“$n^2$ 和 $(n+1)^2$”自然数范围素数的量又增为“$(P-\frac{P}{3})$ 至 $(P+1)$”之间。“$n^2$ 和 $(n+1)^2$”自然数范围的素数的量最低是“$2^2$ 至 $3^2$”，存在素数 2 个，为“$(2-\frac{2}{2})$ 至 $(2+1)$”之间。可见，在 $n^2$ 和 $(n+1)^2$ 之间存在 2 个素数以上。所以，杰波夫认为“在 $n^2$ 和 $(n+1)^2$ 之间有一定素数”的猜想成立。

此证。

表 4-7　$1^2$ 至 $60^2$ 的各"$n^2$ 和 $(n+1)^2$"之间素数的量统计表

| 序号 | 自然数范围 $n^2$ 至 $(n+1)^2$ | 存在素数(个) | 序号 | 自然数范围 $n^2$ 至 $(n+1)^2$ | 存在素数(个) | 序号 | 自然数范围 $n^2$ 至 $(n+1)^2$ | 存在素数(个) |
|---|---|---|---|---|---|---|---|---|
| 1 | $1^2$ 至 $2^2$ | 2 | 21 | $21^2$ 至 $22^2$ | 7 | 41 | $41^2$ 至 $42^2$ | 12 |
| 2 | $2^2$ 至 $3^2$ | 2 | 22 | $22^2$ 至 $23^2$ | 7 | 42 | $42^2$ 至 $43^2$ | 11 |
| 3 | $3^2$ 至 $4^2$ | 2 | 23 | $23^2$ 至 $24^2$ | 6 | 43 | $43^2$ 至 $44^2$ | 9 |
| 4 | $4^2$ 至 $5^2$ | 3 | 24 | $24^2$ 至 $25^2$ | 9 | 44 | $44^2$ 至 $45^2$ | 12 |
| 5 | $5^2$ 至 $6^2$ | 2 | 25 | $25^2$ 至 $26^2$ | 8 | 45 | $45^2$ 至 $46^2$ | 11 |
| 6 | $6^2$ 至 $7^2$ | 4 | 26 | $26^2$ 至 $27^2$ | 7 | 46 | $46^2$ 至 $47^2$ | 13 |
| 7 | $7^2$ 至 $8^2$ | 3 | 27 | $27^2$ 至 $28^2$ | 8 | 47 | $47^2$ 至 $48^2$ | 10 |
| 8 | $8^2$ 至 $9^2$ | 4 | 28 | $28^2$ 至 $29^2$ | 9 | 48 | $48^2$ 至 $49^2$ | 13 |
| 9 | $9^2$ 至 $10^2$ | 3 | 29 | $29^2$ 至 $30^2$ | 8 | 49 | $49^2$ 至 $50^2$ | 15 |
| 10 | $10^2$ 至 $11^2$ | 5 | 30 | $30^2$ 至 $31^2$ | 8 | 50 | $50^2$ 至 $51^2$ | 10 |
| 11 | $11^2$ 至 $12^2$ | 4 | 31 | $31^2$ 至 $32^2$ | 10 | 51 | $51^2$ 至 $52^2$ | 11 |
| 12 | $12^2$ 至 $13^2$ | 5 | 32 | $32^2$ 至 $33^2$ | 9 | 52 | $52^2$ 至 $53^2$ | 15 |
| 13 | $13^2$ 至 $14^2$ | 5 | 33 | $33^2$ 至 $34^2$ | 10 | 53 | $53^2$ 至 $54^2$ | 16 |
| 14 | $14^2$ 至 $15^2$ | 4 | 34 | $34^2$ 至 $35^2$ | 8 | 54 | $54^2$ 至 $55^2$ | 12 |
| 15 | $15^2$ 至 $16^2$ | 6 | 35 | $35^2$ 至 $36^2$ | 10 | 55 | $55^2$ 至 $56^2$ | 13 |
| 16 | $16^2$ 至 $17^2$ | 7 | 36 | $36^2$ 至 $37^2$ | 9 | 56 | $56^2$ 至 $57^2$ | 11 |
| 17 | $17^2$ 至 $18^2$ | 5 | 37 | $37^2$ 至 $38^2$ | 9 | 57 | $57^2$ 至 $58^2$ | 12 |
| 18 | $18^2$ 至 $19^2$ | 6 | 38 | $38^2$ 至 $39^2$ | 12 | 58 | $58^2$ 至 $59^2$ | 17 |
| 19 | $19^2$ 至 $20^2$ | 6 | 39 | $39^2$ 至 $40^2$ | 11 | 59 | $59^2$ 至 $60^2$ | 16 |
| 20 | $20^2$ 至 $21^2$ | 7 | 40 | $40^2$ 至 $41^2$ | 12 | 60 | $60^2$ 至 $61^2$ | 16 |

**5. 自然数"235 状态"与素数的若干问题**

定义 3　自然数原始状态　是指自然数按"1、2、3、4、5、6、7、8、9、10……"次序排列，没作任何改动的原本情形。

定义 4　自然数"235 状态"　是指自然数原始状态在经将可被素数 2、3、5 整除的自然数排除出去(即筛去)之后形成的情形。

定义5　孪生素数　是指“6 × $m$ ± 1”等式中同一个等式的两个得数,且此两个得数同是非合数的自然数。如素数5与7是同为“6 ×1 ± 1”等式的两个非合数的得数,又如素数29与31是同为“6 ×5 ±1”等式的两个非合数的得数。孪生素数是新生素数的组成部分,简称为“孪素”。

定义6　四子孪生素数　是指其他位数数字相同、只是个位数数字不同并依次为“1、3、7、9”,同时又是非合数的4个自然数。四子孪生素数也是相连的两个“6 × $m$ ±1”等式的同为非合数的4个得数。如素数11、13、17、19是“6 ×2 ±1”和“6 ×3 ±1”两个相连等式的4个同为非合数的得数。四子孪生素数又称为“连组孪生素数”,简称为“四子孪素”。

“孪生素数猜想”、“杰克夫猜想”、“素数等差数列”,这些都是素数的有关问题。笔者认为,只要将这些问题置于自然数“235状态”去研究、作分析,是可以找到正确答案的。

5.1　自然数“235状态”

在素数中,2是首位素数,3是首位奇素数,5是首位新生素数。从素数的有效排除力来说,2、3、5是排在前3位的素数,此3个素数的有效排除力之和为22/30,超过素数的有效排除力总和的2/3。自然数“235状态”,是指自然数原始状态在经将可被素数2、3、5整除的自然数排除出去(即筛去)之后形成的情形。是新生素数整体格局的雏形。为此,请看自然数(5至310部分)“235状态”依序排列表(表4-8)。

**表4-8　自然数5至310的“235状态”依序排列表**

| | | | | | | | | | |
|---|---|---|---|---|---|---|---|---|---|
| 5 | 7 | 11 | 13 | 17 | 19 | 23 | 29 | 31 | 37 |
| | | 41 | 43 | 47 | 49 | 53 | 59 | 61 | 67 |
| | | 71 | 73 | 77 | 79 | 83 | 89 | 91 | 97 |
| | | 101 | 103 | 107 | 109 | 113 | 119 | 121 | 127 |
| | | 131 | 133 | 137 | 139 | 143 | 149 | 151 | 157 |
| | | 161 | 163 | 167 | 169 | 173 | 179 | 181 | 187 |
| | | 191 | 193 | 197 | 199 | 203 | 209 | 211 | 217 |
| | | 221 | 223 | 227 | 229 | 233 | 239 | 241 | 247 |
| | | 251 | 253 | 257 | 259 | 263 | 269 | 271 | 277 |
| | | 281 | 283 | 287 | 289 | 293 | 299 | 301 | 307 |

从自然数“235 状态”表看出，以 30 个自然数为 1 个扩围单位，30 个自然数中有 22 个被排除（即筛去）。尽管如此，所剩留下的自然数的个位数仍能依照“1、3、7、9、3、9、1、7”这样一种格局有序排列。

现将表 4－8 在自然数的右侧旁添上“6×m±1”等式，并对素数标上“☆”符号，见表 4－9。

**表 4－9 “235 状态”自然数（部分）等式表**

| | | | | | |
|---|---|---|---|---|---|
| 5☆ | 6×1−1 | | | | |
| 7☆ | 6×1+1 | 67☆ | 6×11+1 | 127☆ | 6×21+1 |
| 11☆ | 6×2−1 | 71☆ | 6×12−1 | 131☆ | 6×22−1 |
| 13☆ | 6×2+1 | 73☆ | 6×12+1 | 133 | 6×22+1 |
| 17☆ | 6×3−1 | 77 | 6×13−1 | 137☆ | 6×23−1 |
| 19☆ | 6×3+1 | 79☆ | 6×13+1 | 139☆ | 6×23+1 |
| 23☆ | 6×4−1 | 83☆ | 6×14−1 | 143 | 6×24−1 |
| 29☆ | 6×5−1 | 89☆ | 6×15−1 | 149☆ | 6×25−1 |
| 31☆ | 6×5+1 | 91 | 6×15+1 | 151☆ | 6×25+1 |
| 37☆ | 6×6+1 | 97☆ | 6×16+1 | 157☆ | 6×26+1 |
| 41☆ | 6×7−1 | 101☆ | 6×17−1 | 161 | 6×27−1 |
| 43☆ | 6×7+1 | 103☆ | 6×17+1 | 163☆ | 6×27+1 |
| 47☆ | 6×8−1 | 107☆ | 6×18−1 | 167☆ | 6×28−1 |
| 49 | 6×8+1 | 109☆ | 6×18+1 | 169 | 6×28+1 |
| 53☆ | 6×9−1 | 113☆ | 6×19−1 | 173☆ | 6×29−1 |
| 59☆ | 6×10−1 | 119 | 6×20−1 | 179☆ | 6×30−1 |
| 61☆ | 6×10+1 | 121 | 6×20+1 | 181☆ | 6×30+1 |

5.2 从自然数“235 状态”看新生素数、孪生素数、四子孪生素数的特征

从表 4－9 看出，“235 状态”的各自然数都可以“6×$m$±1”等式表达出来，在“235 状态”的自然数中，随处可见新生素数、孪素、四子孪素的踪影，并寻找到它们的特征和发现有关素数的若干规律。

如新生素数的特征，其必定是“6×$m$±1”等式中的一个得数，且这个得数又是非合数的自然数。

孪素的特征，其必定是“6×$m$±1”等式中同一等式的两个得数，且

这两个得数又必须同是非合数的自然数。

四子孪素的特征，其必定是相连的两个“$6\times m\pm1$”等式的 4 个得数，且这 4 个得数又必须同是非合数的自然数。

总而言之，新生素数、孪素、四子孪素，均与两个原生素数 2 与 3 的乘积“6”有着密切关系，孪素、四子孪素是新生素数的组成部分，新生素数包含孪素、四子孪素。

鉴于孪素的特征以及孪素与新生素数的内在关系，笔者认为，把相差为 2 的素数定之为孪素的条件或标准，不符合“孪生”的真正含义。所谓“孪生”，是指同一胎生的“双生儿”。引申到数学上来说，它应是指产生于同一个等式的 2 个得数。据此，笔者不认同把相差为 2 的素数定之为孪素的条件或标准，不认同把 3 与 5 定之为同对孪素。对于后一个不认同，其理由有三：其一，3 与 5 这两个素数不具备“同一个等式的 2 个得数”这一孪素的特征；其二，3 是原生素数，5 是新生素数，两个素数产生条件不同；其三，如把 3 与 5 定之为同对孪素，又把 5 与 7 定之为同对孪素，5 介于两对孪素之中，显然有“两个母亲”之嫌，不符合常理。

从“235 状态”自然数等式表中看出，四子孪素，是产生于 $m$ 的个位数为 2 与 3、7 与 8 此两组相连的“$6\times m\pm1$”等式。在孪素整体中，除了小部分是产生于 $m$ 的个位数为 0、5 的“$6\times m\pm1$”等式外，大部分是产生于 $m$ 的个位数为 2、3、7、8 的“$6\times m\pm1$”等式。从素数表中看出，产生于 $m$ 的个位数为 2、3、7、8 的“$6\times m\pm1$”等式的孪素，实际上就是四子孪素缺一子而存在的 1 对孪素。据此，可以说，产生于 $m$ 的个位数为 2、3、7、8 的“$6\times m\pm1$”等式的孪素，实是四子孪素的同胞孪生兄弟。

孪素还有一个特点，个位数为 1 的素数和个位数为 9 的素数各占孪生素数总数的 1/3，个位数为 3、为 7 的素数合占孪生素数总数的 1/3，处于三分天下之情形。这种情形正好与孪生素数的个位数 1 与 3、与 9 配对，3 只与 1 配对，7 只与 9 配对，9 与 1、与 7 配对的情况相吻合，见表 4－10。

表 4－10　孪生素数个位数分布情况统计表

| 自然数起至范围 | 共有孪生素数(对) | 其中个位数为 1, 3, 7, 9 的素数（个） | | | |
|---|---|---|---|---|---|
| | | 1 | 3 | 7 | 9 |
| $2^2$至$103^2$ (4至10609) | 210 | 141 | 70 | 69 | 139 |

从表 4－10 看出，在“4 至 10609”的自然数范围，共有 210 对孪素，其中个位数 1 与 3 配对为 70 对、1 与 9 配对为 71 对，7 与 9 配对为 68 对，另外 1 对是 5 与 7 配对。

5.3　“235 状态”与孪生素数没有穷尽的问题

孪生素数没有穷尽的问题，是数学家波林那克于 1849 年提出来的，其猜测存在无穷多对孪生素数。人们将此猜测称之为“孪生素数猜想”。

笔者研究结果表明，孪素是没有穷尽的，四子孪素也是没有穷尽的，并始终与自然数没有穷尽的过程同存相随。

5.3.1　对孪素没有穷尽问题的证明

孪素没有穷尽问题的证明，其方法与前文证明素数没有穷尽问题的方法相同，但可置于两种设置不同的扩围来验证，一种是以单个起效素数为依据设定的扩围（表 4－11），一种是以起效孪素为依据设定的扩围（表 4－13）。

5.3.1.1　以单个起效素数为依据设定的扩围的验证结果

以单个起效素数为依据设定的扩围，与前文的证明素数没有穷尽问题而设定的扩围同，但验证扩围的孪素对数的依据是两素数的差。因为这里要证明的是两素数平方之间的孪素的量（对数）。从表 4－11 看出，每个扩围的孪素对数最低的是等于两素数的差，如序号为 1、2、3、4、7、8、10，均是如此。经对前 50 个扩围存在孪素情况作分析，发现扩围的孪素对数与两素数的差有着一定联系（表 4－12）。

**表 4-11 两素数平方之间孪生素数统计表**

| 序号 | 自然数扩延范围 | 存在孪素(对) | 序号 | 自然数扩延范围 | 存在孪素(对) |
|---|---|---|---|---|---|
| 1 | $2^2$至$3^2-1$ | 1 | 21 | $73^2$至$79^2-1$ | 14 |
| 2 | $3^2$至$5^2-1$ | 2 | 22 | $79^2$至$83^2-1$ | 12 |
| 3 | $5^2$至$7^2-1$ | 2 | 23 | $83^2$至$89^2-1$ | 14 |
| 4 | $7^2$至$11^2-1$ | 4 | 24 | $89^2$至$97^2-1$ | 19 |
| 5 | $11^2$至$13^2-1$ | 3 | 25 | $97^2$至$101^2-1$ | 16 |
| 6 | $13^2$至$17^2-1$ | 8 | 26 | $101^2$至$103^2-1$ | 6 |
| 7 | $17^2$至$19^2-1$ | 2 | 27 | $103^2$至$107^2-1$ | 10 |
| 8 | $19^2$至$23^2-1$ | 4 | 28 | $107^2$至$109^2-1$ | 5 |
| 9 | $23^2$至$29^2-1$ | 7 | 29 | $109^2$至$113^2-1$ | 11 |
| 10 | $29^2$至$31^2-1$ | 2 | 30 | $113^2$至$127^2-1$ | 36 |
| 11 | $31^2$至$37^2-1$ | 11 | 31 | $127^2$至$131^2-1$ | 10 |
| 12 | $37^2$至$41^2-1$ | 7 | 32 | $131^2$至$137^2-1$ | 25 |
| 13 | $41^2$至$43^2-1$ | 3 | 33 | $137^2$至$139^2-1$ | 6 |
| 14 | $43^2$至$47^2-1$ | 10 | 34 | $139^2$至$149^2-1$ | 42 |
| 15 | $47^2$至$53^2-1$ | 13 | 35 | $149^2$至$151^2-1$ | 10 |
| 16 | $53^2$至$59^2-1$ | 10 | 36 | $151^2$至$157^2-1$ | 19 |
| 17 | $59^2$至$61^2-1$ | 5 | 37 | $157^2$至$163^2-1$ | 13 |
| 18 | $61^2$至$67^2-1$ | 13 | 38 | $163^2$至$167^2-1$ | 23 |
| 19 | 67 至$71^2-1$ | 10 | 39 | $167^2$至$173^2-1$ | 22 |
| 20 | 71 至$73^2-1$ | 3 | 40 | $173^2$至$179^2-1$ | 23 |

**表 4-12**

| 扩围起至序号 | 扩围存在孪素最低对数 |
|---|---|
| 1至10 | 两素数差$\times\frac{2}{2}$ |
| 11至20 | 两素数差$\times\frac{3}{2}$ |
| 21至30 | 两素数差$\times\frac{4}{2}$ |
| 31至40 | 两素数差$\times\frac{5}{2}$ |
| 41至50 | 两素数差$\times\frac{6}{2}$ |

从表 4-12 看出,以 10 个扩围为 1 个阶梯。每一阶梯的孪素量最小的扩围,其存在孪素对数以两素数的差的 1 倍、1.5 倍、2 倍、2.5 倍、3 倍……的规律有序逐增。可见,随着自然数的不断扩延,孪素在量上呈逐增之势,孪素有无穷多对,不可穷尽。

5.3.1.2 以起效孪素为依据设定的扩围的验证结果

以起效孪素为依据设定的扩围的验证方法,即是遵循自然数循序逐增的规律,将"前一对孪素的前素数的平方起至下一对孪素的前素数的平方减去 1"定为 1 个扩围单位,在新增 1 对起效孪素后,加之其他单个素数的有效排除,对此扩围新增孪生素数的情况进行验证,如果每个扩围都有若干孪素产生,并呈逐增之势,那么,则证明随着自然数没有穷尽的扩延,孪素在量上有无穷多对,不可穷尽。如果扩围的孪素在数量上出现趋减之势,或连续多个扩围无孪生素数产生,那么,则证明随着自然数的不断扩延,孪素于某个高位自然数起有可能穷尽。为此,请看表4－13。

**表4－13　各自然数扩延范围孪生素数统计表**

| 序号 | 同对孪生素数 | 自然数扩延范围 | 起效素数数量累计 | | 新增孪生素数 | | 孪生素数累计(对) |
|---|---|---|---|---|---|---|---|
| | | | (个) | 其中孪素(对) | (对) | 其中 | |
| 0 | | 1 至 $5^2$ | | | | | 3 |
| 1 | 5, 7 | $5^2$ 至 $11^2-1$ | 5 | 1 | 6 | 2 | 9 |
| 2 | 11, 13 | $11^2$ 至 $17^2-1$ | 7 | 2 | 9 | 2 | 18 |
| 3 | 17, 19 | $17^2$ 至 $29^2-1$ | 9 | 3 | 14 | 2 | 32 |
| 4 | 29, 31 | $29^2$ 至 $41^2-1$ | 12 | 4 | 20 | 2 | 52 |
| 5 | 41, 43 | $41^2$ 至 $59^2-1$ | 16 | 5 | 40 | 3 | 92 |
| 6 | 59, 61 | $59^2$ 至 $71^2-1$ | 19 | 6 | 34 | 5 | 126 |
| 7 | 71, 73 | $71^2$ 至 $101^2-1$ | 25 | 7 | 79 | 3 | 205 |
| 8 | 101, 103 | $101^2$ 至 $107^2-1$ | 27 | 8 | 16 | 6 | 221 |
| 9 | 107, 109 | $107^2$ 至 $137^2-1$ | 32 | 9 | 90 | 5 | 311 |
| 10 | 137, 139 | $137^2$ 至 $149^2-1$ | 34 | 10 | 50 | 6 | 361 |
| 11 | 149, 151 | $149^2$ 至 $179^2-1$ | 40 | 11 | 115 | 10 | 476 |
| 12 | 179, 181 | $179^2$ 至 $191^2-1$ | 42 | 12 | 62 | 13 | 538 |
| 13 | 191, 193 | $191^2$ 至 $197^2-1$ | 44 | 13 | 27 | 7 | 565 |
| 14 | 197, 199 | $197^2$ 至 $227^2-1$ | 48 | 14 | 133 | 8 | 698 |
| 15 | 227, 229 | $227^2$ 至 $239^2-1$ | 51 | 15 | 55 | 9 | 753 |
| 16 | 239, 241 | $239^2$ 至 $269^2-1$ | 56 | 16 | 152 | 9 | 905 |
| 17 | 269, 271 | $269^2$ 至 $281^2-1$ | 59 | 17 | 54 | 7 | 959 |
| 18 | 281, 283 | $281^2$ 至 $311^2-1$ | 63 | 18 | 188 | 12 | 1147 |
| 19 | 311, 313 | $311^2$ 至 $347^2-1$ | 68 | 19 | 235 | 18 | 1382 |

注："新增孪生素数"栏的其中数为同对孪生素数的平方数起至范围的孪生素数对数。

表4－13是对自然数1至孪素347平方范围中各扩围新增孪素的情况统计表。按理说，孪素是素数与素数之间最相近的素数，1对孪素起到有效排除作用要大于单个素数起到有效排除作用，将合数排除出

素数之外的密度也大，随着自然数的不断扩延和起效孪素增多，扩围新增的孪素在量上应趋逐减之势，直到穷尽。可事实却是另一种答案。

从表4－13看出，随着自然数的不断扩延，起效孪素虽循序逐增，但扩围新增的孪素在量上是呈逐增之势。事实1，每个扩延范围产生孪生素数的对数，等于或大于两对孪素的前素数的差；事实2，孪素越大，其自然数的扩围越大，产生孪素的对数就越多；事实3，不可思议的是，每对孪素的平方间隙，存在孪素的对数等于或大于同对孪素的差——2。

综上所证，得出结论，随着自然数的不断扩延，孪生素数成对产生，有无穷多对，不可穷尽，孪素没有穷尽的过程始终与自然数没有穷尽的过程同存相随。

5.4 “235状态”与素数等差数列

等差数列是数列的一种，也是数学中循序逐增的现象之一。由素数组成的数列称为素数等差数列。例如“11，71，131，191，251，311”是一组任意值 $K$ 为6、等差为60的素数数列。

只要用心去读一下“235状态”的自然数，就会发现素数等差数列现象藏身于此“山”中。笔者将素数等差数列置于“235状态”的自然数去分析，得出如下观点（或叫结论）：

观点1　等差为2、为4、为8的素数数列，任意值 $K$ 最高为3。因为等差为2的素数数列，除了“3，5，7”此组任意值 $K$ 为3的素数数列之外，在“235状态”的自然数中，已不存在任意值 $K$ 为3、等差为2的自然数。同样，等差为4的素数数列，除了“3，7，11”此组任意值 $K$ 为3的素数数列之外，等差为8的素数数列，除了“3，11，19”此组任意值 $K$ 为3的素数数列之外，在“235状态”的自然数中，均不存在任意值 $K$ 为3、等差为4和等差为8的自然数。

观点2　从分布于素数的密度来说，等差为2的素数的密度最高，等差为6、为12的则次之。

观点3　等差为2、4、6、8以及等差的个位数为2、4、6、8的素数数列，其任意值 $K$ 均不可能大于 5。因为，个位数为 1、3、7、9 的素数，不论是加 2，还是加 4 或加 6、加 8，连加次数于 5 之内，必遇到个位数为 5 的合数，其任意值 $K$ 至此“封顶”。

例证 1　个位数为 7 的素数，连加 4 个 2 之后，其得数必是个位数为 5 的合数：$7+2+2+2+2=15$；$37+12+12+12+12=85$

例证 2　个位数为 1 的素数，连加 4 个 6 之后，其得数必是个位数为 5 的合数：$11+6+6+6+6=35$；$31+26+26+26+26=135$

观点 4　等差为“$2\times3\times5$”之积 30 以及 30 的倍数（如 60、90、150、210）的素数数列，其任意值要大于其他等差的素数数列，即使如此，等差为 30 的倍数的素数数列，其任意值 $K$ 也是有限的。

**6. 两个素数间隙的合数问题**

“两个素数间隙的合数最多有多少个”，这也是人们研究和探讨的问题。对此，人们应用欧几里得证明“素数没有穷尽”的方法予以证明，即是随意挑出一段足够长的连续的合数，把它们插入两个素数间隙之中。例如，要想插入 1000 个连续的合数，那么就得先找出大于 1000 的第一个素数 1009，下面的这 1000 多个式子的得数：

$2\times3\times5\times7\times\cdots\cdots\times1009+2$

$2\times3\times5\times7\times\cdots\cdots\times1009+3$

$2\times3\times5\times7\times\cdots\cdots\times1009+4$

$2\times3\times5\times7\times\cdots\cdots\times1009+5$

$2\times3\times5\times7\times\cdots\cdots\times1009+6$

$2\times3\times5\times7\times\cdots\cdots\times1009+7$

$2\times3\times5\times7\times\cdots\cdots\times1009+8$

……

$2357\cdots\cdots1009+1009$

显然是连续的合数，因为“$+2$”式子的得数可被 2 整除，“$+3$”式子的得数可被 3 整除，“$+4$”式子的得数可被 4 整除，其余依此类推。这意味着两个素数之间找出了至少1000个合数的间隙。

笔者研究结果表明,寻找两个素数间隙的合数无须如此复杂,只要遵循循序逐增的原理,其方法可简化。此方法是,以数2为起始数,不论是自然数依序连乘,还是素数依序连乘,将其积分别依序加上2至最后一个乘数的所有自然数,加上自然数的式子有 $n$ 个,那么,这 $n$ 个式子的得数就是两个素数间隙的合数(即有 $n$ 个合数),两个素数间隙的合数的量必≥$n$ 个式子的得数的量。请看表4-14、表4-15。

表4-14 自然数依序连乘的式子的得数分析表

| 序号 | 自然数连乘等式 | 积分别加上各乘数后的各个得数 | 在得数前后的两个素数 | 两个素数间隙的合数(个) |
|---|---|---|---|---|
| 1 | 2×3=6 | 8, 9 | 7, 11 | 3 |
| 2 | 2×3×4=24 | 26, 27, 28 | 23, 29 | 5 |
| 3 | 2×3×4×5=120 | 122, 123, 124, 125 | 113, 127 | 13 |
| 4 | 2×3×4×5×6=720 | 722, 723, 724, 725, 726 | 719, 727 | 7 |
| 5 | 2×3×4×5×6×7 =5040 | 5042,5043,5044, 5045,5046,5047 | 5039, 5051 | 11 |

表4-15 素数依序连乘的式子的得数分析表

| 序号 | 素数连乘等式 | 积分别依序加上乘数内各自然数后的各个得数 | 在得数前后的两个素数 | 两个素数间隙的合数(个) |
|---|---|---|---|---|
| 1 | 2×3=6 | 8, 9 | 7, 11 | 3 |
| 2 | 2×3×5=30 | 32, 33, 34, 35 | 31, 37 | 5 |
| 3 | 2×3×5×7=210 | 212, 213, 214, 215, 216, 217 | 211, 223 | 11 |
| 4 | 2×3×5×7×11 =2310 | 2312, 2313, 2314, 2315, 2316, 2317, 2318, 2319, 2320, 2321 | 2311, 2333 | 21 |
| 5 | 2×3×5×7×11 ×13=30030 | 30032, 30033, 30034, 30035, 30036, 30037, 30038, 30039, 30040, 30041, 30042 | 30029, 30047 | 17 |

从表 4 - 14、表 4 - 15 看出,循序逐增的原理告诉我们,以数 2 为起始数,不论是自然数依序连乘,还是素数依序连乘,其 2 至最后一个乘数的所有自然数有 $n$ 个,分别加上自然数的式子就有 $n$ 个,产生的得数(合数)就有 $n$ 个,两个素数间隙的合数的量必 $\geq n$ 个式子的得数的量。如连乘的自然数(或素数)之间的自然数为 2 个,那么,其得数前后的两个素数间隙的合数至少为 2 个;如连乘的自然数(或素数)之间的自然数为 3 个,那么,其得数前后的两个素数间隙的合数至少为 3 个;如连乘的自然数(或素数)之间的自然数为 4 个,那么,其得数前后的两个素数间隙的合数至少为 4 个,依此类推。基于这个事实,对于"两个素数间隙的合数最多有多少个"的问题,其答案可以这样说,随着自然数的无限扩延,两个素数间隙的合数的量是无限的。

**7. 张尔光有关素数的若干猜测**

猜测 1　哪些梅森素数有可能是孪素的亲兄弟

梅森素数是指形如 2^$P$ - 1 的正整数,其中指数 $P$ 是素数,常记为 $MP$。若 $MP$ 是素数,则称为梅森素数。截至 2013 年 3 月,人类仅发现 48 个梅森素数。笔者不是梅森素数的研究者,但在一个不眠之夜忽然产生了"哪些梅森素数有可能是孪素的亲兄弟"的想法。对此,理论依据是孪素是素数的组成部分,并与素数同存相随,因此,某些梅森素数 ±2 有可能是素数,以至成为同对孪素。事实依据是,经本人以"235 状态"的自然数反映出来的规律等式"$6 \times m \pm 1$",对第 3 至第 12 个梅森素数进行分析,得出如下结果:

此 10 个梅森素数可分两类:一类是个位数为 7 的素数有 5 个,等式均为"$6 \times m$ 的个位数为 1 的自然数 + 1"("$6 \times 1 \pm 1$"这个式子除外),只有 1 个得数,这个得数如是素数也只能是单个素数(素数 7 除外)。因此,此类梅森素数不可能是孪素的亲兄弟。另一类是个位数为 1 的素数有 5 个,等式均为"$6 \times m$ 的个位数为 5 的自然数 ±1",此等式的 2 个得数有可能同是素数(即为同对孪素)。因此,此类梅森素数有可能是孪素的亲兄弟。经验证,第3个梅森素数31与素数29是同为“6×5±1”等式的2个得数,是同对孪素。但是,至于有几个梅森素数是孪素的亲兄弟,笔者无能力验证,只好留给兴趣者找答案了。笔者坚信,肯定有多个梅森素数是孪素的亲兄弟。

猜测2　两组等差为30的“四子孪素”是否会穷尽

“四子孪素”是没有穷尽的,但两组等差为30的“四子孪素”是否会穷尽?笔者提出这个问题,是在于:本人的研究结果表明,在“235状态”的自然数表中,等差为30的“四子自然数”一组连着一组,完全没有间断,可在素数表中,两组等差为30的“四子孪素”稀少又稀少,经笔者对1至1000万的素数查证,仅有4处两组等差为30的“四子孪素”。第一处是“1006301,1006303,1006307,1006309”与“1006331,1006333,1006337,1006339”;第二处是“2594951,2594953,2594957,2594959”与“2594981,2594983,2594987,2594989”;第三处是“3919211,3919213,3919217,3919219”与“3919241,3919243,3919247,3919249”;第四处是“9600551,9600553,9600557,9600559”与“9600581,9600583,9600587,9600589”。第四处与第三处的间隙为568万多。如此现状,无疑给人一种担忧:当自然数扩延到高位数时会不会穷尽?当然,笔者的答案是乐观的答案:其与“四子孪素”一样不会穷尽,只是前后两组等差为30的“四子孪素”的间隙有多大的问题。这仅是笔者的猜测,有待兴趣者们拿出实例给予支撑。

猜测3　素数与自然数的比率应有一条不可逾越的底线

素数没有穷尽的过程自始至终与自然数没有穷尽的过程同存相随的。这既体现在无穷大的数上,也体现在无穷多个的量上。而量上的相随,又反映在两者的比率上。据此,笔者认为,素数与自然数的比率应有一条不可逾越的底线。也就是说,即使自然数无限扩延,素数与自然数的比率不低于这个百分比数。笔者根据素数的有效排除力推测,这条不可逾越的底线——素数与自然数的比率不低于1%,亦即素数的有效排除力总和小于98.9%。

**8. 破解哥德巴赫猜想之拙见**

任何一个大于6的偶数都可以表示为两个素数相加之和。这就是著名的哥德巴赫猜想。哥德巴赫猜想该如何破解,我国数学家陈景润已证明的“1+2”的方法是一条破解之路。笔者认为,除此之外,应还有别的破解之路。

对哥德巴赫猜想的破解,凭笔者的直观理解是,哥德巴赫猜想表达的是1个偶数与2个素数之间的关系,如能寻求出一个能够反映素数共同特征的式子,又任何一个偶数又能表示为这两个式子的相加之和,那么,哥德巴赫猜想就能够由猜想变为一种数学证明。

“235状态”的自然数等式表告诉我们,任何一个大于3的素数必定是“$6\times m\pm1$”等式中的一个得数。笔者研究结果表明,任何一个大于8的偶数可表为:$n=(6\times m_1\pm1)+(6\times m_2\pm1)$(式中$n>8$)

请看下列等式:

$(6\times1-1)+(6\times1-1)=5+5=10$ (成立)

$(6\times1-1)+(6\times1+1)=5+7=12$ (成立)

$(6\times1+1)+(6\times1-1)=7+5=12$ (成立)

$(6\times1+1)+(6\times1+1)=7+7=14$ (成立)

$(6\times1-1)+(6\times2-1)=5+11=16$ (成立)

$(6\times1-1)+(6\times2+1)=5+13=18$ (成立)

$(6\times1+1)+(6\times2-1)=7+11=18$ (成立)

$(6\times1+1)+(6\times2+1)=7+13=20$ (成立)

$(6\times1-1)+(6\times3-1)=5+17=22$ (成立)

$(6\times2-1)+(6\times2-1)=11+11=22$ (成立)

$(6\times1-1)+(6\times3+1)=5+19=24$ (成立)

$(6\times1+1)+(6\times3-1)=7+17=24$ (成立)

$(6\times2-1)+(6\times2+1)=11+13=24$ (成立)

$(6\times2+1)+(6\times2-1)=13+11=24$ （成立）

$(6\times1+1)+(6\times3+1)=7+19=26$ （成立）

$(6\times2+1)+(6\times2+1)=13+13=26$ （成立）

$(6\times1-1)+(6\times4-1)=5+23=28$ （成立）

$(6\times2-1)+(6\times3-1)=11+17=28$ （成立）

$(6\times1-1)+(6\times4+1)=5+25=30$

(6×1+1) + )6×4−1) = 7 + 23 = 30 （成立）

$(6\times2-1)+(6\times3+1)=11+19=30$ （成立）

$(6\times2+1)+(6\times3-1)=13+17=30$ （成立）

偶数32起等式略。

为使人们能更多地了解“$n=(6\times m_1\pm1)+(6\times m_2\pm1)$”式中存在“1+1=1”式子的情况，笔者编制了《部分偶数“1+1”成立等式验证情况统计表》，见表4－16。

笔者自知，本人的这个“1+1=1”的式子，表达的是任何一个大于8的偶数都可以表示为两个素数相加之和。且这个“1+1=1”等式，比那直观的“1+1=1”等式仅是前进了一步的等式，并非是真正破解哥德巴赫猜想这个意义上的“1+1=1”等式。笔者在此表达自己的见解，目的在于抛砖引玉，希望研究者们能从本人的“1+1=1”等式中，悟出偶数、素数与“$(6\times m\pm1)$”等式中 $m$ 此三者关系，并以代数等式（即为真正意义上的“1+1=1”等式）表达出来，摘取此顶数学“皇冠”。尚能如此，笔者足矣乐哉。

因本人并非学者，只是素数研究的一位兴趣者，故本文是抛砖引玉之作。

表 4－16 部分偶数“1＋1”成立等式验证情况统计表

| 被验证偶数 | 可表达等式（个） | 其中成立等式（个） | 被验证偶数 | 可表达等式（个） | 其中成立等式（个） | 被验证偶数 | 可表达等式（个） | 其中成立等式（个） |
|---|---|---|---|---|---|---|---|---|
| 10 | 1 | 1 | 54 | 8 | 5 | 98 | 8 | 3 |
| 12 | 2 | 2 | 56 | 4 | 2 | 100 | 8 | 5 |
| 14 | 1 | 1 | 58 | 5 | 4 | 102 | 16 | 8 |
| 16 | 1 | 1 | 60 | 10 | 6 | 104 | 8 | 4 |
| 18 | 2 | 1 | 62 | 5 | 2 | 9994 | 前20个等式 | 3 |
| 20 | 1 | 1 | 64 | 5 | 4 | 9996 | 前40个等式 | 9 |
| 22 | 2 | 2 | 66 | 10 | 6 | 9998 | 前20个等式 | 5 |
| 24 | 4 | 4 | 68 | 5 | 2 | 10000 | 前20个等式 | 2 |
| 26 | 2 | 2 | 70 | 6 | 4 | 10002 | 前40个等式 | 5 |
| 28 | 2 | 2 | 72 | 12 | 6 | 10004 | 前20个等式 | 5 |
| 30 | 4 | 3 | 74 | 6 | 4 | 99999994 | 前50个等式 | 5 |
| 32 | 2 | 1 | 76 | 6 | 4 | 99999996 | 前100个等式 | 6 |
| 34 | 3 | 3 | 78 | 12 | 7 | 99999998 | 前50个等式 | 3 |
| 36 | 6 | 5 | 80 | 6 | 4 | 100000000 | 前50个等式 | 6 |
| 38 | 3 | 3 | 82 | 7 | 4 | 100000002 | 前100个等式 | 9 |
| 40 | 3 | 2 | 84 | 14 | 9 | 100000004 | 前50个等式 | 3 |
| 42 | 6 | 4 | 86 | 7 | 4 | 99999999994 | 前50个等式 | 6 |
| 44 | 3 | 2 | 88 | 7 | 4 | 99999999996 | 前100个等式 | 10 |
| 46 | 4 | 3 | 90 | 14 | 9 | 99999999998 | 前50个等式 | 5 |
| 48 | 8 | 6 | 92 | 7 | 3 | 100000000000 | 前50个等式 | 6 |
| 50 | 4 | 3 | 94 | 8 | 5 | 100000000002 | 前100个等式 | 7 |
| 52 | 4 | 3 | 96 | 16 | 7 | 100000000004 | 前50个等式 | 6 |

注：1、可表达的等式是指“$n=(6\times m_1\pm1)+(6\times m_2\pm1)$”等式；
2、成立等式是指“$(6\times m_1\pm1)+(6\times m_2\pm1)$”等式中两个“$(6\times m\pm1)$”式的得数均为素数。

完稿时间:2013 年 6 月 28 日

# 图的循序逐增现象与四色猜想命题

## ——四色猜想命题该如何破解

摘　要　本文围绕“如何破解”的论题,从图的面数和色数循序逐增的现象入手,以地图的形成原理为切入点,并遵循地图的形成原理,求证到图的面与面的关系是组合关系,图的结构模式是组合模式,创立了分划法,发现了破题的“金钥匙”;应用分划法和数学的组合原理以及归纳法,求得物体表面的图的仅需色数的定理,并验证这一定理的正确性提出了验证方法;着重于对平体、球体表面的图仅需四色区分进行了验证,证明四色猜想成立。本文指出,四色猜想命题的破解,实际上是对图的仅需色数的证明,并非是各面如何着色使之成立的证明。

关键词　四色猜想　地图　分划法　循序逐增　组合原理　组合模式　仅需色数

本文所论证的图,是指四色猜想命题中的地图,面是指地图的区域。所谓图的循序逐增现象,主要是指构成地图的两个元素面数和色数的循序逐增现象。

由英国大学生弗南西斯·葛斯里发现的地图着色现象而命名的四色猜想命题,该如何破解?笔者认为,根据“无论多么复杂的地图,仅需四种颜色就足以将其相邻区域(即国家,下同)区分开”这一着色现象,

“复杂的地图”、“相邻区域”、“仅需四色区分”应是破题的关键点。具体地说,地图的形成原理是什么原理?相邻区域之间关系是什么关系?决定图的仅需色数的因素是什么?这是必须要弄清楚而又不能绕过去的问题。笔者正是围绕此三个关键点,从面数和色数的循序逐增现象入手,进行破解四色猜想命题(准确地说是地图着色现象)的。

**1. 破解的第一题:地图的形成原理是什么原理**

结论:地图的面数的循序逐增规律告诉我们,地图的形成原理既是整体元素循序逐增的组合过程,又是整体元素循序逐增的分划过程。

定义 1　相邻面　即彼此之间有共同边界线的面。

定义 2　非相邻面　即彼此之间没有共同边界线的面。

定义 3　全相邻面　即与图中任何一个面均有共同边界线的面。

定义 4　非全相邻面　即与地图中部分面有共同边界线的面。

1.1　地图的形成原理

所谓地图,是展现在物体表面、由若干个面(即区域)组成的一个整体。地图的形成原理是指地图的形成过程而反映出来的规律。地图是四色猜想命题的“锁胆”。实践证明,不懂得某项技术原理,就不可能掌握该项技术。同理,不弄清楚地图的形成原理是什么原理,就谈不上破解四色猜想命题(下文简称为“破题”)。因为只有弄懂地图的形成原理,才能揭开“复杂的地图”的“面纱”,才能找对打开四色猜想命题之“锁”的“金钥匙”。因此,它是破题的切入点。

面对一张已完成的地图,人们总认为地图是复杂无序的。其实,地图的完成过程是一个有序的完成过程,即是绘图人员循着画完一个区域又接着画完一个区域的次序画出来的。这个有序过程当然也体现在地图的形成原理之中。

现对地图的形成原理进行作图证明。

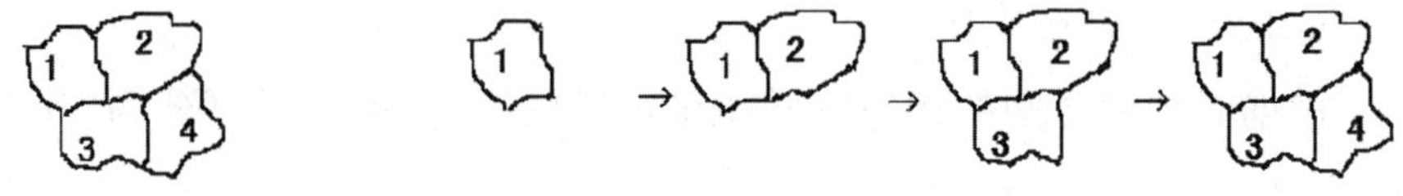


图 5－1　　图 5－2（图 5－1 的形成过程示意图）

图 5－1 是一个由 4 个面组合形成的整体。从图 5－2 看出，图 5－1 是由 1 个面→2 个面组合→3 个面组合→……这样一个"整体元素（即面数）循序逐增"的组合形成过程。

但用逆向思维方式去分析，图 5－1 它又是从一个"完整的面"→分划为 2 个面→分划为 3 个面→……这样一个"整体元素循序逐增"的分划过程（见图 5－3）。且第 2 个面必是在第 1 个面分划产生，第 3 个面必是在前 2 个面中的 1 个面分划产生，第 4 个面必是在前 3 个面中的 1 个面分划产生……但不论如何分划，地图始终是一个组合整体。

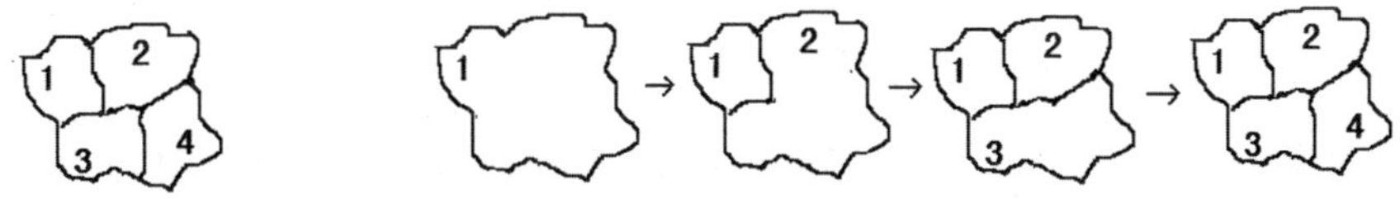


（原图 5－1）　　图 5－3（图 5－1 的分划过程示意图）

可见，地图的形成原理既是一个整体元素循序逐增的组合过程，又是一个整体元素循序逐增的分划过程，而"整体元素循序逐增"是其基本原理。

1.2　面在图中的分类与图的类型

我们知道，图是由若干个面组成的整体，而面则是组成图的元素。那么，面在组成图时，在面与面之间的关系上，有的面与其他所有面均为相邻，有的面在与一部分面相邻的同时又与另一部分面不相邻。这就关系到面如何分类的问题。此外，图作为是由若干个面组成的整体，也有一个确定图的类型的问题。

1.2.1　面在图中的分类

根据面与面之间的相邻情况和非相邻情况,面的分类可分为“全相邻面”和“非全相邻面”两种。全相邻面只具有相邻面一个“身份”;非全相邻面具有“相邻面”、“非相邻面”两种“身份”,即其相对于与其存在相邻关系的面来说是“相邻面”,而相对于与其不存在相邻关系的面来说则又是“非相邻面”。现以图 5－4 为例进行分析。

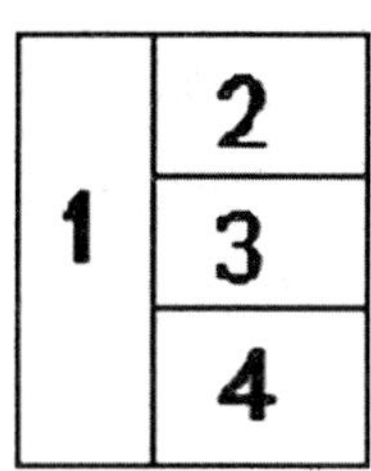


图 5－4

从图 5－4 看出,共有 4 个面,“1”和“3”两个面与其他各面均存在相邻关系,所以是全相邻面,其相对于其他各面来说是相邻面,不存在非相邻关系;“2”仅与“1”、“3”2 个面相邻,但与“4”面非相邻,所以,“2”是非全相邻面,其相对于“1”、“3”2 个面来说是相邻面,而相对于“4”面来说却是非相邻面;“4”仅与“1”、“3”2 个面相邻,但与“2”面非相邻,所以,“4”是非全相邻面,其相对于“1”、“3”2 个面来说是相邻面,而相对于“2”面来说却是非相邻面。可见,图 5－4 的 4 个面中,“1”、“3”两个面是全相邻面,只有相邻面这个“身份”,不存在非相邻面这个“身份”,而属于非全相邻面的“2”、“4”两个面同时具有相邻面和非相邻面这两个“身份”。总之,面在图中的分类,只分为全相邻面和非全相邻面两种,面与面彼此之间的关系只有相邻面和非相邻面之区分。

从着色区分角度来说,全相邻面必须单独着 1 色,是单独 1 色面;非全相邻面可与其非相邻的面可着同 1 色,是重色面。

1.2.2　图的类型

在四色猜想命题中,图的类型可分为 3 种:

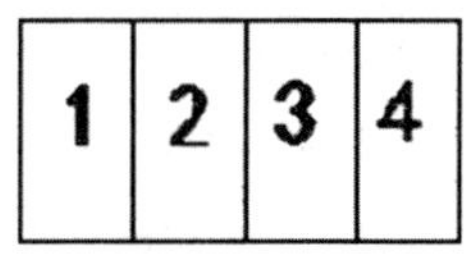


图 5－5

类型 1　由非全相邻面组成的图。如图 5－5 所示,是一个由 4 个面组成的图。从该图看出,“1”、“2”、“3”、“4”4 个面中无全相邻面,均为非全相邻面。可见,图 5 – 5 是一个由 4 个非全相邻面组成的图。

类型 2　由全相邻面和非全相邻面组成的图。其实,上文图 5 – 4 就是此类型的图。从前文对该图 4 个面的分析中可知,“1”、“3”2 个面是全相邻面,“2”、“4”2 个面是非全相邻面。可见,图 5 – 4 是一个由 2 个全相邻面和 2 个非全相邻面组成的图。

类型 3　由全相邻面组成的图。如图 5 – 6 所示,是一个由 4 个面组成的图。从该图看出,图中“1”、“2”、“3”、“4”4 个面彼此之间均相邻,不存在非相邻面。可见,图 5 – 6 是一个由 4 个全相邻面组成的图。

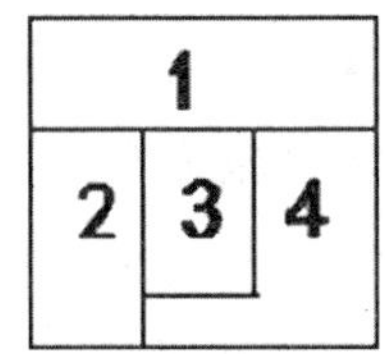

图 5 – 6

笔者研究结果表明,图的类型与图的面数有着一定联系,展现在平(球)体及其他同胚体表面的图,由 2 个面组成的图,只存在“由全相邻面组成的图”,不存在“由非全相邻面组成的图”和“由全相邻面和非全相邻面组成的图”;由 3 个面组成的图,只存在“由全相邻面和非全相邻面组成的图”和“由全相邻面组成的图”,不存在“由非全相邻面组成的图”;由 4 个面组成的图,存在“由非全相邻面组成的图”、“由全相邻面和非全相邻面组成的图”和“由全相邻面组成的图”3 种类型;由 5 个面以上组成的图,只存在“由非全相邻面组成的图”和“由全相邻面和非全相邻面组成的图”,不存在“由全相邻面组成的图”,最多只存在 3 个全相邻面(6 个面以上组成的图最多只存在 2 个全相邻面)。

应予指出的,展现在平(球)体表面的图,当图的面数 >4 时,为什么只存在“由非全相邻面组成的图”和“由全相邻面和非全相邻面组成的图”,而“由全相邻面组成的图”不复存在,这个从量变到质变的过程,起着决定性作用的因素是什么?这是值得人们思考和研究的问题。

**2. 破解的第二题:地图的面与面之间关系是什么关系,地图的结构模式是什么模式**

结论:地图的面数的循序逐增规律告诉我们,地图的面与面之间关系是组合关系，绝不是排列关系；地图的结构模式是 $C_n^2$ 组合模式，绝不是排列模式。

定义5　相邻点　是用以表示两个相邻面关系的一种数学符号。即是在相邻的两个面的共同边界线上画上一个圆圈，并将这两个面的编号分别写在圆圈内组合为一组数字，这个圆圈和圆圈内的共同边界线以及组合数字就称之为相邻点（如图5-7中⑫就是表示“1”与“2”两个相邻面关系的相邻点）。

定义6　非相邻点　是用以表示两个非相邻面关系的一种数学符号。即是将非相邻的两个面的编号分别写在两条竖线（这两条竖线是表示非相邻的意思）的两侧边，并组合为一组数字，这两条竖线和组合数字称之为非相邻点（如图5-7中“2‖4”就是表示“2”与“4”两个非相面的非相邻点）。

定义7　地图的结构模式　是用以有序、准确记录地图的各面彼此之间相邻关系和非相邻关系情况的一种数学建模。地图的结构模式是 $C_n^2$ 组合模式（称为“大组合”）。它是检验此地图与彼地图的内部联系是否相同的标准。

定义8　“两点连线”证明方法　是指在欧拉创建的证明“七桥”问题的方法上，应用拓扑原理，将连接体（即面）置换为“点”（也称为顶点），并在两“点”之间添画上一条连线（也称为边），以此证明四色区分的方法。是当今数学界认可和“图论”教科书通用的证明方法。

2.1　本人创立的证明方法的证明结果

笔者认为，“复杂的地图”主要表现在两个方面：即是面与面之间关系的复杂性和图的结构模式的复杂性。此是“复杂的地图”的“面纱”，是破解的第二题。

众所周知，图的面与面之间关系只存在“两两相邻关系”和“两两非相邻关系”。那么，将这两种关系用数学数字表达时，会是什么关系呢？而由“两两相邻关系”的面和“两两非相邻关系”的面组成的地图，其结构模式又是什么模式呢？对此，现以图5－4为例，循着图的形成过程，应用添加相邻点的证明方法进行求证。就可揭开“复杂的地图”的“面纱”。请见图5－7、图5－8。

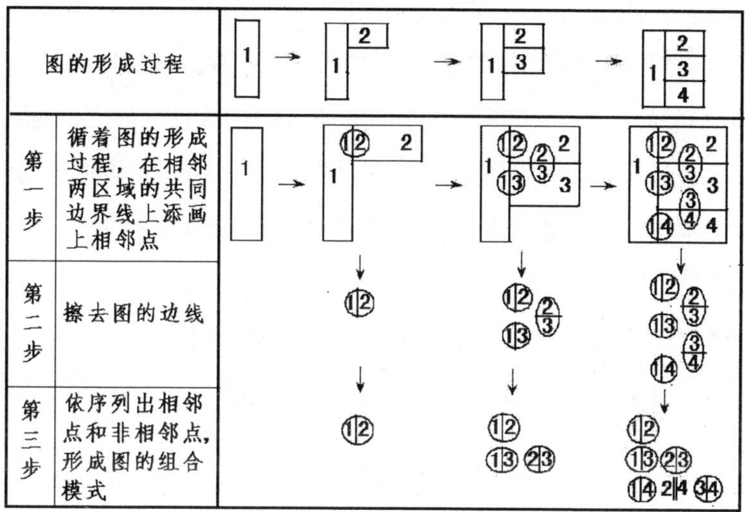


图5－7（循着图的形成过程对图的结构模式的证明）

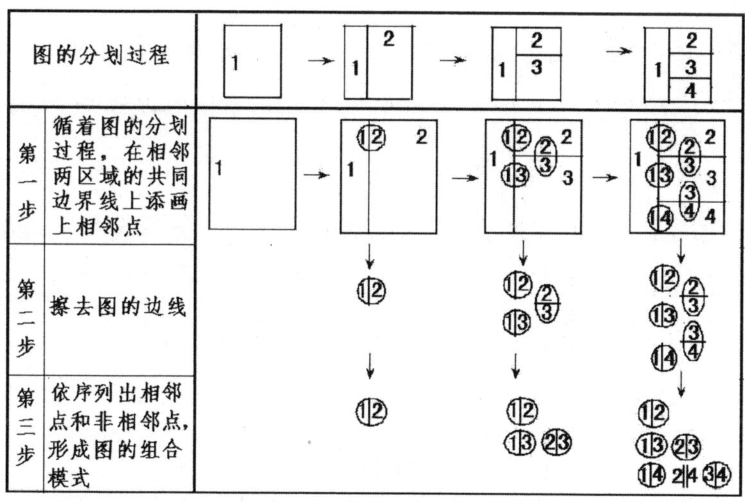


图5－8（循着图的分划过程对图的结构模式的证明）

图5－7是循着图的形成过程对图的结构模式做出证明，图5－8是循着图的分划过程对图的结构模式做出证明。两种证明，一种结果：同是证明了图5－4的结构模式是组合模式。从图5－7、图5－8可知：图5－4的结构模式是由5个相邻点和1个非相邻点组成，相邻点的组合数字和非相邻点的组合数字“12，13，23，14，24，34”，正是“1”、“2”、“3”、“4”4个面的编号数字为$C_4^2$组合。由此得出结论：地图的面与面之间关系是组合关系，绝不是排列关系，两个相邻面的关系是组合关系，两个非相邻面的关系也是组合关系（准确地说是负组合关系）；地图的结构模式是$C_n^2$组合模式，绝不是排列模式。

根据数学的组合原理，地图的组合模式的等式为：

$$C_n^2=\frac{n\times(n-1)}{2\times1}$$ （式中的“$n$”表示图的面数）

据此，地图的组合模式与相邻点点数、非相邻点点数的关系等式为：

$C_n^2=y+z$ （式中$y$表示相邻点点数，$z$表示非相邻点点数，当$z=0$，则$C_n^2=y$）

2.2 地图的$C_n^2$组合模式是由“1（－1）”组成的三角矩阵

根据地图的$C_n^2$组合模式中每个相邻点和非相邻点均为$C_2^2$组合和“$C_2^2=1$”的原理，将相邻点和非相邻点分别转换为“1”、“－1”来表示，并依照“循序逐增”的原理表达出来，地图的$C_n^2$组合模式实质是由“1”和“－1”组成的三角矩阵（如图5－9）。

| 区域编号 → ↓ | 1 | 2 | 3 | 4 | 5 | … |
|---|---|---|---|---|---|---|
| 1 | 0 | | | | | |
| 2 | 1(−1) | | | | | |
| 3 | 1(−1) | 1(−1) | | | | |
| 4 | 1(−1) | 1(−1) | 1(−1) | | | |
| 5 | 1(−1) | 1(−1) | 1(−1) | 1(−1) | | |
| … | …… | | | | | |

**图5－9（由“1”和“－1”组成的三角矩阵）**

从三角矩阵中的“1”和“-1”所处的位置，可直接知道地图中哪两个面是相邻关系或是非相邻关系。如图5-10，是表达图5-4及其组合模式和三角矩阵的图。从三角矩阵中看出，第一列第一行的“1”，表明是“1”、“2”两个面相邻；第一列第二行的“1”，表明是“1”、“3”两个面相邻；第二列第二行的“1”，表明是“2”、“3”两个面相邻；第一列第三行的“1”，表明是“1”、“4”两个面相邻；第二列第三行的“-1”，表明是“2”、“4”两个面非相邻；第三列第三行的“1”，表明是“3”、“4”两个面相邻。

图5-10（图5-4及其组合模式和三角矩阵）

2.3　本人的证明方法与“两点连线”证明方法对接的证明结果

在图的面与面之间关系和图的结构模式的问题上，本人的证明方法及结论与“图论”的证明方法及结论完全不同。这当中，是本人证明方法有错，还是“两点连线”证明方法有错，抑或是“图论”应用“两点连线”证明方法时有错？对此，现将地图的“整体元素循序逐增”的原理与“两点连线”证明方法进行对接，答案自有分晓，见图5-11。

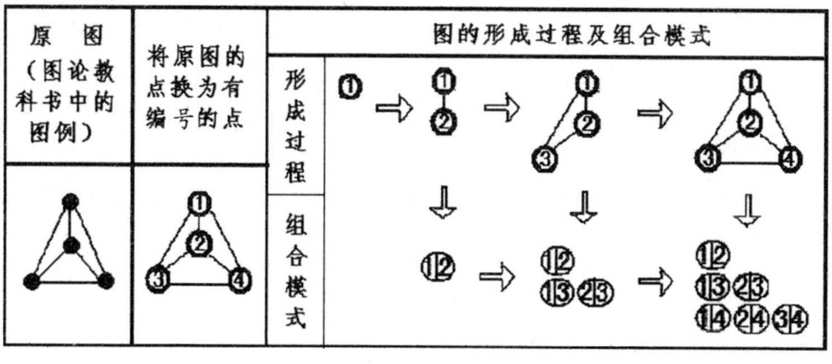

| 原　图（图论教科书中的图例） | 将原图的点换为有编号的点 | 图的形成过程及组合模式 | |
|---|---|---|---|
| | | 形成过程 | ① ⇨ ①② ⇨ ①②③ ⇨ ①②③④ |
| | ①②③④ | 组合模式 | ⑫ ⇨ ⑫ ⑬㉓ ⇨ ⑫ ⑬㉓ ⑭㉔㉞ |

图5-11

图 5－11 中的原图是“图论”教科书中的一个图例。从图 5－11 看出，将原图的点转换为有编号的点后，遵循地图的“整体元素循序逐增”的原理，将每条连线的两端数字以组合数字记录下来，随之形成图的组合模式。从中看出，原图的结构模式为 $C_4^2$ 组合模式。可见，“两点连线”证明方法与本人的证明方法，两者证明结果相同：地图的结构模式是 $C_n^2$ 组合模式。

同时证明，“两点连线”证明方法本身没有错，错是错在“图论”在应用“两点连线”证明方法时，没有遵循地图的“整体元素循序逐增”的原理，在将地图置换为“两点连线”的图后，漏缺了将“连接线两端数字和非连接线两端数字以组合数字记录下来”这道程序，而直接进入证明色数程序，完全没有切入图的本质——地图的组合模式。这等于将地图的表面现象转换为另一种图的表面现象，并以此种图的表面现象来证明地图的表面现象。这便是“图论”应用“两点连线”证明方法时存在的一个缺陷。

2.4　图的面与面之间关系是组合关系，图的结构模式是组合模式

长期以来，图论的数学老师们一直把图的面与面之间关系定之为排列关系，把图的结构模式定之为排列模式，其依据是“图的面与面之间关系（即区域的编号与编号之间）是以全排列方式出现在图的整体中”。对此，笔者在“四色猜想命题中的第三种假象”一文（发表于《科技创新导报》2010 年第 7 期）中，以由 4 个面组成的 3 种不同结构的图（见图 5－12）为例进行了证明，得出结论：面的编号以全排列数出现在图的整体之中的可能性是存在的，但这只是一种假象，图的面与面之间关系并非是排列关系，而完全是组合关系，图的结构模式并非是排列模式，而完全是组合模式。现以结构 2 的图为例予以证明。

| 图的结构 | 结构1：由4个非全相邻面组成的图 | 结构2：由2个非全相邻面和2个全相邻面组成的图 | 结构3：由4个全相邻面组成的图 |
|---|---|---|---|
| 图例及其组合模式 | 1 / 2 / 3 / 4<br>⑫<br>⑬㉓<br>⑭ 2‖4 ㉞ | 1 \| 2 / 3 / 4<br>⑫<br>⑬㉓<br>⑭ 2‖4 ㉞ | 1 \| 2 / 3 / 4<br>⑫<br>⑬㉓<br>⑭㉔㉞ |

图 5－12（由 4 个面组成的三种不同结构的图）

| 数排列 | 1、2、3、4 | 1、2、4、3 | 1、3、4、2 | 1、3、2、4 | 1、4、3、2 | 1、4、2、3 |
|---|---|---|---|---|---|---|
| 图例 | 1 \| 2 / 3 / 4 | 1 \| 2 / 4 / 3 | 1 \| 3 / 4 / 2 | 1 \| 3 / 2 / 4 | 1 \| 4 / 3 / 2 | 1 \| 4 / 2 / 3 |
| 图的组合模式及说明 | ⑫<br>⑬㉓<br>⑭ 2‖4 ㉞<br>2与4不相邻 | ⑫<br>⑬ 2‖3<br>⑭㉔㉞<br>2与3不相邻 | ⑫<br>⑬ 2‖3<br>⑭㉔㉞<br>2与3不相邻 | ⑫<br>⑬㉓<br>⑭㉔ 3‖4<br>3与4不相邻 | ⑫<br>⑬㉓<br>⑭ 2‖4 ㉞<br>2与4不相邻 | ⑫<br>⑬㉓<br>⑭㉔ 3‖4<br>3与4不相邻 |
| 数排列 | 2、3、1、4 | 2、3、4、1 | 2、4、1、3 | 2、4、3、1 | 2、1、3、4 | 2、1、4、3 |
| 图例 | 2 \| 3 / 1 / 4 | 2 \| 3 / 4 / 1 | 2 \| 4 / 1 / 3 | 2 \| 4 / 3 / 1 | 2 \| 1 / 3 / 4 | 2 \| 1 / 4 / 3 |
| 图的组合模式及说明 | ⑫<br>⑬㉓<br>⑭㉔ 3‖4<br>3与4不相邻 | ⑫<br>1‖3 ㉓<br>⑭㉔㉞<br>1与3不相邻 | ⑫<br>⑬㉓<br>⑭㉔ 3‖4<br>3与4不相邻 | ⑫<br>⑬㉓<br>1‖4 ㉔㉞<br>1与4不相邻 | ⑫<br>⑬㉓<br>1‖4 ㉔㉞<br>1与4不相邻 | ⑫<br>1‖3 ㉓<br>⑭㉔㉞<br>1与3不相邻 |
| 数排列 | 3、4、1、2 | 3、4、2、1 | 3、2、1、4 | 3、2、4、1 | 3、1、2、4 | 3、1、4、2 |
| 图例 | 3 \| 4 / 1 / 2 | 3 \| 4 / 2 / 1 | 3 \| 2 / 1 / 4 | 3 \| 2 / 4 / 1 | 3 \| 1 / 2 / 4 | 3 \| 1 / 4 / 2 |
| 图的组合模式及说明 | ⑫<br>⑬㉓<br>⑭ 2‖4 ㉞<br>2与4不相邻 | ⑫<br>⑬㉓<br>1‖4 ㉔㉞<br>1与4不相邻 | ⑫<br>⑬㉓<br>⑭ 2‖4 ㉞<br>2与4不相邻 | 1‖2<br>⑬㉓<br>⑭㉔㉞<br>1与2不相邻 | ⑫<br>⑬㉓<br>1‖4 ㉔㉞<br>1与4不相邻 | 1‖2<br>⑬㉓<br>⑭㉔㉞<br>1与2不相邻 |
| 数排列 | 4、1、2、3 | 4、1、3、2 | 4、2、1、3 | 4、2、3、1 | 4、3、1、2 | 4、3、2、1 |
| 图例 | 4 \| 1 / 2 / 3 | 4 \| 1 / 3 / 2 | 4 \| 2 / 1 / 3 | 1 \| 4 / 3 / 2 | 4 \| 3 / 1 / 2 | 4 \| 3 / 2 / 1 |
| 图的组合模式及说明 | ⑫<br>1‖3 ㉓<br>⑭㉔㉞<br>1与3不相邻 | 1‖2<br>⑬㉓<br>⑭㉔㉞<br>1与2不相邻 | ⑫<br>⑬ 2‖3<br>⑭㉔㉞<br>2与3不相邻 | 1‖2<br>⑬㉓<br>⑭㉔㉞<br>1与2不相邻 | ⑫<br>⑬ 2‖3<br>⑭㉔㉞<br>2与3不相邻 | ⑫<br>1‖3 ㉓<br>⑭㉔㉞<br>1与3不相邻 |

图 5－13（结构 2 的“1，2，3，4”全排列的 24 个图）

从图 5－12 看出，结构 2 的图是一个由 2 个全相邻面和 2 个非全相邻面组成的图；其组合模式是由 5 个相邻点和 1 个非相邻点组成，$C_4^2=5+1=6$，图的 4 个面仅需 3 色区分。现按其面的编号“1、2、3、4”4 个数的全排列，逐一编写在图的 4 个面上，如图 5－13 所示。

从图 5－13 看出，“1，2，3，4”4 个数的排列共有 24 组，按其数排列编写 4 个面的图有 24 个。尽管这 24 个图的 4 个面的编号排序不同，但这 24 个图的组合模式均为由 5 个相邻点和 1 个非相邻点组成，即图的相邻点数和非相邻点数为 $C_4^2=5+1=6$。

依照排列原理的观点，既然此 24 个图的 4 个面的编号排序不同，那么，就应有 24 个不同的图的组合模式。可事实告诉我们，此由 4 个面的编号排序不同的 24 个图的组合模式，只有 6 种不同的图的组合模式，出现了 4 组数排列的图同为 1 个组合模式的现象（图 5－14）。为什么不是 $P_4^4=24$，而是 $C_4^2=6$ 呢？其实，其根本原因是在于，$P_4^4=24$ 是由 4 个

| 类别 | 组合模式1 | 组合模式2 | 组合模式3 | 组合模式4 | 组合模式5 | 组合模式6 |
| --- | --- | --- | --- | --- | --- | --- |
| 图的组合模式及说明 | 12<br>13 23<br>14 2‖4 34<br>2与4不相邻 | 12<br>13 23<br>14 24 3‖4<br>3与4不相邻 | 12<br>13 2‖3<br>14 24 34<br>2与3不相邻 | 1‖2<br>13 23<br>14 24 34<br>1与2不相邻 | 12<br>1‖3 23<br>14 24 34<br>1与3不相邻 | 12<br>13 23<br>1‖4 24 34<br>1与4不相邻 |
| 图的组合模式相同的4组数排列 | “1,2,3,4”、“1,4,3,2”、“3,4,1,2”、“3,2,1,4” | “1,3,4,2”、“1,3,2,4”、“2,3,1,4”、“2,4,1,3” | “1,2,4,3”、“1,3,4,2”、“4,2,1,3”、“4,3,1,2” | “3,2,4,1”、“3,1,4,2”、“4,1,3,2”、“4,2,3,1” | “2,3,4,1”、“2,1,4,3”、“4,1,2,3”、“4,3,2,1” | “2,4,3,1”、“2,1,3,4”、“3,4,2,1”、“3,1,2,4” |

**图 5－14（对图 5－11 归纳的 6 种组合模式）**

面的编号排序不同的 24 个图的表面现象，而 $C_4^2=6$ 是反映此 24 个图的本质的 6 个组合模式。这恰好证明我们所看到的，图的面与面之间关系是排列关系，图的结构模式是排列模式，乃是图的表面现象；而图的面与面之间关系是组合关系，图的结构模式是组合模式，正是被我们忽略的图的本质。对此，还可以不改动面的编号、只是改动面与面之间相邻

关系（即在不改变图的性质的前提下改动面与面之间相邻关系）的方法予以证明。再以图 5－12 中结构 2 的图为例。

已知结构 2 的图的性质是由 2 个全相邻面和 2 个非全相邻面组成的图（即 4 个面中只存在 2 个不相邻面）。现在不改变此一性质的前提下，改动其面与面之间相邻关系，看改动后图的组合模式有多少种变化，见图 5－15。

| | 原图 | 图改1 | 图改2 | 图改3 | 图改4 | 图改5 | 图改6 |
|---|---|---|---|---|---|---|---|
| 图例 | 1 2 3 4 | 1 2 3 4 | 1 2 3 4 | 1 2 3 4 | 1 2 3 4 | 1 2 3 4 | 1 2 3 4 |
| 图的组合模式及说明 | 12<br>13 23<br>14 2‖4 34<br>2与4不相邻 | 12<br>13 23<br>14 24 3‖4<br>3与4不相邻 | 12<br>13 2‖3<br>14 24 34<br>2与3不相邻 | 1‖2<br>13 23<br>14 24 34<br>1与2不相邻 | 12<br>1‖3 23<br>14 24 34<br>1与3不相邻 | 12<br>13 23<br>1‖4 24 34<br>1与4不相邻 | 至此，与原图同，或与前图同。 |

图 5－15（结构 2 的图被改动后的图的组合模式及说明）

从图 5－15 看出，在不改变结构 2 的图只存在 2 个不相邻面这一性质的前提下，其不相邻的两个面仅有 6 种变化（至图改 6 已出现与前图同的现象），与图相对应的图的组合模式只有 6 个不同的图的组合模式。这一结果正好与从 4 个元素中抽出两个元素的组合共有 6 个组合相符，即 $C_4^2=6$。因为，当将不相邻的两个面表达为 1 个非相邻点时，很显然就是抽出两个元素为 1 组的组合。既然从 4 个元素中抽出两个元素的组合共有 6 个组合，那么，由 4 个面组成又只存在 2 个不相邻面的图，其不相邻的两个面的变化，理所当然只有 6 种变化，从原图起，至图改 6 的图必与前图同：不同的图的组合模式，理所当然只有 6 个。可见，图的面与面之间关系是组合关系，图的结构模式是组合模式。

## 2.5　图的组合模式是图的本质，是检验彼此两图是否相同的准尺

在此应指出的，本人研究结果表明，图的组合模式就是图的本质。它不仅具体、准确地记录了图的各面彼此之间相邻关系和非相邻关系

的情况,而且真实地反映了图的内部联系的共同特征,是检验此图的内部联系与彼图的内部联系是否相同的准尺。

例证 1

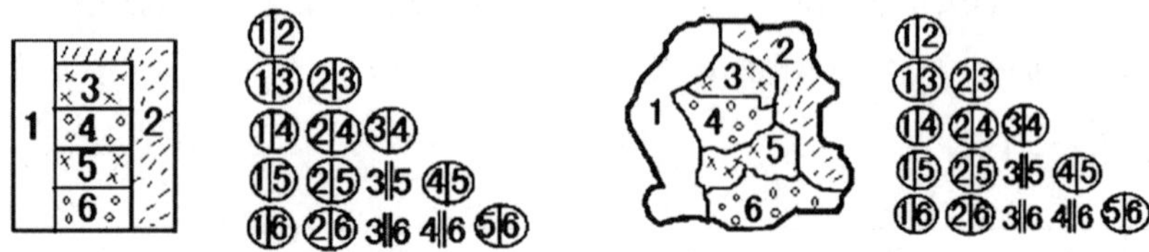

图 5－16 及其组合模式　　图 5－17 及其组合模式

如图 5－16 与图 5－17 两个图,同是由 6 个面组成的整体。表象看来,两图各异。那么,它们的内部联系是不是一样呢? 对此,只要将这两个图的组合模式作比较,就会发现这两个图不仅相邻点的组合数字相同,而且非相邻点的组合数字也相同,面与面之间的相邻关系和非相邻关系的情况完全一样。可见,图 5－16 与图 5－17 两个图是内部联系没有区别的一样的图,均只需 4 色区分。

例证 2

图 5－18 及其组合模式　　图 5－19 及其组合模式

如图 5－18 与图 5－19 两个图,同是由 5 个面组成的整体。表象看来,两图相似。那么,它们的内部联系是不是一样呢? 对此,只要将这两个图的组合模式作比较,就会发现这两个图不仅相邻点的组合数字有所不同,非相邻点的组合数字也有所不同,面与面之间的相邻关系和非相邻关系的情况不一样,而且着色种数也不一样,分别为 3 色、4 色。可见,图 5－18 与图 5－19 两个图是内部联系有区别的不一样的图。

综图 5 – 16 至图 5 – 19 的证明,得出结论:图的组合模式是图的本质反映,是检验此图与彼图的内部联系是否相同的准尺。也就是说,看一个图与另一个图是否相同,不需对图进行整体拓扑,只要看这两个图的组合模式中的相邻点的组合数字、非相邻点的组合数字是否一样,如完全一样则相同,否则就不相同。

**3. 破解的第三题:决定图的仅需色数的因素是什么,图的相邻面的组合力与图的仅需色数的关系是什么关系**

结论:本人研究结果表明,面数与色数的循序逐增规律告诉我们,决定图的仅需色数的因素是图的相邻面的组合力,不是图的面数。图的相邻面的组合力与图的仅需色数的关系是等于关系。

定义 9　图的相邻面的组合力　是指图此整体中相邻面之间形成的组合能力,它是以有几个相邻面彼此之间均具有组合关系为衡量标准。以 $C_L^2$ 表示(称为“小组合”)。

在四色猜想命题中,面是核心要素。在组成图的过程中,面表现出两个因素,一是面的数量,二是面与面之间的关系。那么,在“面的数量”与“面与面之间的关系”的两个因素中,哪一个才是对图的仅需色数起决定性作用的因素呢?现予以证明。

3.1　面数循序逐增的证明

即是在不提升图的相邻面的组合力的前提下,依序逐增图的面数,从中验证图的面数对图的色数的影响作用。

例证1　见图5－20。

| 增加面数 | 图例 | 图的面数 | 图的组合模式 | 相邻面的组合力 | 仅需色数 |
|---|---|---|---|---|---|
| 原图 | 1 2 | 2 | (1\|2) | $C_2^2$ | 2 |
| 增加1个面 | 1 2 3 | 3 | (1\|2)<br>1‖3 (2\|3) | $C_2^2$ | 2 |
| 增加2个面 | 1 2 3 4 | 4 | (1\|2)<br>1‖3 (2\|3)<br>1‖4 2‖4 (3\|4) | $C_2^2$ | 2 |
| 增加3个面 | 1 2 3 4 5 | 5 | (1\|2)<br>1‖3 (2\|3)<br>1‖4 2‖4 (3\|4)<br>1‖5 2‖5 3‖5 (4\|5) | $C_2^2$ | 2 |

图5－20

从图5－20看出，原图的面数为2个，图的相邻面的组合力为$C_2^2$，图的色数为2。将原图的面数增加1个面、2个面、3个面后，图的相邻面的组合力一直为$C_2^2$，图的色数仍为2。可见，在图的相邻面的组合力保持不变的情况下，图的色数没有随图的面数增加而增加。由此可知，图的面数对图的色数不起决定性作用，不是图的色数的决定因素。

例证2　见图5－21。

| 增加面数 | 图例 | 图的面数 | 图的组合模式 | 相邻面的组合力 | 仅需色数 |
|---|---|---|---|---|---|
| 原图 | 1<br>2 3 | 3 | (1\|2)<br>(1\|3) (2\|3) | $C_3^2$ | 3 |
| 增加1个面 | 1<br>2 3 4 | 4 | (1\|2)<br>(1\|3) (2\|3)<br>(1\|4) 2‖4 (3\|4) | $C_3^2$ | 3 |
| 增加2个面 | 1<br>2 3 4 5 | 5 | (1\|2)<br>(1\|3) (2\|3)<br>(1\|4) 2‖4 (3\|4)<br>(1\|5) 2‖5 3‖5 (4\|5) | $C_3^2$ | 3 |
| 增加3个面 | 1<br>2 3 4 5 6 | 6 | (1\|2)<br>(1\|3) (2\|3)<br>(1\|4) 2‖4 (3\|4)<br>(1\|5) 2‖5 3‖5 (4\|5)<br>(1\|6) 2‖6 3‖6 4‖6 (5\|6) | $C_3^2$ | 3 |

图5－21

从图5－21看出,原图的面数为3个,图的相邻面的组合力为$C_3^2$,图的色数为3。将原图的面数增加1个面、2个面、3个面后,图的相邻面的组合力一直为$C_3^2$,图的色数仍为3。可见,在图的相邻面的组合力保持不变的情况下,图的色数没有随图的面数增加而增加。由此可知,图的面数对图的色数不起决定性作用,不是图的色数的决定因素。

3.2 图的相邻面的组合力循序逐增的证明

即是在图的面数不变的情况下,通过改变原图的面与面之间内部联系,使图的相邻面的组合力得到提升,从中验证图的相邻面的组合力对图的色数的影响作用。

例证1 以图5－22为原图的证明

从图5－22及其组合模式看出,图的面数为4个,在此4个面中,1与2相邻,2与3相邻,3与4相邻,1与3不相邻,1与4不相邻,2与4不相邻,只存在2个面彼此之间相邻,不存在3个面、4个面彼此之间相邻。因此,图的相邻面的组合力为$C_2^2$,图的色数为2。现只对该图原来不相邻的1与3两个面改动为相邻的两个面,使图的相邻面的组合力由原来的$C_2^2$提升为$C_3^2$,如5－23所示。

图5－22及其组合模式

从图5－23及其组合模式看出,经改动后,图的面数4个没变,但图的面与面之间内部联系有了变化,原图5－22不相邻的1与3两个面已为相邻的两个面,使1、2、3此3个面彼此之间均相邻,但仍未能做到1、2、3、4此4个面彼此之间相邻。因此,图的相邻面的组合力由$C_2^2$提升为$C_3^2$,图的色数也随之由2上升为3。可见,图的相邻面的组合力对图的色数起着决定性作用,是图的色数的决定因素。

图5－23及其组合模式

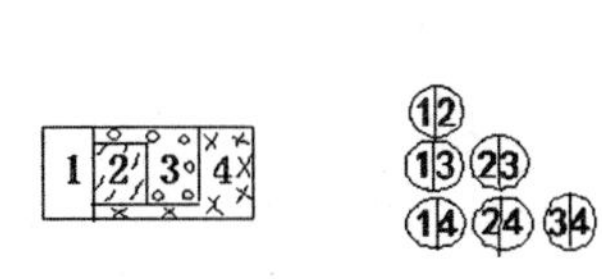

图5－24及其组合模式

现将改动后的图5－23再作改动,使原图5－22不相邻的1与3、1

与4、2与4此3组两个面改为均相邻的两个面，实现其4个面彼此之间均相邻，图的相邻面的组合力再由 $C_3^2$ 提升为 $C_4^2$，如图5－24所示。

从图5－24看出，经改动后，图的面数4个没变，但图的面与面之间内部联系有了较大变化，原图5－22不相邻的1与3、1与4、2与4此3组两个面已均相邻，使1、2、3、4此4个面彼此之间全相邻。因此，图的相邻面的组合力由 $C_3^2$ 提升为 $C_4^2$，图的色数也随之由3上升为4。可见，图的相邻面的组合力对图的色数起着决定性作用，是图的色数的决定因素。

例证2　以图5－25为原图的证明

从图5－25及其组合模式看出，图的面数为4个，在此4个面中，1、2、3此3个面彼此之间相邻，1、3、4此3个面彼此之间相邻，只是2与4两个面不相邻，存在3个面彼此之间相邻，未能做到1、2、3、4此4个面彼此之间全相邻。因此，图的相邻面的组合力为 $C_3^2$，图的色数为3。现对该图原来不相邻的2与4两个面改动为相邻的两个面，使1、2、3、4此4个面彼此之间均相邻，实现图的相邻面的组合力由原来的 $C_3^2$ 提升为 $C_4^2$，如图5－26所示。

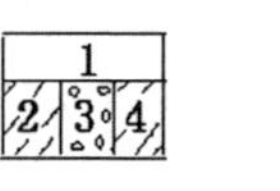

图5－25及其组合模式

从图5－26看出，面数4个没变，但图的面与面之间内部联系有了变化，原图5－25不相邻的2与4两个面已相邻，进而使1、2、3、4此4个面彼此之间均相邻。因此，图的相邻面的组合力由 $C_3^2$ 提升为 $C_4^2$，图的色数也随之由3上升为4。可见，图的相邻面的组合力对图的色数起着决定性作用，是图的色数的决定因素。

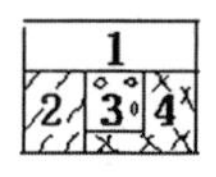

图5－26及其组合模式

综图5－20～图5－26的证明，得出结论：面数对图的色数不起决定性作用，不是决定因素，对图的色数起决定性作用的因素是图的相邻面的组合力。图的相邻面的组合力与图的色数（以色字汉语拼音的第一个字母“$S$”表示）有着密切联系。

现将图5－20～图5－26的图的相邻面的组合力与图的色数的关

系进行梳理,从中可知:

当图的相邻面的组合力为 $C_2^2$,$C_L^2$ 的 $L=2$,则色数 $S=2$,如图 5-20 的各图例和图 5-22。可见,$C_L^2$ 的 $L=S$;

当图的相邻面的组合力为 $C_3^2$,$C_L^2$ 的 $L=3$,则色数 $S=3$,如图 5-21 的各图例和图 5-25。可见,$C_L^2$ 的 $L=S$;

当图的相邻面的组合力为 $C_4^2$,$C_L^2$ 的 $L=4$,则色数 $S=4$,如图 5-24 和图 5-26。可见,$C_L^2$ 的 $L=S$。

依照归纳法,得出结论:图的色数随着图的相邻面的组合力的提升而增加,图的色数 $S$ 与图的相邻面的组合力 $C_L^2$ 的 $L$ 有着等于关系。其定理为:

$C_L^2$ 的 $L=S$

3.3 与四色猜想命题的条件相同的 5 道命题之证明

3.3.1 五道命题

为进一步证明此一定理的正确性,笔者根据 5 种不同结构的图的着色结果,设置了与四色猜想命题条件相同的五道命题。

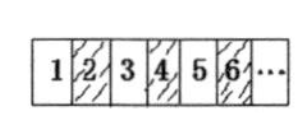

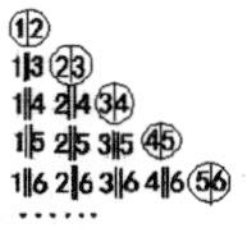

**图 5-27(一字状结构图及其组合模式)**

命题 1 为什么一字状结构的图(笔者把各面一字摆列的图称之为"一字状结构的图",如图 5-27 所示),不论其面数是多少,仅需用 2 色就足以将其各面区分开(着色结果见图 5-27)?

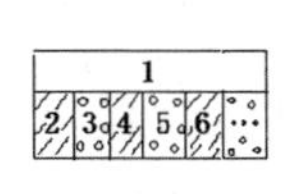

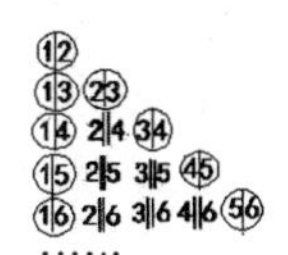

**图 5-28(梳子状结构图及其组合模式)**

命题 2 为什么梳子状结构的图(笔者把各面摆列如梳子状的图称之为"梳子状结构的图",如图 5-28 所示),不论其面数是多少,仅需用 3 色就足以将其各面区分开(着色结果见图 5-28)?

命题3　为什么梯子状结构的图(笔者把各面摆列如梯子状的图称之为“梯子状结构的图”如图5－29所示),不论其面数是多少,仅需用4色就足以将其各面区分开(着色结果见图5－29)?

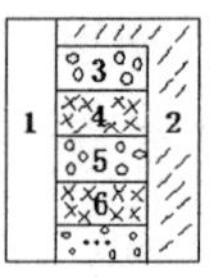

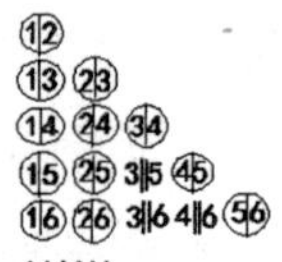


图5－29(梯子状结构图及其组合模式)

命题4　为什么环状结构的图(如图5－30所示),不论其面数是多少,仅需用3色就足以将其各面区分开(着色结果见图5－35)?

图5－30

命题5　为什么环抱状结构的图(笔者把一部分面环抱另一部分面的图称之为“环抱状结构的图”,如图5－31所示),不论其面数是多少,仅需用4色就足以将其各面区分开(着色结果见图5－36)?

3.3.2　对五道命题做出证明

为着作图证明的方便和后文求证仅需色数公式的需要,笔者将图的组合模式的相邻点和非相邻点转换为1、－1,并依照循序逐增原理和图的组合模式,有序排列为三角矩阵。

图5－31

现对五道命题逐一做出证明。

命题1的证明(一字状结构的图的仅需色数的证明)

| 图的面数 | 将各相邻点、非相邻点转换为1、-1后的三角矩阵 | 非相邻点-1形成的三角矩阵 | 抽出非相邻点-1后的三角矩阵 | 相邻面组合力 | 仅需色数 |
|---|---|---|---|---|---|
| 2 | $C_2^2$ 1　1 | | $C_2^2$ 1　1 | $C_2^2$ | 2 |
| 3 | $C_3^2$ -1 1　2 | $C_2^2$ -1　1 | $C_3^2$ 1　1 | $C_2^2$ | 2 |
| 4 | $C_4^2$ -1 -1 1　3 | $C_3^2$ -1 -1　2 | $C_4^2$ 1　1 | $C_2^2$ | 2 |
| 5 | $C_5^2$ -1 -1 -1 1　4 | $C_4^2$ -1 -1 -1　3 | $C_5^2$ 1　1 | $C_2^2$ | 2 |
| 6 | $C_6^2$ -1 -1 -1 -1 1　5 | $C_5^2$ -1 -1 -1 -1　4 | $C_6^2$ 1　1 | $C_2^2$ | 2 |
| … | …… | …… | …… | …… | … |

图5－32(一字状结构的图仅需色数分析图表)

从图 5－32 看出，一字状结构的图自面数于 2 起，其相邻面的组合力为 $C_2^2$ 没有变，其着色种数也为 2 没变。即其相邻面的组合力为 $C_2^2$，其仅需色数为 2。可见，一字状结构的图之所以仅需用 2 色区分，是在于其相邻面的组合力为 $C_2^2$。此证。

命题 2 证明（梳子状结构的图的仅需色数的证明）

| 图的面数 | 将各相邻点、非相邻点转换为1、-1后的三角矩阵 | 非相邻点-1形成的三角矩阵 | 抽出非相邻点-1后的三角矩阵 | 相邻面组合力 | 仅需色数 |
|---|---|---|---|---|---|
| 2 | $C_2^2$ 1 1 | | $C_2^2$ 1 1 | $C_2^2$ | 2 |
| 3 | $C_3^2$ 1 1 2 | | $C_3^2$ 1 1 2 | $C_3^2$ | 3 |
| 4 | $C_4^2$ 1 -1 1 3 | $C_2^2$ -1 1 | $C_4^2$ 1 1 2 | $C_3^2$ | 3 |
| 5 | $C_5^2$ 1 -1 -1 1 4 | $C_3^2$ -1 -1 2 | $C_5^2$ 1 1 2 | $C_3^2$ | 3 |
| 6 | $C_6^2$ 1 -1 -1 -1 1 5 | $C_4^2$ -1 -1 -1 3 | $C_6^2$ 1 1 2 | $C_3^2$ | 3 |
| … | …… | …… | …… | …… | … |

图 5－33（梳子状结构的图仅需色数分析图表）

从图 5－33 看出，梳子状结构的图在其面数为 3、相邻面的组合力提升到 $C_3^2$ 后，没再提升，一直为 $C_3^2$ 没变，其着色种数也一直为 3 没变，即其相邻面的组合力为 $C_3^2$，其仅需色数为 3。可见，梳子状结构的图之所以仅需用 3 色区分，是在于其相邻面的组合力为 $C_3^2$。此证。

命题 3 证明（梯子状结构的图的仅需色数的证明）

| 图的面数 | 将各相邻点、非相邻点转换为1、-1后的三角矩阵 | 非相邻点-1形成的三角矩阵 | 抽出非相邻点-1后的三角矩阵 | 相邻面组合力 | 仅需色数 |
|---|---|---|---|---|---|
| 2 | $C_2^2$ 1 1 | | $C_2^2$ 1 1 | $C_2^2$ | 2 |
| 3 | $C_3^2$ 1 1 2 | | $C_3^2$ 1 1 2 | $C_3^2$ | 3 |
| 4 | $C_4^2$ 1 1 1 3 | | $C_4^2$ 1 1 1 3 | $C_4^2$ | 4 |
| 5 | $C_5^2$ 1 1 -1 1 4 | $C_2^2$ -1 1 | $C_5^2$ 1 1 1 3 | $C_4^2$ | 4 |
| 6 | $C_6^2$ 1 1 -1 -1 1 5 | $C_3^2$ -1 -1 2 | $C_6^2$ 1 1 1 3 | $C_4^2$ | 4 |
| … | …… | …… | …… | …… | … |

图 5－34（梯子状结构的图仅需色数分析图表）

从图 5－34 看出，梯子状结构的图在其面数为 4、相邻面的组合力

提升到 $C_4^2$ 后,没再提升,一直为 $C_4^2$ 没变,其着色种数也一直为 4 没变,即其相邻面的组合力为 $C_4^2$,其仅需色数为 4。可见,梯子状结构的图之所以仅需用 4 色区分,是在于其相邻面的组合力为 $C_4^2$。此证。

命题 4 证明(环状结构的图的仅需色数的证明)

| 图的面数 | 图 例 | 图的组合模式 | 转换为1、-1后的三角矩阵 | 相邻面组合力 | 仅需色数 |
|---|---|---|---|---|---|
| 2 | | (12) | 1 | $C_2^2$ | 2 |
| 3 | | (12)<br>(13) (23) | 1<br>1 1 | $C_3^2$ | 3 |
| 4 | | (12)<br>1‖3 (23)<br>(14) 2‖4 (34) | 1<br>−1 1<br>1 −1 1 | $>C_2^2$<br>$<C_3^2$ | 2 |
| 5 | | (12)<br>1‖3 (23)<br>1‖4 2‖4 (34)<br>(15) 2‖5 3‖5 (45) | 1<br>−1 1<br>−1 −1 1<br>1 −1 −1 1 | $>C_2^2$<br>$<C_3^2$ | 3 |
| 6 | | (12)<br>1‖3 (23)<br>1‖4 2‖4 (34)<br>1‖5 2‖5 3‖5 (45)<br>(16) 2‖6 3‖6 4‖6 (56) | 1<br>−1 1<br>−1 −1 1<br>−1 −1 −1 1<br>1 −1 −1 −1 1 | $>C_2^2$<br>$<C_3^2$ | 2 |
| … | …… | …… | …… | …… | … |

图 5-35(环状结构的图仅需色数分析图表)

从图 5-35 看出,环状结构的图在其面数为 3、相邻面的组合力提升到 $C_3^2$ 后,相邻面的组合力没再提升,一直为大于 $C_2^2$ 小于 $C_3^2$ 之间没变,其着色种数也一直为 2、3 之间没变,即其相邻面的组合力为 $C_3^2$,其仅需色数为 3。可见,环状结构的图之所以仅需用 3 色区分,是在于其相邻面的组合力为 $C_3^2$。此证。

命题5证明(环抱状结构的图的仅需色数的证明)

| 图的面数 | 图例 | 图的组合模式 | 转换为1、−1后的三角矩阵 | 相邻面组合力 | 仅需色数 |
|---|---|---|---|---|---|
| 2 | | (12) | 1 | $C_2^2$ | 2 |
| 3 | | (12)<br>(13)(23) | 1<br>1 1 | $C_3^2$ | 3 |
| 4 | | (12)<br>(13)(23)<br>(14)(24)(34) | 1<br>1 1<br>1 1 1 | $C_4^2$ | 4 |
| 5 | | (12)<br>(13)(23)<br>(14) 2‖4 (34)<br>(15)(25) 3‖5 (45) | 1<br>1 1<br>1 −1 1<br>1 1 −1 1 | $>C_3^2$<br>$<C_4^2$ | 3 |
| 6 | | (12)<br>(13)(23)<br>(14) 2‖4 (34)<br>(15) 2‖5 3‖5 (45)<br>(16)(26) 3‖6 4‖6 (56) | 1<br>1 1<br>1 −1 1<br>1 −1 −1 1<br>1 1 −1 −1 1 | $>C_3^2$<br>$<C_4^2$ | 4 |
| 7 | | (12)<br>(13)(23)<br>(14) 2‖4 (34)<br>(15) 2‖5 3‖5 (45)<br>(16) 2‖6 3‖6 4‖6 (56)<br>(17)(27) 3‖7 4‖7 5‖7 (67) | 1<br>1 1<br>1 −1 1<br>1 −1 −1 1<br>1 −1 −1 −1 1<br>1 1 −1 −1 −1 1 | $>C_3^2$<br>$<C_4^2$ | 3 |
| … | …… | …… | …… | …… | … |

**图5-36(环抱状结构的图仅需色数分析图表)**

从图5-36看出,环抱状结构的图在其面数为4、相邻面的组合力提升到$C_4^2$组合后,相邻面的组合力没再提升,一直为大于$C_3^2$小于$C_4^2$之间没变,其着色种数也一直为3、4之间没变,即其相邻面的组合力为$C_4^2$,其仅需色数为4。可见,环抱状结构的图之所以仅需用4色区分,是在于其相邻面的组合力为$C_4^2$。此证

综图5-32至图5-36的证明,已知:

一字状结构的图的相邻面的组合力为$C_2^2$,图的仅需色数为2,即$C_L^2$

的 $L=2$，$S=2$，$C_L^2$ 的 $L=S$。

梳子状结构的图和环状结构的图的相邻面的组合力为 $C_3^2$，图的仅需色数为 3，即 $C_L^2$ 的 $L=3$，$S=3$，$C_L^2$ 的 $L=S$。

梯子状结构的图和环抱状结构的图的相邻面的组合力为 $C_4^2$，图的仅需色数为 4，即 $C_L^2$ 的 $L=4$，$S=4$，$C_L^2$ 的 $L=S$。

依照归纳法，得出结论：当图的相邻面的组合力没有提升并一直保持在这个最高数时，即使图的面数在增加，其图的需用色数也不会随之增加。图的相邻面的组合力 $C_L^2$ 的 $L$ 与图的仅需色数 $S$ 两者具有等于关系，其定理为：$S \leqslant C_L^2$ 的 $L$。

依照这一定理推断，一个物体表面的图如需用 5 色区分，其相邻面的组合力必须是 $C_5^2$。

图 5－32 至图 5－36 证明还告诉我们：一字状结构的图、梳子状结构的图、梯子状结构的图之所以图的仅需色数不同，是在于此 3 种图的相邻面的组合力各不相同；而梳子状结构的图与环状结构的图、梯子状结构的图与环抱状结构的图之所以图的仅需色数相同，是在于图的相邻面的组合力相同。此证。

**4. 破解的第四题：制约“图的相邻面的组合力”的因素是什么，“物体表面的全相邻力”与“图的相邻面的组合力”与“图的仅需色数”的关系是什么关系**

结论：物体表面的全相邻力的循序逐增现象告诉我们，制约“图的相邻面的组合力”的因素是物体表面，“物体表面的全相邻力”与“图的相邻面的组合力”与“图的仅需色数”的关系是等于关系。

定义 10　物体表面的全相邻力　是指物体表面最多只能做到使“几个面”彼此之间均为相邻的能力（以邻字汉语拼音的首个字母“$L$”表示）。是衡量此物体与彼物体是不是同胚体的标准。求得此能力的方法是分划法。

定义11　分划法　是应用图的形成原理,将物体表面作为"完整的面"并对其进行"有意识"的分划,从中求得物体表面的全相邻力的方法。所谓"有意识"的分划,是应用图的形成原理,将物体表面作为一个"完整的面"有意识地一步一步地分划为若干个面,从中求得物体表面的全相邻力。"有意识",是指要遵循被新分划出来的面尽可能做到与前有的各面都相邻的原则,当出现有非相邻面时,分划即为终止。

须指出的,人们所着色的地图,其区域的分划乃是客观存在的已完成的原始分划,它是一种表象。本人创立的"分划法",就是通过"有意识"的分划,找到地图表象反映出来的规律性的东西,找到制约图的相邻面的组合力的因素。进而找到打开四色猜想之锁的"金钥匙"。

根据全相邻面数与色数循序逐增的现象可推知,当图的2个面相邻,其相邻面的组合力为 $C_2^2$,需2色区分;当图的3个面全相邻,其相邻面的组合力为 $C_3^2$,需3色区分;当图的4个面全相邻,其相邻面的组合力为 $C_4^2$,需4色区分。依此推断,当图的5个面全相邻,其相邻面的组合力必为 $C_5^2$,需5色区分。无疑,这一推断与前文证明到的"图的相邻面的组合力与图的仅需色数等于关系"的结论完全吻合。平体表面和球体表面,是承载地图的物体表面。那么,其两者的全相邻力能做到使"几个面"全相邻呢?又是不是一样呢?现应用分划法求证。

4.1　求证平体表面的全相邻力与图的相邻面组合力、仅需色数

**图5－37**

先将平体表面作为一个"完整的面"(如图5－37),然后对这个"完整的面"进行有意识地逐步分划,且看图5－38。

| 分划步骤 | 分划后的图及面数 | 图的组合模式 | 面与面之间相邻情况 | 相邻面组合力 | 仅需色数 |
|---|---|---|---|---|---|
| 第一步 分划 | 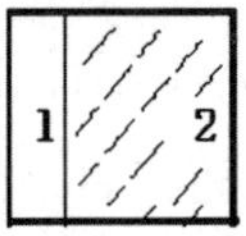 1 2 | (12) | 2个面之间相邻 | $C_2^2$ | 2 |
| 第二步 分划 | 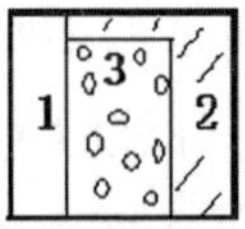 1 3 2 | (12)<br>(13)(23) | 3个面之间全相邻 | $C_3^2$ | 3 |
| 第三步 分划 |  1 3 4 2 | (12)<br>(13)(23)<br>(14)(24)(34) | 4个面之间全相邻 | $C_4^2$ | 4 |
| 第四步 分划 | 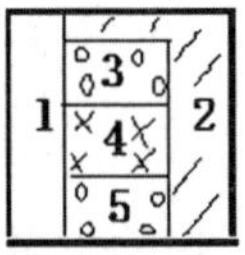 1 3 4 5 2 | (12)<br>(13)(23)<br>(14)(24)(34)<br>(15)(25) 3‖5 (45) | 5个面之间不能做到全相邻，出现3与5非相邻 | $C_4^2$ | 4 |

图 5－38（求证平体表面的全相邻力的分划图）

从图 5－38 看出，平体表面当分划到第一步、被分划为 2 个面时，2 个面相邻，相邻面的组合力为 $C_2^2$，需 2 色区分；

当分划到第二步、被分划为 3 个面时，3 个面全相邻，相邻面的组合力为 $C_3^2$，需 3 色区分；

当分划到第三步、被分划为 4 个面时，4 个面全相邻，相邻面的组合力为 $C_4^2$，需 4 色区分；

当分划到第四步、被分划为 5 个面时，不能做到 5 个面全相邻，出现了“3”、“5”两个面非相邻，相邻面的组合力仍为 $C_4^2$。至此，遵循分划法原则，分划求证终止。因为，不论如何变换此 5 个面之间的相邻关系，都必有不相邻的 2 个面，无法做到使 5 个面全相邻，图的相邻面的组合力不可能提升到 $C_5^2$（见图 5－39）。

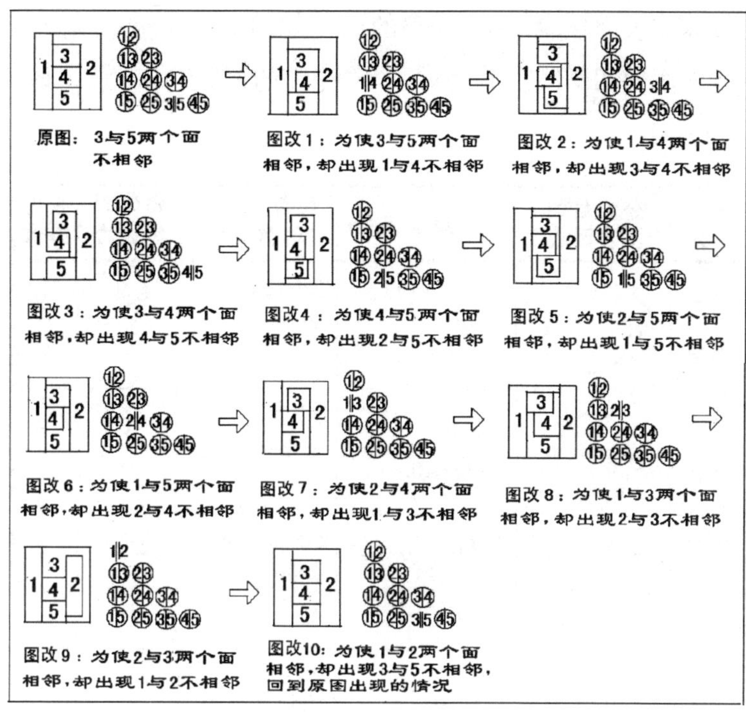


**图 5－39（平体表面被分划至第四步、为 5 个面时面与面之间相邻情况的 10 种改动图）**

从图 5－39 看出，由 5 个面组成的图，在其相邻面的组合力为 $C_4^2$ 的前提下，不相邻的两个面仅有 10 种变化。这与从 5 个元素中抽出两个元素的组合 $C_5^2=10$ 相符。须指出的是，这 10 种改动只有一种结果，即“为使此两面相邻而必出现彼两面不相邻”。

求证结果：平体表面的全相邻力最多只能做到使“4 个面”全相邻（即 $L=4$），其图的相邻面的组合力为 $C_4^2$（即 $C_L^2$ 的 $L=4$）。因此，平体表面的图，不论其面数是多少，仅需 4 色就足以将其各面区分开。所以，四色猜想命题成立。此证。

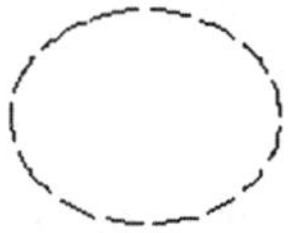

**图 5－40**

4.2　求证球体表面的全相邻力与图的相邻面组合力、仅需色数

先将球体表面作为一个"完整的面",如图 5－40 所示,椭圆形的虚线是球体表面的切割线。然后对这个"完整的面"进行有意识地逐步分划,见图 5－41。

| 分划步骤 | 分划后的图及面数 | 图的组合模式 | 面与面之间相邻情况 | 相邻面组合力 | 仅需色数 |
|---|---|---|---|---|---|
| 第一步分划 | 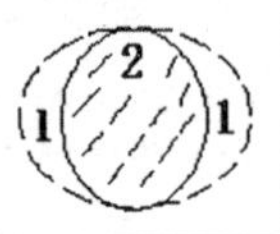 1 2 1 | 12 | 2个面之间相邻 | $C_2^2$ | 2 |
| 第二步分划 | 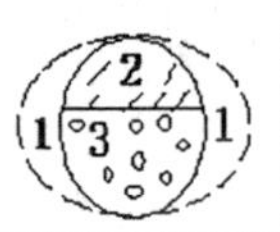 1 2 3 1 | 12<br>13 23 | 3个面之间全相邻 | $C_3^2$ | 3 |
| 第三步分划 |  1 2 3 4 1 | 12<br>13 23<br>14 24 34 | 4个面之间全相邻 | $C_4^2$ | 4 |
| 第四步分划 | 1 2 3 4 5 1 | 12<br>13 23<br>14 24 34<br>15 2‖5 35 45 | 5个面之间不能做到全相邻,出现2与5非相邻 | $C_4^2$ | 4 |

图 5－41(求证球体表面的全相邻力的分划图)

从图 5－41 看出,球体表面当分划到第 3 步、4 个面时,可做到 4 个面全相邻,相邻面的组合力为 $C_4^2$;当分划到第四步、5 个面时,出现了"2"与"5"两个面非相邻,相邻面的组合力仍为 $C_4^2$。至此,遵循分划法原则,分划求证终止。因为,不论你如何变换此 5 个面之间的相邻关系(共有 10 种变化,与图 5－39 同),都必有不相邻的 2 个面,无法做到使 5 个面全相邻,图的相邻面的组合力不可能提升到 $C_5^2$。

求证结果:球体表面与平体表面一样,当分划到第四步、5 个面时,必有不相邻的 2 个面,不能做到使 5 个面全相邻,图的相邻面的组合力不可能提升到 $C_5^2$。可见,球体表面的全相邻力最多只能做到使"4 个面"全相邻(即 $L=4$),其图的相邻面的组合力为 $C_4^2$(即 $C_L^2$ 的 $L=4$)。因此，球体表面的图，不论其面数是多少，仅需 4 色就足以将其各面区分开。所以，四色猜想命题成立。此证。

4.3　平（球）体表面的图当其相邻面的组合力为 $C_4^2$ 时，图的结构必是环抱状

本人在作图证明中发现一个有趣现象：展现在平（球）体表面的图，当其面数 $n=4$，且此 4 个面彼此之间全相邻时，其图必形成一部分面环抱另一部分面之状。这环抱状的图或是 1 个面环抱 3 个面（如图 5－42 所示），或是 2 个面环抱 2 个面（如图 5－43 所示），或是 3 个面环抱 1 个面（如图 44 所示）。这 3 个图的表象（即环抱状结构）虽各不相同，但它们的本质（即组合模式）相同，其图的相邻面的组合力均为 $C_4^2$。

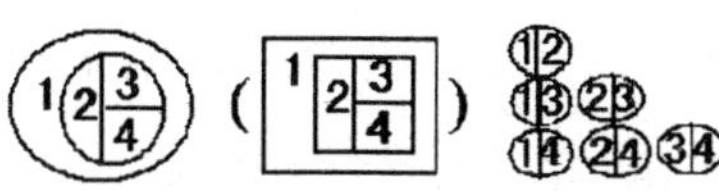

图 5－42 及其组合模式

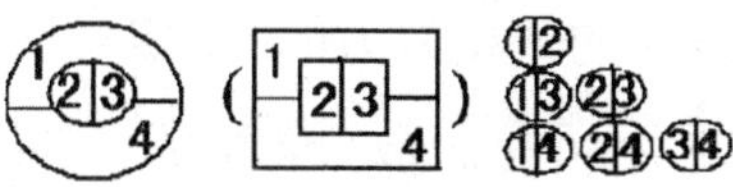

图 5－43 及其组合模式

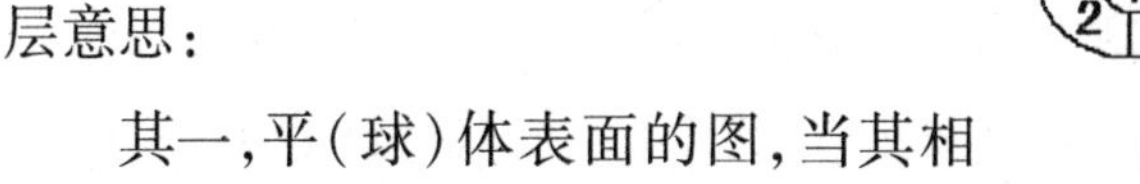

这种环抱状结构的整体表达了三层意思：

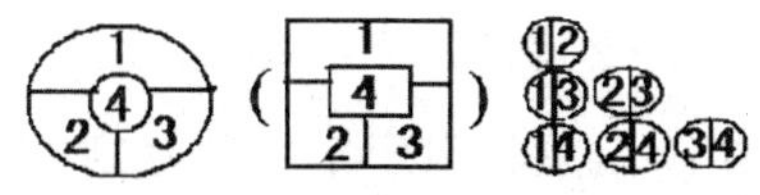

图 5－44 及其组合模式

其一，平（球）体表面的图，当其相邻面的组合力为 $C_4^2$ 时，图的结构必是环抱状结构。从拓扑的角度来说，这个环抱状的“环”，实质上就是平（球）体表面作为“完整的面”。

其二，这个环抱状“整体”，是其组合元素为全相邻的“整体”，是图的相邻面的组合力处于“饱和状态”的“整体”。其后所增加的面，对于相邻面的组合力 $C_4^2$ 这个数字来说，已毫无意义。就像一个容器装满了水，其后面所添的水，对于这个“满”字来说已毫无意义一样。

其三，这个“环抱状结构”意味着平（球）体表面由“4 个全相邻面”组成的图到此为止，如续增第 5 个面，则必定出现不相邻面，图已不再是由全相邻面组成的整体，已转变为“由全相邻面和非相邻面”或“由非全

相邻面”组成的整体。这个从量变到质变的过程,实质跟平(球)体表面从被分划为4个面续接被分划为5个面时的过程相同。笔者在前文分析图的类型时曾指出:展现在平(球)体表面的图,当图的面数>4时,为什么只存在“由非全相邻面组成的图”和“由全相邻面和非全相邻面组成的图”,而“由全相邻面组成的图”不复存在,这个从量变到质变的过程,起着决定性作用的因素是什么?对此,本章节的证明已做出了正确的回答。这个答案是:在这个从量变到质变的过程中,起着决定性作用的因素就是平(球)体表面的全相邻力,当平(球)体表面的图的面数大于平(球)体表面的全相邻力的面数4时,图的面数已超过了平(球)体表面的全相邻力的“承载量”,平(球)体表面的全相邻力完全不能做到使“>4的面数”全相邻,必定出现不相邻面,因而必然发生这一质的变化。

4.4 求证正方体、锥体、圆柱体表面的全相邻力与图的相邻面组合力、仅需色数

经应用分划法对正方体、锥体、圆柱体表面进行分划(因分划过程作图繁杂,作图略),当分划到第3步、4个面时,可做到4个面全相邻,相邻面的组合力为$C_4^2$;当分划到第四步、5个面时,与平体表面一样,必有不相邻的2个面,不能做到使5个面全相邻,图的相邻面的组合力不可能提升到$C_5^2$。

求证结果:正方体、锥体、圆柱体表面的全相邻力最多只能做到使“4个面”全相邻,其图的相邻面的组合力为$C_4^2$。因此,这些物体表面的图,不论其面数是多少,仅需4色就足以将其各面区分开。所以,就正方体、锥体、圆柱体表面的图的着色区分而言,四色猜想命题成立。此证。

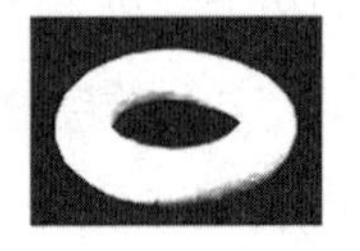

**图5-45**

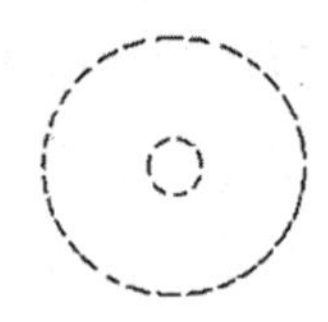

**图5-46**

4.5 求证环体(即轮胎体,见

图 5－45）表面的全相邻力、图的相邻面的组合力、图的仅需色数

先将环体表面作为一个“完整的面”，如图 5－46 所示，内外两个圆形的虚线是环体表面的切割线。然后对这个“完整的面”进行有意识地逐步分划，且看图 5－47。

| 分划步骤 | 第一步分划 | 第二步分划 | 第三步分划 | 第四步分划 | 第五步分划 |
|---|---|---|---|---|---|
| 分划后的图及面数 | 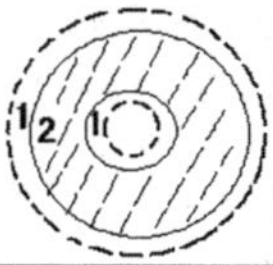 | 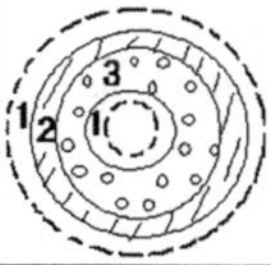 | 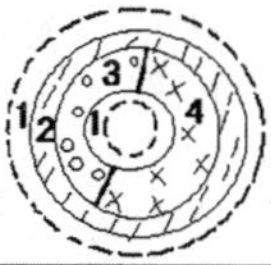 |  |  |
| 图的组合模式 | ⑿ | ⑿<br>⒀ (23) | ⑿<br>⒀ (23)<br>⒁ (24) (34) | ⑿<br>⒀ (23)<br>⒁ (24) (34)<br>⒂ (25) (35) (45) | ⑿<br>⒀ (23)<br>⒁ (24) (34)<br>⒂ (25) (35) (45)<br>⒃ (26) 3‖6 (46) (56) |
| 面与面之间相邻情况 | 2个面之间相邻 | 3个面之间全相邻 | 4个面之间全相邻 | 5个面之间全相邻 | 6个面之间不能做到全相邻，出现3与6非相邻 |
| 相邻面组合力 | $C_2^2$ | $C_3^2$ | $C_4^2$ | $C_5^2$ | $C_5^2$ |
| 仅需色数 | 2 | 3 | 4 | 5 | 5 |

图 5－47（求证环体表面的全相邻力的分划图）

从图 5－47 看出，环体表面当分划到第 4 步、5 个面时，可做到 5 个面全相邻，相邻面的组合力为 $C_5^2$；当分划到第五步、6 个面时，出现了“3”与“6”两个面非相邻，相邻面的组合力仍为 $C_5^2$。至此，遵循分划法原则，分划求证终止。因为，不论你如何变换此 6 个面之间的相邻关系（共有 15 种变化，即 $C_6^2=15$，见图 5－48），都必有不相邻的 2 个面，无法做到使 6 个面全相邻，图的相邻面的组合力不可能提升到 $C_6^2$。

求证结果：环体表面的全相邻力最多只能做到使“5 个面”全相邻，其图的相邻面的组合力为 $C_5^2$。因此，环体表面的图，不论其面数是多少，仅需 5 色就足以将其各面区分开。所以，就环体表面的图的着色区分而言，五色猜想命题成立。此证。

<table>
<tr>
<td>12<br>13 23<br>14 24 34<br>15 25 35 45<br>16 26 3‖6 46 56<br>（原图的组合模式）<br>3与6两个面不相邻</td>
<td>12<br>13 23<br>14 2‖4 34<br>15 25 35 45<br>16 26 36 46 56<br>（图改1 的组合模式）<br>2与4 两个面不相邻</td>
<td>12<br>13 23<br>14 24 34<br>15 2‖5 35 45<br>16 26 36 46 56<br>（图改2 的组合模式）<br>2与5 两个面不相邻</td>
<td>12<br>13 23<br>14 24 34<br>15 25 35 45<br>16 2‖6 36 46 56<br>（图改3 的组合模式）<br>2与6 两个面不相邻</td>
</tr>
<tr>
<td>12<br>13 23<br>14 24 34<br>15 25 35 45<br>16 26 36 4‖6 56<br>（图改4 的组合模式）<br>4与6 两个面不相邻</td>
<td>12<br>13 23<br>14 24 34<br>15 25 35 45<br>16 26 36 46 5‖6<br>（图改5 的组合模式）<br>5与6 两个面不相邻</td>
<td>12<br>13 23<br>14 24 34<br>15 25 35 4‖5<br>16 26 36 46 56<br>（图改6 的组合模式）<br>4与5 两个面不相邻</td>
<td>12<br>13 23<br>14 24 34<br>15 25 3‖5 45<br>16 26 36 46 56<br>（图改7 的组合模式）<br>3与5 两个面不相邻</td>
</tr>
<tr>
<td>12<br>13 23<br>14 24 3‖4<br>15 25 35 45<br>16 26 36 46 56<br>（图改8 的组合模式）<br>3与4 两个面不相邻</td>
<td>12<br>13 2‖3<br>14 24 34<br>15 25 35 45<br>16 26 36 46 56<br>（图改9 的组合模式）<br>2与3 两个面不相邻</td>
<td>1‖2<br>13 23<br>14 24 34<br>15 25 35 45<br>16 26 36 46 56<br>（图改10的组合模式）<br>1与2 两个面不相邻</td>
<td>12<br>1‖3 23<br>14 24 34<br>15 25 35 45<br>16 26 36 46 56<br>（图改11 的组合模式）<br>1与3 两个面不相邻</td>
</tr>
<tr>
<td>12<br>13 23<br>1‖4 24 34<br>15 25 35 45<br>16 26 36 46 56<br>（图改12的组合模式）<br>1与4 两个面不相邻</td>
<td>12<br>13 23<br>14 24 34<br>1‖5 25 35 45<br>16 26 36 46 56<br>（图改13 的组合模式）<br>1与5 两个面不相邻</td>
<td>12<br>13 23<br>14 24 34<br>15 25 35 45<br>1‖6 26 36 46 56<br>（图改14 的组合模式）<br>1与6 两个面不相邻</td>
<td>12<br>13 23<br>14 24 34<br>15 25 35 45<br>16 26 3‖6 46 56<br>（图改15 的组合模式）<br>3与6 两个面不相邻</td>
</tr>
</table>

**图 5－48（环体表面分划到第 5 步、6 个面时的 15 种改动图的组合模式及不相邻的两个面的说明）**

4.6　求证石锁体、方框体表面的全相邻力与图的相邻面组合力、仅需色数

经应用分划法对石锁体、方框体表面进行分划（因分划过程作图繁杂，作图略），当分划到第 4 步、5 个面时，可做到 5 个面全相邻，相邻面的组合力为 $C_5^2$；当分划到第五步、6 个面时，与环体表面一样，必有不相邻的 2 个面，不能做到使 6 个面全相邻，图的相邻面的组合力不可能提升到 $C_6^2$。

求证结果：石锁体、方框体表面的全相邻力最多只能做到使“5 个

面”全相邻,其图的相邻面的组合力为 $C_5^2$。因此,这些物体表面的图,不论其面数是多少,仅需 5 色就足以将其各面区分开。所以,就石锁体、方框体表面的图的着色区分而言,五色猜想命题成立。此证。

4.7 求证丁环体表面的全相邻力、图的相邻面的组合力、图的仅需色数

本人所说的实物丁环体如图 5-49 所示。

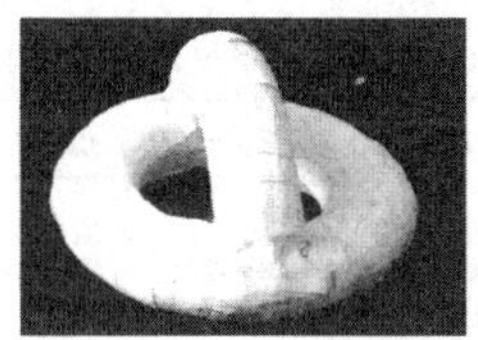

**图 5-49**

经应用分划法对丁环体表面进行分划(因分划过程难以在平体表面作图展现出来,故作图略),分划到第 5 步、6 个面时,可做到 6 个面全相邻,图的相邻面的组合力为 $C_6^2$;但当分划到第 6 步、7 个面时,必有不相邻的 2 个面,不能做到使 7 个面全相邻,其图的相邻面的组合力不可能提升到 $C_7^2$。

丁环体表面分划到第 6 步、7 个面时,在图的相邻面的组合力为 $C_6^2$ 的前提下,不相邻的 2 个面的变化为 21 种(即 $C_7^2=21$)。因页面所限,难以将这 21 种变化的图的组合模式用图表表达出来,只好将这 21 种变化的图的组合模式转换为由 1、-1 组成的三角矩阵来表示,见图 5-50。

| 图的三角矩阵及说明 | 面号 | | | | |
|---|---|---|---|---|---|
| | | 1 2 3 4 5 6 | 1 2 3 4 5 6 | 1 2 3 4 5 6 | 1 2 3 4 5 6 | 1 2 3 4 5 6 |
| | 2 | -1 | 1 | 1 | 1 | 1 |
| | 3 | 1 1 | -1 1 | 1 1 | 1 1 | 1 1 |
| | 4 | 1 1 1 | 1 1 1 | -1 1 1 | 1 1 1 | 1 1 1 |
| | 5 | 1 1 1 1 | 1 1 1 1 | 1 1 1 1 | -1 1 1 1 | 1 1 1 1 |
| | 6 | 1 1 1 1 1 | 1 1 1 1 1 | 1 1 1 1 1 | 1 1 1 1 1 | -1 1 1 1 1 |
| | 7 | 1 1 1 1 1 1 | 1 1 1 1 1 1 | 1 1 1 1 1 1 | 1 1 1 1 1 1 | 1 1 1 1 1 1 |
| | | 原图:1与2不相邻 | 改1:1与3不相邻 | 改2:1与4不相邻 | 改3:1与5不相邻 | 改4:1与6不相邻 |
| 图的三角矩阵及说明 | 面号 | 1 2 3 4 5 6 | 1 2 3 4 5 6 | 1 2 3 4 5 6 | 1 2 3 4 5 6 | 1 2 3 4 5 6 |
| | 2 | 1 | 1 | 1 | 1 | 1 |
| | 3 | 1 1 | 1 -1 | 1 1 | 1 1 | 1 1 |
| | 4 | 1 1 1 | 1 1 1 | 1 -1 1 | 1 1 1 | 1 1 1 |
| | 5 | 1 1 1 1 | 1 1 1 1 | 1 1 1 1 | 1 -1 1 1 | 1 1 1 1 |
| | 6 | 1 1 1 1 1 | 1 1 1 1 1 | 1 1 1 1 1 | 1 1 1 1 1 | 1 -1 1 1 1 |
| | 7 | -1 1 1 1 1 1 | 1 1 1 1 1 1 | 1 1 1 1 1 1 | 1 1 1 1 1 1 | 1 1 1 1 1 1 |
| | | 改5:1与7不相邻 | 改6:2与3不相邻 | 改7:2与4不相邻 | 改8:2与5不相邻 | 改9:2与6不相邻 |
| 图的三角矩阵及说明 | 面号 | 1 2 3 4 5 6 | 1 2 3 4 5 6 | 1 2 3 4 5 6 | 1 2 3 4 5 6 | 1 2 3 4 5 6 |
| | 2 | 1 | 1 | 1 | 1 | 1 |
| | 3 | 1 1 | 1 1 | 1 1 | 1 1 | 1 1 |
| | 4 | 1 1 1 | 1 1 -1 | 1 1 1 | 1 1 1 | 1 1 1 |
| | 5 | 1 1 1 1 | 1 1 1 1 | 1 1 -1 1 | 1 1 1 1 | 1 1 1 1 |
| | 6 | 1 1 1 1 1 | 1 1 1 1 1 | 1 1 1 1 1 | 1 1 -1 1 1 | 1 1 1 1 1 |
| | 7 | 1 -1 1 1 1 1 | 1 1 1 1 1 1 | 1 1 1 1 1 1 | 1 1 1 1 1 1 | 1 1 -1 1 1 1 |
| | | 改10:2与7不相邻 | 改11:3与4不相邻 | 改12:3与5不相邻 | 改13:3与6不相邻 | 改14:3与7不相邻 |
| 图的三角矩阵及说明 | 面号 | 1 2 3 4 5 6 | 1 2 3 4 5 6 | 1 2 3 4 5 6 | 1 2 3 4 5 6 | 1 2 3 4 5 6 |
| | 2 | 1 | 1 | 1 | 1 | 1 |
| | 3 | 1 1 | 1 1 | 1 1 | 1 1 | 1 1 |
| | 4 | 1 1 1 | 1 1 1 | 1 1 1 | 1 1 1 | 1 1 1 |
| | 5 | 1 1 1 -1 | 1 1 1 1 | 1 1 1 1 | 1 1 1 1 | 1 1 1 1 |
| | 6 | 1 1 1 1 1 | 1 1 1 -1 1 | 1 1 1 1 1 | 1 1 1 1 -1 | 1 1 1 1 1 |
| | 7 | 1 1 1 1 1 1 | 1 1 1 1 1 1 | 1 1 1 -1 1 1 | 1 1 1 1 1 1 | 1 1 1 1 -1 1 |
| | | 改15:4与5不相邻 | 改16:4与6不相邻 | 改17:4与7不相邻 | 改18:5与6不相邻 | 改19:5与7不相邻 |
| 图的三角矩阵及说明 | 面号 | 1 2 3 4 5 6 | 1 2 3 4 5 6 | 注: 至图改21,不相邻的两个面与原图同。其实,不论怎样改动图的面与面之间的相邻关系,不相邻的两个面必与前图同。 | | |
| | 2 | 1 | -1 | | | |
| | 3 | 1 1 | 1 1 | | | |
| | 4 | 1 1 1 | 1 1 1 | | | |
| | 5 | 1 1 1 1 | 1 1 1 1 | | | |
| | 6 | 1 1 1 1 1 | 1 1 1 1 1 | | | |
| | 7 | 1 1 1 1 1 -1 | 1 1 1 1 1 1 | | | |
| | | 改20:6与7不相邻 | 改21:1与2不相邻 | | | |

**图 5-50(丁环体表面分划到第六步、7 个面时的 21 种改动图的组合模式的三角矩阵及不相邻的两个面的说明)**

求证结果:丁环体表面的全相邻力最多只能做到使"6 个面"全相邻,其图的相邻面的组合力为 $C_6^2$。因此,丁环体表面的图,不论其面数是多少,仅需 6 色就足以将其各面区分开。所以,就丁环体表面的图的着色区分而言,六色猜想命题成立。此证。

4.8 求证 8 字连环体表面的全相邻力、图的相邻面的组合力、图的仅需色数

本人所说的实物8字连环体如图5-51所示。

图5-51

经应用分划法对8字连环体表面进行分划(因分划过程难以在平体表面作图展现出来,故作图略),分划到第6步、7个面时,可做到7个面全相邻,图的相邻面的组合力为$C_7^2$;但当分划到第7步、8个面时,必有不相邻的2个面,不能做到使8个面全相邻,图的相邻面的组合力不可能提升到$C_8^2$。

8字连环体表面分划到第七步、8个面时,在图的相邻面的组合力为$C_7^2$的前提下,不相邻的2个面的变化为28种(即$C_8^2=28$)。因页面所限,难以将这28种变化的图的组合模式用图表表达出来,只好将这28种变化的图的组合模式,转换为由1、-1组成的三角矩阵来表示,见图5-52。

求证结果:8字连环体表面的全相邻力最多只能做到使"7个面"之间全相邻;其图的相邻面的组合力为$C_7^2$。因此,8字连环体表面的图,不论其面数是多少,仅需7色就足以将其各面区分开。所以,就8字连环体表面的图的着色区分而言,七色猜想命题成立。此证。

| 图的三角矩阵及说明 | 面号<br>2<br>3<br>4<br>5<br>6<br>7<br>8 | 1 2 3 4 5 6 7<br>-1<br>1 1<br>1 1 1<br>1 1 1 1<br>1 1 1 1 1<br>1 1 1 1 1 1<br>1 1 1 1 1 1 1<br>原图:1与2不相邻 | 1 2 3 4 5 6 7<br>1<br>-1 1<br>1 1 1<br>1 1 1 1<br>1 1 1 1 1<br>1 1 1 1 1 1<br>1 1 1 1 1 1 1<br>改1:1与3不相邻 | 1 2 3 4 5 6 7<br>1<br>1 1<br>-1 1 1<br>1 1 1 1<br>1 1 1 1 1<br>1 1 1 1 1 1<br>1 1 1 1 1 1 1<br>改2:1与4不相邻 | 1 2 3 4 5 6 7<br>1<br>1 1<br>1 1 1<br>-1 1 1 1<br>1 1 1 1 1<br>1 1 1 1 1 1<br>1 1 1 1 1 1 1<br>改3:1与5不相邻 | 1 2 3 4 5 6 7<br>1<br>1 1<br>1 1 1<br>1 1 1 1<br>-1 1 1 1 1<br>1 1 1 1 1 1<br>1 1 1 1 1 1 1<br>改4:1与6不相邻 |
|---|---|---|---|---|---|---|
| 图的三角矩阵及说明 | 面号<br>2<br>3<br>4<br>5<br>6<br>7<br>8 | 1 2 3 4 5 6 7<br>1<br>1 1<br>1 1 1<br>1 1 1 1<br>1 1 1 1 1<br>-1 1 1 1 1 1<br>1 1 1 1 1 1 1<br>改5:1与7不相邻 | 1 2 3 4 5 6 7<br>1<br>1 1<br>1 1 1<br>1 1 1 1<br>1 1 1 1 1<br>1 1 1 1 1 1<br>-1 1 1 1 1 1 1<br>改6:1与8不相邻 | 1 2 3 4 5 6 7<br>1<br>1 -1<br>1 1 1<br>1 1 1 1<br>1 1 1 1 1<br>1 1 1 1 1 1<br>1 1 1 1 1 1 1<br>改7:2与3不相邻 | 1 2 3 4 5 6 7<br>1<br>1 1<br>1 -1 1<br>1 1 1 1<br>1 1 1 1 1<br>1 1 1 1 1 1<br>1 1 1 1 1 1 1<br>改8:2与4不相邻 | 1 2 3 4 5 6 7<br>1<br>1 1<br>1 1 1<br>1 -1 1 1<br>1 1 1 1 1<br>1 1 1 1 1 1<br>1 1 1 1 1 1 1<br>改9:2与5不相邻 |
| 图的三角矩阵及说明 | 面号<br>2<br>3<br>4<br>5<br>6<br>7<br>8 | 1 2 3 4 5 6 7<br>1<br>1 1<br>1 1 1<br>1 1 1 1<br>1 -1 1 1 1<br>1 1 1 1 1 1<br>1 1 1 1 1 1 1<br>改10:2与6不相邻 | 1 2 3 4 5 6 7<br>1<br>1 1<br>1 1 1<br>1 1 1 1<br>1 1 1 1 1<br>1 -1 1 1 1 1<br>1 1 1 1 1 1 1<br>改11:2与7不相邻 | 1 2 3 4 5 6 7<br>1<br>1 1<br>1 1 1<br>1 1 1 1<br>1 1 1 1 1<br>1 1 1 1 1 1<br>1 -1 1 1 1 1 1<br>改12:2与8不相邻 | 1 2 3 4 5 6 7<br>1<br>1 1<br>1 1 -1<br>1 1 1 1<br>1 1 1 1 1<br>1 1 1 1 1 1<br>1 1 1 1 1 1 1<br>改13:3与4不相邻 | 1 2 3 4 5 6 7<br>1<br>1 1<br>1 1 1<br>1 1 -1 1<br>1 1 1 1 1<br>1 1 1 1 1 1<br>1 1 1 1 1 1 1<br>改14:3与5不相邻 |
| 图的三角矩阵及说明 | 面号<br>2<br>3<br>4<br>5<br>6<br>7<br>8 | 1 2 3 4 5 6 7<br>1<br>1 1<br>1 1 1<br>1 1 1 1<br>1 1 -1 1 1<br>1 1 1 1 1 1<br>1 1 1 1 1 1 1<br>改15:3与6不相邻 | 1 2 3 4 5 6 7<br>1<br>1 1<br>1 1 1<br>1 1 1 1<br>1 1 1 1 1<br>1 1 -1 1 1 1<br>1 1 1 1 1 1 1<br>改16:3与7不相邻 | 1 2 3 4 5 6 7<br>1<br>1 1<br>1 1 1<br>1 1 1 1<br>1 1 1 1 1<br>1 1 1 1 1 1<br>1 1 -1 1 1 1 1<br>改17:3与8不相邻 | 1 2 3 4 5 6 7<br>1<br>1 1<br>1 1 1<br>1 1 1 -1<br>1 1 1 1 1<br>1 1 1 1 1 1<br>1 1 1 1 1 1 1<br>改18:4与5不相邻 | 1 2 3 4 5 6 7<br>1<br>1 1<br>1 1 1<br>1 1 1 1<br>1 1 1 -1 1<br>1 1 1 1 1 1<br>1 1 1 1 1 1 1<br>改19:4与6不相邻 |
| 图的三角矩阵及说明 | 面号<br>2<br>3<br>4<br>5<br>6<br>7<br>8 | 1 2 3 4 5 6 7<br>1<br>1 1<br>1 1 1<br>1 1 1 1<br>1 1 1 1 1<br>1 1 1 -1 1 1<br>1 1 1 1 1 1 1<br>改20:4与7不相邻 | 1 2 3 4 5 6 7<br>1<br>1 1<br>1 1 1<br>1 1 1 1<br>1 1 1 1 1<br>1 1 1 1 1 1<br>1 1 1 -1 1 1 1<br>改21:4与8不相邻 | 1 2 3 4 5 6 7<br>1<br>1 1<br>1 1 1<br>1 1 1 1<br>1 1 1 1 -1<br>1 1 1 1 1 1<br>1 1 1 1 1 1 1<br>改22:5与6不相邻 | 1 2 3 4 5 6 7<br>1<br>1 1<br>1 1 1<br>1 1 1 1<br>1 1 1 1 1<br>1 1 1 1 -1 1<br>1 1 1 1 1 1 1<br>改23:5与7不相邻 | 1 2 3 4 5 6 7<br>1<br>1 1<br>1 1 1<br>1 1 1 1<br>1 1 1 1 1<br>1 1 1 1 1 1<br>1 1 1 1 -1 1 1<br>改24:5与8不相邻 |
| 图的三角矩阵及说明 | 面号<br>2<br>3<br>4<br>5<br>6<br>7<br>8 | 1 2 3 4 5 6 7<br>1<br>1 1<br>1 1 1<br>1 1 1 1<br>1 1 1 1 1<br>1 1 1 1 1 -1<br>1 1 1 1 1 1 1<br>改25:6与7不相邻 | 1 2 3 4 5 6 7<br>1<br>1 1<br>1 1 1<br>1 1 1 1<br>1 1 1 1 1<br>1 1 1 1 1 1<br>1 1 1 1 1 -1 1<br>改26:6与8不相邻 | 1 2 3 4 5 6 7<br>1<br>1 1<br>1 1 1<br>1 1 1 1<br>1 1 1 1 1<br>1 1 1 1 1 1<br>1 1 1 1 1 1 -1<br>改27:7与8不相邻 | 1 2 3 4 5 6 7<br>-1<br>1 1<br>1 1 1<br>1 1 1 1<br>1 1 1 1 1<br>1 1 1 1 1 1<br>1 1 1 1 1 1 1<br>改28:1与2不相邻 | 注：至图改28，不相邻的两个面与原图同。其实，不论怎样改动图的面与面之间的相邻关系，不相邻的两个面必与前图同。 |

**图5-52(8字连环体表面分划到第7步、8个面时的28种改动图的组合模式的三角矩阵及不相邻的两个面的说明)**

## 4.9 结论

结论1 物体表面是四色猜想命题中的一个要素。

中国有一句富有哲理的成语，叫作“皮之不存，毛将焉附”。在四色猜想命题中,物体表面与图的关系,就是“皮”与“毛”的关系,即物体表面是“皮”,图是“毛”。“皮之不存,毛将焉附”,这句成语足以说明物体表面在四色猜想命题的诸要素中的地位。综上证明,可知:一个图的仅需色数与图的载体——物体表面有着密切联系。比如,展现在平体、球体、正方体、锥体、圆柱体表面的图之所以仅需 4 色区分,是在于这些物体表面的全相邻力均为 $L=4$。再比如,展现在环体、石锁体、方框体表面的图的之所以仅需 5 色区分,是在于这些物体表面的全相邻力均为 $L=5$。又比如,展现在丁环体的图之所以仅需 6 色区分,是在于丁环体表面的全相邻力为 $L=6$。又比如,展现在 8 字连环体的图之所以仅需 7 色区分,是在于 8 字连环体表面的全相邻力为 $L=7$。为什么平体、环体、丁环体、8 字连环体的图的仅需色数各不相同,是在于这些物体表面的全相邻力各不相同。

说得更明白一点,人们在平(球)体表面可轻而易举地构造出由百、万、亿个面组成整体的图,但绝不可能构造出一个需用 5 色区分的图来,想要构造出一个需用 5 色区分的图来,唯有在环体表面、丁环体表面及具备相应条件的其他物体表面才能得之以实现。同理,人们绝不可能在平(球)体表面和环体表面构造出需用 6 色区分的图来,唯有在丁环体表面及具备相应条件的其他物体表面才能构造出一个需用 6 色区分的图来。

可见,图的仅需色数与图的载体——物体表面有着密切联系,物体表面是四色猜想命题中的一个不可漏缺的要素。在四色猜想命题中,物体表面、图、面、色是缺一不可的四个要素。如果漏缺了某个要素,那么,诚然不可能对四色猜想命题做出科学的正确的证明。然而,人们对四色猜想命题的误读恰恰就是:只看到了“毛”,而看不见“毛”遮掩之下的“皮”;只注重对图的研究,而忽略了对图的载体——物体表面与图的关系的研究。

结论 2　物体表面的全相邻力是检验此物体与彼物体是不是同胚

体的标准。

应用分划法求证到的物体表面的全相邻力,让我们看到了这样的事实:平体与球体、正方体、锥体、圆柱体之所以是同胚体,是在于这些物体表面的全相邻力相同(即均为 $L=4$);环体、石锁体、方框体之所以是同胚体,是在于这些物体表面的全相邻力相同(即均为 $L=5$);平体、环体、丁环体、8 字连环体之所以不是同胚体,是在于这些物体表面的全相邻力各不相同。可见,检验此物体与彼物体是不是同胚体,看两者的全相邻力是否相同,如是,则是;如否,则否。

结论 3　物体表面的全相邻力、图的相邻面的组合力、图的仅需色数三者是等于关系。

已知

平体、球体、正方体、锥体、圆柱体表面的全相邻力为 $L=4$;图的相邻面的组合力为 $C_4^2$,$C_L^2$ 的 $L=4$;图的仅需色数为 $S=4$。可见,$L=C_L^2$ 的 $L=S$。

环体、石锁体、方框体表面的全相邻力为 $L=5$;图的相邻面的组合力为 $C_5^2$,$C_L^2$ 的 $L=5$;图的仅需色数为 $S=5$。可见,$L=C_L^2$ 的 $L=S$。

丁环体表面的全相邻力为 $L=6$;图的相邻面的组合力为 $C_6^2$,$C_L^2$ 的 $L=6$;图的仅需色数为 $S=6$。可见,$L=C_L^2$ 的 $L=S$。

8 字连环体表面的全相邻力为 $L=7$;图的相邻面的组合力为 $C_7^2$,$C_L^2$ 的 $L=7$;图的仅需色数为 $S=7$。可见,$L=C_L^2$ 的 $L=S$。

依照归纳法,得出结论:

物体表面的全相邻力、图的相邻面的组合力、图的仅需色数三者是等于关系,其定理为:$L=C_L^2$ 的 $L=S$

"$L=C_L^2$ 的 $L=S$",这个定理就是求证"物体表面的图的仅需色数"的定理。它对于"为什么不同的物体表面的图其仅需色数有的相同,有的不相同"的着色现象做出了正确的回答,是四色猜想命题的正确答案。此证。

**5. 破解的第五题:验证"物体表面的图的仅需色数定理"的证明方法是什么方法**

结论:笔者根据分划法的求证结果和数学的组合原理,创立了两种验证方法。验证结果表明,此两种验证方法对"物体表面的图的仅需色数定理"的验证,均是科学的正确的验证方法。

笔者将"物体表面的全相邻力($L$)"与"图的相邻面的组合力($C_L^2$ 的 $L$)"与"物体表面的图的仅需色数($S$)"三者等于关系,称之为"物体表面的图的仅需色数定理"(简称为"仅需色数定理"),表为"$L = C_L^2$ 的 $L = S$"。那么,以现实的图来说,该如何验证它的正确性呢?

5.1 验证"仅需色数定理"的原则和依据

遵循"何去何从"的原则。就是根据分划法求证结果和数学的组合原理,以该物体表面分划到第几步第几个面求证到全相邻力时(即出现"不相邻的两个面"时)的第几步的"几"确定为仅需色数,并设定为"仅需色数命题",将第几个面的"几"设为 $m$,以"仅需色数命题"和"$m$"创立科学的验证方法。

以事实为依据。即以反映实图的图的 $C_n^2$ 组合模式中不相邻的 2 个面为验证依据。

5.2 验证"仅需色数定理"的方法

笔者根据分划法的求证结果和数学的组合原理,创立了两种验证方法。

验证方法 1 根据分划法的求证结果,应用数学的组合原理,设置两个组合模式,一个是图的 $C_n^2$ 组合模式,另一个是命题的 $C_n^m$ 组合模式。所谓"命题的 $C_n^m$ 组合模式",即是遵循仅需色数 $S = m - 1$ 的原理,将"仅需色数命题的组合模式"设定为从 $n$ 个元素(即面,下同)中任意取出 $m$ 个元素为一个组合的整体(即 $C_n^m$ 组合模式),并作为被验证体。

而后，以反映实图的图的 $C_n^2$ 组合模式中不相邻的 2 个面为验证依据，对命题的 $C_n^m$ 组合模式中每一个组合进行验证。显然，命题的 $C_n^m$ 组合模式中每一个组合均为一个 $C_m^m$ 组合，$m$ 个面则需 $m$ 种色区分，如 $C_n^m$ 组合模式中每一个 $C_m^m$ 组合都存在不相邻的 2 个(或 2 个以上)面，则表明每一个 $C_m^m$ 组合均有 2 个(或 2 个以上)面可着同 1 色，那么"$m - C_2^2 \leqslant S$(色)"，每一个 $C_m^m$ 组合均仅需 $\leqslant S$ 色区分，从而证明 $S$ 色区分成立；如 $C_n^m$ 组合模式中有一个(或多个) $C_m^m$ 组合不存在不相邻的面，那么表明此 $C_m^m$ 组合需 $m$ 色区分，因 $m > S$(色)，从而证明 $S$ 色区分不成立。

无疑，在图的 $C_n^2$ 组合模式中，以 $C_2^2$ 组合来表达"两两相邻关系"和"两两非相邻关系"，都是可穷举的。同理，在命题的 $C_n^m$ 组合模式中，相对于由 $n$ 个元素组成的图来说，不论其面与面之间的关系如何，其任意取出 $m$ 个元素的组合(即表达为 $C_n^m$ 组合时)也是可穷举的。

验证方法 2　根据分划法求证到的结果，应用数学的组合原理，以该物体表面分划到第几步第几个面求证到全相邻力时(即出现"不相邻的两个面"时)的第几个面的"几"设为 $m$，将图的 $C_n^2$ 组合模式分解为 $C_n^m$ 个 $C_m^2$ 组合模式(即是将方法 1 的命题的 $C_n^m$ 组合模式中的每个 $C_m^m$ 组合以 $C_m^2$ 组合模式表达出来)。而后，对每一个 $C_m^2$ 组合模式进行验证，如每一个 $C_m^2$ 组合模式中都存在 1 个(或 1 个以上)由两个不相邻的面组成的组合(即非相邻点)，则表明每一个 $C_m^2$ 组合模式均有 2 个(或 2 个以上)面可着同 1 色，那么"$m - C_2^2 \leqslant S$(色)"，每一个 $C_m^2$ 组合模式均仅需 $\leqslant S$ 色区分，从而证明 $S$ 色区分成立；如有一个(或多个) $C_m^2$ 组合模式不存在由两个不相邻的面组成的组合，那么表明此 $C_m^2$ 组合模式的 $m$ 个面的面与面之间彼此全相邻，需 $m$ 色区分，因 $m > S$(色)，从而证明 $S$ 色区分不成立。

无疑，在图的 $C_n^2$ 组合模式中，以 $C_2^2$ 组合来表达"两两相邻关系"和"两两非相邻关系"，都是可穷举的。而图的 $C_n^2$ 组合模式分解为 $C_n^m$ 个

$C_m^2$ 组合模式后,一方面,$C_m^2$ 组合模式的个数是可穷举的,另一方面,$C_m^2$ 组合模式中表达 $m$ 个面之间的“两两相邻关系”和“两两非相邻关系”,也是可穷举的。

## 5.3 验证平体表面的图的仅需色数

现对平体表面的图的仅需色数(即四色猜想)进行验证。

### 5.3.1 验证方法 1 的证明

第一步 将四色猜想命题设定为 $C_n^5$ 组合模式并作为被验证体

经分划,平体表面是被分划到第四步、5 个面时求证到全相邻力的。据此,将平体表面的图的仅需色数设定为四色猜想命题,并将此命题的组合模式设定为一个从 $n$ 个元素中任意取出 5 个元素为 1 个组合的整体,即 $C_n^5$ 组合模式(见图 5-53)。

从图 5-53 看出,在 $C_n^5$ 组合模式中,其任意取出 5 个元素的组合是穷举的。如由 5 个面组成的图,仅有“12345”1 个 $C_5^5$ 组合;由 6 个面组成的图,共有“12345,12346,12356,12456,13456,23456”6 个 $C_5^5$ 组合;由 7 个面组成的图共有 21 个 $C_5^5$ 组合(见图 5-53)。

| n | $C_n^5$ 组合模式中的各组组合 | | | | | $C_n^5$ |
|---|---|---|---|---|---|---|
| 5 | 12345 | | | | | $C_5^5=1$ |
| 6 | 12346 | 12356 | 12456 | 13456 | 23456 | $C_6^5=6$ |
| 7 | 12347 | 12357 | 12457 | 13457 | 23457 | |
| | | 12367 | 12467 | 13467 | 23467 | |
| | | | 12567 | 13567 | 23567 | |
| | | | | 14567 | 24567 | |
| | | | | | 34567 | $C_7^5=21$ |
| 8 | 12348(余略) | | | | | $C_8^5=56$ |
| 9 | 12349(余略) | | | | | $C_9^5=126$ |
| … | …… | | | | | …… |

图 5-53

第二步　以现实中的图的 $C_n^2$ 组合模式为验证依据

例证1　图5－54是由5个面组成的图。从图5－53的 $C_n^5$ 组合模式中知道，由5个面组成的图仅有"12345"1个 $C_5^5$ 组合。从图5－54的 $C_n^2$ 组合模式看出，该图5个面中只存在1与3两个面不相邻，可着同1色。

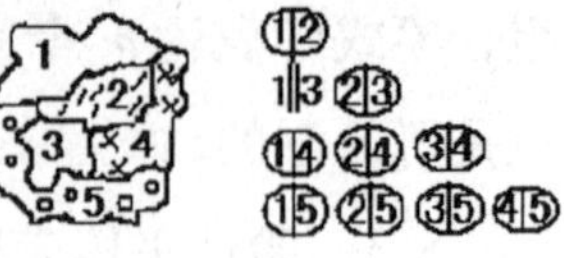

图5－54及其组合模式

验证结果，图5－54的5个面仅需4色区分，其四色区分成立。

例证2　图5－55是由6个面组成的图。从图5－53的 $C_n^5$ 组合模式中知道，由6个面组成的图共有6个 $C_5^5$ 组合（略）。从图5－55的 $C_n^2$ 组合模式中看出，该图6个面中存在"1与3，2与6，3与6"3对不相邻面。现对图5－55的6个 $C_5^5$ 组合予以验证：

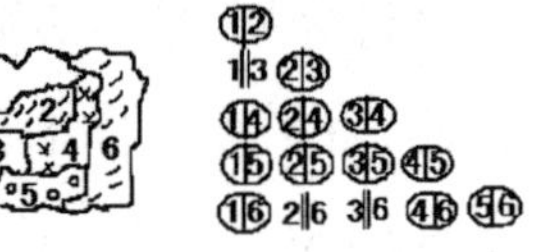

图5－55及其组合模式

"12345"5个面只存在"1与3"1对不相邻面，仅需4色区分；

"12346"5个面存在"1与3，2与6，3与6"3对不相邻面，仅需3色区分；

"12356"5个面存在"1与3，2与6，3与6"3对不相邻面，仅需3色区分；

"12456"5个面只存在"2与6"1对不相邻面，仅需4色区分；

"13456"5个面存在"1与3"、"3与6"2对不相邻面，仅需4色区分。

"23456"5个面存在"2与6"、"3与6"2对不相邻面，仅需4色区分。

验证结果，图5－55的 $C_n^5$ 组合模式共有6个 $C_5^5$ 组合，其每个 $C_5^5$ 组合至少存在1对不相邻面，均仅需≤4色区分。因此，图5－55的6个面仅需4色区分，其四色区分成立。

例证3　图5－56是由7个面组成的图。从图5－53的 $C_n^5$ 组合模式中知道，由7个面组成的图共有21个 $C_5^5$ 组合（略）。

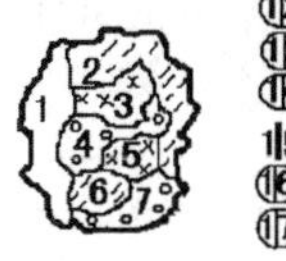

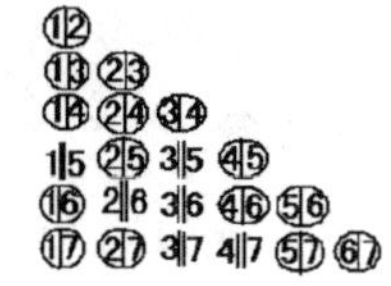

图5－56及其组合模式

从图5－56的 $C_n^2$ 组合模式中看出，图5－56的7个面中存在6对不相邻的两个面：1与5，2与6，3与5，3与6，3与7，4与7。现对图5－56的21个 $C_5^5$ 组合进行验证：

“12345”5个元素存在“1与5、3与5”2对不相邻的两个面，仅需4色区分；

“12346”5个元素存在“2与6、3与6”2对不相邻的两个面，仅需4色区分；

“12347”5个元素存在“3与7、4与7”2对不相邻的两个面，仅需4色区分；

“12356”5个元素存在“1与5、3与5、3与6”3对不相邻的两个面，仅需3色区分；

“12357”5个元素存在“1与5、3与5、3与7”3对不相邻的两个面，仅需3色区分；

“12367”5个元素存在“2与6、3与6、3与7”3对不相邻的两个面，仅需3色区分；

“12456”5个元素存在“1与5、2与6”2对不相邻的两个面，仅需3色区分；

“12457”5个元素存在“1与5、4与7”2对不相邻的两个面，仅需3色区分；

“12467”5个元素存在“2与6、4与7”2对不相邻的两个面，仅需3色区分；

“12567”5个元素存在“1与5、2与6”2对不相邻的两个面，仅需3色区分；

“13456”5 个元素存在“1 与 5、3 与 6”2 对不相邻的两个面，仅需 3 色区分；

“13457”5 个元素存在“1 与 5、3 与 7”2 对不相邻的两个面，仅需 3 色区分；

“13467”5 个元素存在“3 与 6、3 与 7、4 与 7”3 对不相邻的两个面，仅需 3 色区分；

“13567”5 个元素存在“1 与 5、3 与 5、3 与 6、3 与 7”4 对不相邻的两个面，仅需 3 色区分；

“14567”5 个元素存在“1 与 5、4 与 7”2 对不相邻的两个面，仅需 3 色区分；

“23456”5 个元素存在“2 与 6、3 与 5、3 与 6”3 对不相邻的两个面，仅需 3 色区分；

“23457”5 个元素存在“3 与 5、3 与 7、4 与 7”3 对不相邻的两个面，仅需 3 色区分；

“23467”5 个元素存在“2 与 6、3 与 6、3 与 7、4 与 7”4 对不相邻的两个面，仅需 3 色区分；

“23567”5 个元素存在“2 与 6、3 与 5、3 与 6、3 与 7”4 对不相邻的两个面，仅需 3 色区分；

“24567”5 个元素存在“2 与 6、4 与 7”2 对不相邻的两个面，仅需 3 色区分；

“34567”5 个元素存在“3 与 5、3 与 6、3 与 7、4 与 7”4 对不相邻的两个面，仅需 3 色区分。

验证结果，图 5－56 的 $C_n^5$ 组合模式共有 21 个 $C_5^5$ 组合，其每个组合的 5 个元素至少存在 1 对不相邻的两个面，均仅需≤4 色区分，图 5－56 的 7 个面仅需 4 色区分，其四色区分成立。

综例证 1 至例证 3 的证明，依照归纳法，得出结论：平体表面的图，不论其面数是多少，其 $C_n^5$ 组合模式中每一个 $C_5^5$ 组合至少存在 1 对不相邻面,均仅需≤4 色区分,其 $n$ 个面仅需 4 色区分。因此,四色猜想命题成立。此证。

5.3.2 验证方法 2 的证明

经分划,平体表面是被分划到第四步、5 个面时求证到全相邻力的。据此,可知分解的 $C_m^2$ 组合模式的 $m=5$。现以验证方法 1 的证明的 3 个图例为例,应用验证方法 2 进行验证证明。

例证 1 以验证方法 1 的图例图 5－54 为例

从图 5－54 看出,图 5－54 是由 5 个面组成的图,即 $n=5$,$m=5$,由此可知,$C_n^m=C_5^5=1$,由 5 个面组成的图只存在"12345"1 个组合。据此,图 5－54 的 $C_5^2$ 组合模式只能分解为 1 个 $C_5^2$ 组合模式,与图 5－54 的组合模式同。从图 5－54 的组合模式中看出,图 5－54 的 5 个面中只存在 3 与 5 两个面不相邻,可着同 1 色。

验证结果,图 5－54 的 5 个面仅需 4 色区分,其四色区分成立。

例证 2 以验证方法 1 的图例图 5－55 为例

从图 5－55 看出,图 5－55 是由 6 个面组成的图,即 $n=6$,$m=5$,由此可知,$C_n^m=C_6^5=6$,由 6 个面组成的图共有 6 个 $C_5^2$ 组合,即:"12345"、"12346"、"12356"、"12456"、"13456"、"23456"。据此,图 5－55 的 $C_6^2$ 组合模式应分解为 6 个 $C_5^2$ 组合模式,见图 5－57。

| 5个面号 | 1、2、3、4、5 | 1、2、3、4、6 | 1、2、3、5、6 | 1、2、4、5、6 | 1、3、4、5、6 | 2、3、4、5、6 |
| --- | --- | --- | --- | --- | --- | --- |
| $C_5^2$ 组合模式 | ⑫<br>1‖3 ㉓<br>⑭ ㉔ ㉞<br>⑮ ㉕ ㉟ ㊺ | ⑫<br>1‖3 ㉓<br>⑭ ㉔ ㉞<br>⑯ 2‖6 3‖6 ㊻ | ⑫<br>1‖3 ㉓<br>⑭ ㉔ ㉞<br>⑯ 2‖6 3‖6 ㊿56 | ⑫<br>⑭ ㉔<br>⑮ ㉕ ㊺<br>⑯ 2‖6 ㊻ (56) | 1‖3<br>⑭ ㉞<br>⑮ ㉟ ㊺<br>⑯ 3‖6 ㊻ (56) | ㉓<br>㉔ ㉞<br>㉕ ㉟ ㊺<br>2‖6 3‖6 ㊻ (56) |
| 验证结果 | 1与3不相邻,仅需4色区分 | 1与3、2与6、3与6不相邻,仅需3色区分 | 1与3、2与6、3与6不相邻,仅需3色区分 | 2与6不相邻,仅需4色区分 | 1与3、3与6不相邻,仅需4色区分 | 2与6、3与6不相邻,仅需4色区分 |

**图 5－57(从图 5－55 的 $C_6^2$ 组合模式中分解的 6 个 $C_5^2$ 组合模式)**

从图 5－57 看出,从图 5－55 的 $C_6^2$ 组合模式中分解出来的 6 个 $C_5^2$

组合模式,每个 $C_5^2$ 组合模式至少存在 1 个由两个不相邻的面组成的组合,均仅需≤4 色区分。

验证结果,图 5 – 55 的 6 个面仅需 4 色区分,其四色区分成立。

例证 3　以验证方法 1 的图例图 5 – 56 为例

从图 5 – 56 看出,图 5 – 56 是由 7 个面组成的图,即 $n=7,m=5$,由此可知,$C_n^m=C_7^5=21$,由 7 个面组成的图共有 21 个 $C_5^2$ 组合(详见图 5 – 53)。据此,图 5 – 56 的 $C_7^2$ 组合模式应分解为 21 个 $C_5^2$ 组合模式,见图 5 – 58。

| 5个面号 | 1.2.3.4.5 | 1.2.3.4.6 | 1.2.3.4.7 | 1.2.3.5.6 | 1.2.3.5.7 |
|---|---|---|---|---|---|
| $C_5^2$ 组合模式 | ⑫<br>⑬㉓<br>⑭㉔㉞<br>1‖5 ㉕ 3‖5 ㊺ | ⑫<br>⑬㉓<br>⑭㉔㉞<br>⑯ 2‖6 3‖6 ㊻ | ⑫<br>⑬㉓<br>⑭㉔㉞<br>⑰㉗ 3‖7 4‖7 | ⑫<br>⑬㉓<br>1‖5 ㉕ 3‖5<br>⑯ 2‖6 3‖6 (56) | ⑫<br>⑬㉓<br>1‖5 ㉕ 3‖5<br>⑰㉗ 3‖7 (57) |
| 验证结果 | 1与5.3与5<br>不相邻<br>仅需4色区分 | 2与6.3与6<br>不相邻<br>仅需4色区分 | 3与7.4与7<br>不相邻<br>仅需4色区分 | 1与5.2与6.<br>3与6不相邻<br>仅需3色区分 | 1与5.3与5.<br>3与7不相邻<br>仅需3色区分 |
| 5个面号 | 1.2.3.6.7 | 1.2.4.5.6 | 1.2.4.5.7 | 1.2.4.6.7 | 1.2.5.6.7 |
| $C_5^2$ 组合模式 | ⑫<br>⑬㉓<br>⑯ 2‖6 3‖6<br>⑰㉗ 3‖7 (67) | ⑫<br>⑭㉔<br>1‖5 ㉕㊺<br>⑯ 2‖6 ㊻ (56) | ⑫<br>⑭㉔<br>1‖5 ㉕㊺<br>⑰㉗ 4‖7 (57) | ⑫<br>⑭㉔<br>⑯ 2‖6 ㊻<br>⑰㉗ 4‖7 (67) | ⑫<br>1‖5 ㉕<br>⑯ 2‖6 (56)<br>⑰㉗ (57) (67) |
| 验证结果 | 2与6.3与6.<br>3与7不相邻<br>仅需3色区分 | 1与5.2与6<br>不相邻<br>仅需3色区分 | 1与5.4与7<br>不相邻<br>仅需3色区分 | 2与6.4与7<br>不相邻<br>仅需3色区分 | 1与5.2与6<br>不相邻<br>仅需3色区分 |
| 5个面号 | 1.3.4.5.6 | 1.3.4.5.7 | 1.3.4.6.7 | 1.3.5.6.7 | 1.4.5.6.7 |
| $C_5^2$ 组合模式 | ⑬<br>⑭㉞<br>1‖5 3‖5 ㊺<br>⑯ 3‖6 ㊻ (56) | ⑬<br>⑭㉞<br>1‖5 3‖5 ㊺<br>⑰ 3‖7 4‖7 (57) | ⑬<br>⑭㉞<br>⑯ 3‖6 (56)<br>⑰ 3‖7 (57) (67) | ⑬<br>1‖5 3‖5<br>⑯ 3‖6 (56)<br>⑰ 3‖7 (57) (67) | ⑭<br>1‖5 ㊺<br>⑯ ㊻ (56)<br>⑰ 4‖7 (57) (67) |
| 验证结果 | 1与5.3与5.<br>3与6不相邻<br>仅需4色区分 | 1与5.3与5.3与<br>7.4与7不相邻<br>仅需3色区分 | 3与6.3与7<br>不相邻,<br>仅需4色区分 | 1与5.3与5.3与<br>6.3与7不相邻<br>仅需3色区分 | 1与5.4与7<br>不相邻<br>仅需3色区分 |
| 5个面号 | 2.3.4.5.6 | 2.3.4.5.7 | 2.3.4.6.7 | 2.3.5.6.7 | 2.4.5.6.7 |
| $C_5^2$ 组合模式 | ㉓<br>㉔㉞<br>㉕ 3‖5 ㊺<br>2‖6 3‖6 ㊻ (56) | ㉓<br>㉔㉞<br>㉕ 3‖5 ㊺<br>㉗ 3‖7 4‖7 (57) | ㉓<br>㉔㉞<br>2‖6 3‖6 ㊻<br>㉗ 3‖7 4‖7 (67) | ㉓<br>㉕ 3‖5<br>2‖6 3‖6 (56)<br>㉗ 3‖7 (57) (67) | ㉔<br>㉕㊺<br>2‖6 ㊻ (56)<br>㉗ 4‖7 (57) (67) |
| 验证结果 | 2与6.3与5.<br>3与6不相邻<br>仅需3色区分 | 3与5.3与7.<br>4与7不相邻<br>仅需3色区分 | 2与6.3与6.3与<br>7.4与7不相邻<br>仅需3色区分 | 2与6.3与6.<br>3与7不相邻<br>仅需3色区分 | 2与6.4与7<br>不相邻<br>仅需3色区分 |
| 5个面号 | 3.4.5.6.7 | | | | |
| $C_5^2$ 组合模式 | ㉞<br>3‖5 ㊺<br>3‖6 ㊻ (56)<br>3‖7 4‖7 (57) (67) | | | | |
| 验证结果 | 3与5.3与7.3与<br>6.4与7不相邻<br>仅需3色区分 | | | | |

图 5 – 58(从图 5 – 56 的 $C_7^2$ 组合模式中分解的 21 个 $C_5^2$ 组合模式)

从图 5－58 看出，从图 5－56 的 $C_7^2$ 组合模式中分解出来的 21 个 $C_5^2$ 组合模式，每个 $C_5^2$ 组合模式至少存在 1 个由两个不相邻的面组成的组合，均仅需≤4 色区分。

验证结果，图 5－56 的 7 个面仅需 4 色区分，其四色区分成立。

综例证 1 至例证 3 的证明，由 5 个面组成的图，其 $C_5^2$ 组合模式只能分解为 1 个 $C_5^2$ 组合模式，存在 1 个由两个不相邻的面组成的组合，其 5 个面仅需 4 色区分，其四色区分成立；由 6 个面组成的图，其 $C_6^2$ 组合模式中分解出来的 6 个 $C_5^2$ 组合模式，每个 $C_5^2$ 组合模式至少存在 1 个由两个不相邻的面组成的组合，均仅需≤4 色区分，其 6 个面仅需 4 色区分，其四色区分成立；由 7 个面组成的图，其 $C_7^2$ 组合模式中分解出来的 21 个 $C_5^2$ 组合模式，每个 $C_5^2$ 组合模式至少存在 1 个由两个不相邻的面组成的组合，均仅需≤4 色区分，其 7 个面仅需 4 色区分，其四色区分成立。依照归纳法，得

结论：从平体表面的图的 $C_n^2$ 组合模式中分解出来的任何一个 $C_5^2$ 组合模式，至少存在 1 个由两个不相邻的面组成的组合，均仅需≤4 色区分。因此，其 $n$ 个面仅需 4 色区分，四色猜想成立。此证。

## 5.4　对其他物体表面的图的仅需色数的验证结果

### 5.4.1　对球体、正方体表面的图的仅需色数的验证结果

*A.* 验证方法 1 的证明结果

经分划，球体、正方体表面是被分划到第 4 步、5 个面时，求证到其全相邻力为 $L=4$、图的相邻面的组合力为 $C_4^2$。据此，将这些物体表面的图的仅需色数设定为四色猜想命题，并将此命题的组合模式设定为一个从 $n$ 个元素中任意取出 5 个元素为一个组合的整体，即 $C_n^5$ 组合模式。然后以现实中的图的 $C_n^2$ 组合模式中“不相邻的两个面”为依据，对命题的 $C_n^5$ 组合模式中每一个 $C_5^5$ 组合进行验证。验证结果：这些物体表面的图，不论其面数是多少，其 $C_n^5$ 组合模式中每一个 $C_5^5$ 组合至少存在 1 对

不相邻面，均仅需≤4 色区分，其 $n$ 个面仅需 4 色区分。因此，就球体、正方体表面的图的仅需色数区分而言，四色猜想命题成立。此证。

5.4.1.2　验证方法 2 的证明结果

经应用分划法求证，球体、正方体表面是被分划到第 4 步、5 个面时，不能做到使 5 个面全相邻，必定出现不相邻的 2 个面。那么，由此可知，$m=5$，$C_n^m$ 为 $C_n^5$，其图的 $C_n^2$ 组合模式分解出来的 $C_m^2$ 组合模式为 $C_5^2$ 组合模式，其图的 $C_n^2$ 组合模式应分解 $C_n^5$ 个 $C_5^2$ 组合模式。验证结果表明，球体、正方体表面的图，不论其面数是多少，其图的 $C_n^2$ 组合模式中分解出来的任何一个 $C_5^2$ 组合模式，至少存在 1 个由两个不相邻的面组成的组合，均仅需≤4 色区分，其 $n$ 个面仅需 4 色区分。因此，就球体、正方体表面的图的仅需色数区分而言，其四色猜想成立。此证。

5.4.2　对环体表面的图的仅需色数的验证结果

5.4.2.1　验证方法 1 的证明结果

经分划，环体（即轮胎体）表面是被分划到第五步、6 个面时求证到其全相邻力为 $L=5$、图的相邻面的组合力为 $C_5^2$。据此，将环体表面的图的仅需色数设定为五色猜想命题，并将此命题设定为一个从 $n$ 个元素中任意取出 6 个元素为一个组合的整体（即 $C_n^6$ 组合模式），然后以现实中的图的 $C_n^2$ 组合模式中“不相邻的两个面”为依据，对命题的 $C_n^6$ 组合模式中每一个 $C_6^6$ 组合进行验证。验证结果：环体表面的图，不论其面数是多少，其 $C_n^6$ 组合模式中每一个 $C_6^6$ 组合至少存在 1 对不相邻面，均仅需≤5 色区分，其 $n$ 个面仅需 5 色区分，因此，就环体表面的图的仅需色数区分而言，五色猜想命题成立。此证。

5.4.2.2　. 验证方法 2 的证明结果

经应用分划法求证，环体表面当被分划到第 5 步、分划为 6 个面时，不能做到使 6 个面全相邻，必定出现不相邻的 2 个面。那么，由此可知，$m=6$，$C_n^m$ 为 $C_n^6$，其图的 $C_n^2$ 组合模式分解出来的 $C_m^2$ 组合模式为 $C_6^2$ 组合模式，其图的 $C_n^2$ 组合模式应分解 $C_n^6$ 个 $C_6^2$ 组合模式。验证结果表明，环体表面的图，不论其面数是多少，其图的 $C_n^2$ 组合模式中分解出来的任何一个 $C_6^2$ 组合模式，至少存在 1 个由两个不相邻的面组成的组合，均仅需≤5 色区分，其 $n$ 个面仅需 5 色区分，因此，就环体表面的图的仅需色数区分而言，其五色猜想成立。此证。

5.4.3　对丁环体表面的图的仅需色数的验证结果

5.4.3.1　验证方法 1 的证明结果

经分划，丁环体表面是被分划到第 6 步、7 个面时求证到全相邻力为 $L=6$、图的相邻面的组合力为 $C_6^2$。据此，将丁环体表面的图的仅需色数设定为六色猜想命题，并将此命题设定为一个从 $n$ 个元素中任意取出 7 个元素为一个组合的整体（即 $C_n^7$ 组合模式），然后以现实中图的 $C_n^2$ 组合模式中"不相邻的两个面"为依据，对命题的 $C_n^7$ 组合模式中每一个 $C_7^7$ 组合进行验证。验证结果：丁环体表面的图，不论其面数是多少，其 $C_n^7$ 组合模式中每一个 $C_7^7$ 组合至少存在 1 对不相邻面，均仅需≤6 色区分，其 $n$ 个面仅需 6 色区分。因此，就丁环体表面的图的仅需色数区分而言，六色猜想命题成立。此证。

5.4.3.2　验证方法 2 的证明结果

经应用分划法求证，丁环体表面当被分划到第 6 步、分划为 7 个面时，不能做到使 7 个面全相邻，必定出现不相邻的 2 个面。那么，由此可知，$m=7$，$C_n^m$ 为 $C_n^7$，其图的 $C_n^2$ 组合模式分解出来的 $C_m^2$ 组合模式为 $C_7^2$ 组合模式，其图的 $C_n^2$ 组合模式应分解 $C_n^7$ 个 $C_7^2$ 组合模式。验证结果表明，丁环体表面的图，不论其面数是多少，其图的 $C_n^2$ 组合模式中分解出来的任何一个 $C_7^2$ 组合模式，至少存在 1 个由两个不相邻的面组成的组合，均仅需≤6 色区分，其 $n$ 个面仅需 6 色区分。因此，就丁环体表面的图的仅需色数区分而言，其六色猜想成立。此证。

5.4.4 对8字连环体表面的图的仅需色数的验证结果

5.4.4.1 验证方法1的证明结果

经分划,8字连环体表面是被分划到第7步、8个面时求证到全相邻力为$L=7$、图的相邻面的组合力为$C_7^2$。据此,将8字连环体表面的图的仅需色数设定为七色猜想命题,并将此命题设定为一个从$n$个元素中任意取出8个元素为一个组合的整体(即$C_n^8$组合模式),然后以现实中的图的$C_n^2$组合模式中"不相邻的两个面"为依据,对命题的$C_n^8$组合模式中每一个$C_8^8$组合进行验证。验证结果:8字连环体表面的图,不论其面数是多少,其$C_n^8$组合模式中每一个$C_8^8$组合至少存在1对不相邻的两个面,均仅需≤7色区分,其$n$个面仅需7色区分。因此,就8字连环体表面的图的仅需色数区分而言,七色猜想命题成立。

5.4.4.2 验证方法2的证明结果

经应用分划法求证,8字连环体表面当被分划到第7步、分划为8个面时,不能做到使8个面全相邻,必定出现不相邻的2个面。那么,由此可知,$m=8$,$C_n^m$为$C_n^8$,其图的$C_n^2$组合模式分解出来的$C_m^2$组合模式为$C_8^2$组合模式,其图的$C_n^2$组合模式应分解$C_n^8$个$C_8^2$组合模式。验证结果表明,8字连环体表面的图,不论其面数是多少,其图的$C_n^2$组合模式中分解出来的任何一个$C_8^2$组合模式,至少存在1个由两个不相邻的面组成的组合,均仅需≤7色区分,其$n$个面仅需7色区分。因此,就8字连环体表面的图的仅需色数区分而言,其七色猜想成立。此证。

综上证明,得出结论:笔者创立的验证方法1和验证方法2,对"图的仅需色数定理"均能做出科学验证,同是验证"图的仅需色数定理"的科学的正确方法。

至此,笔者提出一个值得人们思考的问题:根据平(球)体表面的图仅需四色区分,环体表面的图仅需五色区分,丁环体表面的图仅需六色区分,8字连环体表面的图仅需七色区分,更为复杂的多环体表面的图仅需八色、九色……$n$ 色区分这一系列的仅需色数现象,“仅需”两字才真正是地图着色现象的核心的关键词。对地图着色现象的证明,只能有一个“仅需色数定理”,不可能有 $n$ 个“$n$ 色定理”。四色猜想命题的破解,实际上是对“四色”这个“仅需色数”做出证明,并非是对在“四色”的前提下图的各面如何着色使之成立的证明。人们如果没能真正读懂“地图着色现象”,就不可能走出“面的数量”怪圈,不可能跳出“如何着色”误区,也就不可能真正破解四色猜想命题。事实证明,数学的组合原理才是破解四色猜想命题的“金钥匙”,四色猜想命题不属于“真的机器证明之命题”。

5.5　$C_n^2$ 组合与 $C_n^n$ 组合两者相通

组合原理告诉我们,就由若干元素组合的整体而言,$C_n^2$ 组合与 $C_n^n$ 组合是相通的,两者的组合元素与区分元素均是等同的(见图 5－59)。

| | $C_n^2$ | n | $C_n^n$ | |
|---|---|---|---|---|
| $C_2^2$ | 12 | 2 | 12 | $C_2^2$ |
| $C_3^2$ | 13 23 | 3 | 123 | $C_3^3$ |
| $C_4^2$ | 14 24 34 | 4 | 1234 | $C_4^4$ |
| $C_5^2$ | 15 25 35 45 | 5 | 12345 | $C_5^5$ |
| $C_6^2$ | 16 26 36 46 56 | 6 | 123456 | $C_6^6$ |
| … | …… | … | …… | … |

**图 5－59($C_n^2$ 组合与 $C_n^n$ 组合相通关系图)**

从图 5－59 看出,$C_3^2$ 组合的整体,其组合元素、区分元素是 3,而 $C_3^3$ 组合的整体,其组合元素、区分元素同样是 3;$C_4^2$ 组合的整体,其组合元素、区分元素是 4,而 $C_4^4$ 组合的整体,其组合元素、区分元素同样是 4;$C_5^2$ 组合的整体,其组合元素、区分元素是 5,而 $C_5^5$ 组合的整体,其组合元素、区分元素同样是 5,依此类推。可见,$C_n^2$ 组合与 $C_n^n$ 组合是相通的,两者的组合元素与区分元素均是等同的。依照这一结论,那么,在以“几”色猜想命题设定的 $C_n^m$ 组合模式中,$C_m^2$ 组合与 $C_m^m$ 组合也是相通的,即

$C_n^m$ 组合模式中每一个 $C_m^m$ 组合均可表达为 $C_m^2$ 组合模式。基于这一观点,完全可以这样说,本人创立的验证"仅需色数定理"的两种证明方法,看起来有所不同,其实,验证方法 2 实质是验证方法 1 的进一步具体化、直观化。因此,两者的证明是相通的,两者的证明结果是相同的。

**6. 破解的第六题:如何求证"图的仅需色数"的计算公式**

结论:求证"图的仅需色数"的计算公式,实际上是求证"图的相邻面的组合力 $C_L^2$"的计算公式。因此,"图的相邻面的组合力"、"图的仅需色数"的循序逐增规律,图的面数、图的组合模式、图的相邻面的组合力、相邻点点数、非相邻点点数五者之间的关系,是求证"$C_L^2$"的计算公式的重要依据。

6.1　求证"图的相邻面的组合力 $C_L^2$"的计算公式

在求证之前,笔者觉得有必要说清楚的,对这个问题,首先必须要明确的,四色猜想命题(准确地说地图着色现象)要人们破解的,实际上是对"图的仅需色数"做出证明,并非是对在"$n$ 色"的前提下图的各面如何着色使之成立的证明。基于这个观点,可以说,物体表面的图的仅需色数定理"$L=C_L^2$ 的 $L=S$",已对四色猜想命题(准确地说地图着色现象)做出证明。如果非要搞个"图的仅需色数"的计算公式不可,笔者认为,根据"$L=C_L^2$ 的 $L=S$"这一定理,"图的仅需色数"的计算公式实际上就是求证"图的相邻面的组合力"的计算公式。为此,根据"图的 $C_n^2$ 组合模式 = 相邻点点数 + 非相邻点点数"(即 $C_n^2=y+z$)的定理,又根据一字状结构的图、梳子状结构的图、梯子状结构的图此 3 种图所反映出来的规律,从图的面数、图的组合模式、图的相邻面的组合力、相邻点点数、非相邻点点数五者关系入手,可求得"图的相邻面的组合力"的计算公式。

第一步　求证相邻面的组合力 $C_L^2$ 与相邻点点数 $y$ 的关系的等式

例 1　从一字状结构的图仅需用着色种数分析图表(见前文图 5 -

32)看出，一字状结构的图，自其面数为2、相邻面的组合力为$C_2^2$起，每增加1个面则相应增加1个相邻点。这增加的相邻点点数“1”，正是“相邻面的组合力$C_2^2$的2(即$C_L^2$的$L$)减去1之差”乘于“图的组合模式$C_n^2$的$n$(即面数)减去相邻面的组合力$C_2^2$的2(即$C_L^2$的$L$)之差”的积，其公式为：

增加的相邻点点数$=(L-1)\times(n-L)=(2-1)\times(n-2)$

那么，一字状结构的图的相邻点点数$y$的公式：

$y=C_L^2+[(L-1)\times(n-L)]=C_2^2+(2-1)\times(n-2)$

例2　从梳子状结构的图仅需用着色种数分析图表(见前文图5-33)看出，梳子状结构的图，自其面数为3、相邻面的组合力为$C_3^2$起，每增加1个面则相应增加2个相邻点。这增加的相邻点点数“2”，正是“相邻面的组合力$C_3^2$的3(即$C_L^2$的$L$)减去1之差”乘于“图的组合模式$C_n^2$的$n$(即面数)减去相邻面的组合力$C_3^2$的3($C_L^2$的$L$)之差”的积，其公式为：

增加的相邻点点数$=(L-1)\times(n-L)=(3-1)\times(n-3)$

那么，梳子状结构的图的相邻点点数$y$的公式：

$y=C_L^2+[(L-1)\times(n-L)]=C_3^2+(3-1)\times(n-3)$

例3　从梯子状结构的图仅需用着色种数分析图表(见前文图5-34)看出，梯子状结构的图，自其面数为4个、相邻面的组合力为$C_4^2$起，每增加1个面则相应增加3个相邻点。这增加的相邻点点数“3”，正是“相邻面的组合力$C_4^2$的4(即$C_L^2$的$L$)减去1之差”乘于“图的组合模式$C_n^2$的$n$(即面数)减去相邻面的组合力$C_4^2$的4(即$C_L^2$的$L$)之差”的积，其公式为：

增加的相邻点点数$=(L-1)\times(n-L)=(4-1)\times(n-4)$

那么，梯子状结构的图的相邻点点数$y$的公式：

$y=C_L^2+[(L-1)\times(n-L)]=C_4^2+(4-1)\times(n-4)$

综上证明,依照归纳法,图的相邻点点数公式为:

增加的相邻点点数 $=(L-1)\times(n-L)$

相邻点点数的公式为:$y=C_L^2+[(L-1)\times(n-L)]$

根据“$y=C_L^2+[(L-1)\times(n-L)]$”这一公式得

$C_L^2=y-(L-1)\times(n-L)$

第二步　将图的非相邻点点数 $z$ 变换为组合数学等式

从一字状结构的图仅需用着色种数分析图表(见前文图 5－32)看出,一字状结构的图,当其面数为 3、图的组合模式为 $C_3^2$ 时,则图的非相邻点点数为 1,即为 $C_2^2$;当其面数为 4、图的组合模式为 $C_4^2$ 时,则图的非相邻点点数为 3,即为 $C_3^2$;当其面数为 5、图的组合模式为 $C_5^2$ 时,则图的非相邻点点数为 6,即为 $C_4^2$;当其面数为 6、图的组合模式为 $C_6^2$ 时,则图的非相邻点点数为 10,即为 $C_5^2$……

从梳子状结构的图仅需用着色种数分析图表(见前文图 5－33)看出,梳子状结构的图,当其面数为 4、图的组合模式为 $C_4^2$ 时,则图的非相邻点点数为 1,即为 $C_2^2$;当其面数为 5、图的组合模式为 $C_5^2$ 时,则图的非相邻点点数为 3,即为 $C_3^2$;当其面数为 6、图的组合模式为 $C_6^2$ 时,则图的非相邻点点数为 6,即为 $C_4^2$……

从梯子状结构的图仅需用着色种数分析图表(见前文图 5－34)看出,梯子状结构的图,当其面数为 5、图的组合模式为 $C_5^2$ 时,则图的非相邻点点数为 1,即为 $C_2^2$;当其面数为 6、图的组合模式为 $C_6^2$ 时,则图的非相邻点点数为 3,即为 $C_3^2$;当其面数为 7、图的组合模式为 $C_7^2$ 时,则图的非相邻点点数为 6,即为 $C_4^2$……

根据一字状结构的图、梳子状结构的图、梯子状结构的图反映出来的规律和组合原理,可将图的非相邻点点数 $z$ 用下面的公式来表示:

$Z=\dfrac{(n-L)\times(n-L+1)}{2\times1}$(式中 $n$ 表示面数,$L$ 为 $C_L^2$ 的 $L$)

已知,一字状结构的图的相邻面的组合力为 $C_2^2$,即 $C_L^2$ 的 $L=2$,那么,一字状结构的图的非相邻点点数则:

$$Z=\frac{(n-2)\times(n-2+1)}{2\times1}$$

已知,梳子状结构的图的相邻面的组合力为 $C_3^2$,即 $C_L^2$ 的 $L=3$,那么,梳子状结构的图的非相邻点点数则:

$$Z=\frac{(n-3)\times(n-3+1)}{2\times1}$$

已知,梯子状结构的图的相邻面的组合力为 $C_4^2$,即 $C_L^2$ 的 $L=4$,那么,梯子状结构的图的非相邻点点数则:

$$Z=\frac{(n-4)\times(n-4+1)}{2\times1}$$

第三步　根据上面求证到的公式和图的组合模式 $C_n^2=y+z$ 的等式,可求证图的相邻面的组合力 $C_L^2$ 的计算公式

已知:$C_n^2=y+z$

又知:$y=C_L^2+[(L-1)\times(n-L)]$

$$Z=\frac{(n-L)\times(n-L+1)}{2\times1}$$

那么,“$C_n^2=y+z$”这一公式可表达为

$$C_n^2=C_L^2+[(L-1)\times(n-L)]+\frac{(n-L)\times(n-L+1)}{2\times1}$$

而 $C_L^2+[(L-1)\times(n-L)]=C_n^2-\frac{(n-L)\times(n-L+1)}{2\times1}$

$$C_L^2=C_n^2-[(L-1)\times(n-L)]-\frac{(n-L)\times(n-L+1)}{2\times1}$$

“$C_L^2=C_n^2-[(L-1)\times(n-L)]-\frac{(n-L)\times(n-L+1)}{2\times1}$”这个公式便是 $C_L^2$ 的计算公式。考虑到其他物体表面的图也会出现类似于平体表面的环抱状结构的图的情况,因此,$C_L^2$ 计算公式的正确表达应是:

$$C_L^2 \geqslant C_n^2 - [(L-1)\times(n-L)] - \frac{(n-L)\times(n-L+1)}{2\times 1}$$

须强调的,这个公式是物体表面的图的相邻面的组合力的计算公式,并非是某个图的图的相邻面的组合力的计算公式。根据这一公式,依照"$L=C_L^2$ 的 $L=S$"这一定理,即可求得物体表面的图的仅需色数。

6.2 "物体表面的图的仅需色数"的公式

客观地说,$C_L^2$ 计算公式"$C_L^2 \geqslant C_n^2 - [(L-1)\times(n-L)] - \frac{(n-L)\times(n-L+1)}{2\times 1}$"是间接求得物体表面的图的仅需色数。那么,有没有直接表达"物体表面的图的仅需色数的公式"呢?对此,笔者认为,通过对梯子状结构的图所反映出来的规律(即图 5-34——梯子状结构的图仅需色数分析图表)进行分析,是可求得"物体表面的图的仅需色数"的公式的。

从前文对图的组合模式的证明中可知,将图中的任何 1 个面设为本面,其与 1 个面相邻,那么,图的组合模式中有此面编号的相邻点仅有 1 个;其与 2 个面相邻,那么,图的组合模式中有此面编号的相邻点则有 2 个;其与 3 个面相邻,那么,图的组合模式中有此面编号的相邻点则有 3 个……简言之,其与多少个面相邻,那么,图的组合模式中有此面编号的相邻点就有多少个。又,从前文的证明中还知道,2 个面相邻需 2 色区分,3 个面全相邻需 3 色区分,4 个面全相邻需 4 色区分,5 个面全相邻需 5 色区分,以此类推。现将这两个"已知"联系起来分析,可推知图的组合模式的相邻点与图的仅需色数有着密切联系。为此,以梯子状结构的图为例,对梯子状结构的图的组合模式(见图 5-29)以及梯子状结构的图仅需色数分析图表(见图 5-34)进行分析,从中做出证明。

从图 5-29 看出,在图的面数为 4 时,图的 4 个面全相邻,即此 4 个面的任何 1 个面与其他 3 个面均相邻,在图的组合模式中有此 4 个面各个面编号的相邻点也均为 3 个,此 4 个面需 4 色区分,即本面"1"加相邻点点数“3”等于“4”(色)。又从图5-29与图5-34联系起来看出,自图的面数为4、其相邻面的组合力为 $C_4^2$ 之后,每增加1个面,则相应增加3个相邻点,亦即新增加的1个面,仅与图的前有面中的3个面相邻,且它们4个面之间全相邻,需4色区分,同样是本面“1”加相邻点点数“3”等于“4”(色)。在前面分析的基础上,再将图的面数与图的组合模式中相邻点点数联系起来看,可发现这样一个规律:展现在平体表面的图,不论其面数是多少,其平均每个面的相邻点点数不可能大于3,即:图的组合模式的相邻点总数÷图的面数<3。根据图的组合模式与相邻点点数、非相邻点点数以及图的相邻面的组合力之关系,此规律可用下列等式来表示:

$(y - C_L^2) \div (n - L) \leqslant 3$

或 $(C_n^2 - z - C_L^2) \div (n - L) \leqslant 3$

(式中 $y$ 表示相邻点点数,$z$ 表示非相邻点点数,$n$ 表示图的面数,$C_L^2$ 表示图的相邻面的组合力,$n > L$)

已知平(球)体表面的图的相邻面的组合力 $C_L^2$ 为 $C_4^2$。那么,平(球)体表面的图的仅需色数的公式为:

$4 \geqslant 1 + (y - C_4^2) \div (n - 4)$

或 $4 \geqslant 1 + (C_n^2 - z - C_4^2) \div (n - 4)$

(式中1表示本面,$n > 4$)

根据平(球)体表面的图的仅需色数的公式,广而推之,可得物体表面的图的仅需色数的公式:

$S \geqslant 1 + (y - C_L^2) \div (n - L)$

或 $S \geqslant 1 + (C_n^2 - z - C_L^2) \div (n - L)$

(式中 $S$ 表示物体表面的图的仅需色数,1表示本面,$y$ 表示相邻点点数,$z$ 表示非相邻点点数,$n$ 表示图的面数,$n > L$)

6.3 求平(球)体表面的图的相邻面的组合力的等式

已知:平(球)体表面的图的相邻面的组合力 $C_L^2$ 为 $C_4^2$,$C_L^2$ 的 $L=4$,将此套入“$C_L^2 \geqslant C_n^2-[(L-1)\times(n-L)]-\frac{(n-L)\times(n-L+1)}{2\times 1}$”这个公式,得

平(球)体表面的图的相邻面的组合力的等式为:

$$C_4^2 \geqslant C_n^2-[(4-1)\times(n-4)]-\frac{(n-4)\times(n-4+1)}{2\times 1}$$

根据“$C_L^2$ 的 $L=S$”定理,所以,展现在平体表面的图,不论其面数是多少,仅需 4 色区分。

“$C_4^2 \geqslant C_n^2-[(4-1)\times(n-4)]-\frac{(n-4)\times(n-4+1)}{2\times 1}$”这一公式可从梯子状结构的图和环抱状结构的图得到证明。

6.4　环体、丁环体、8 字连环体表面的图的相邻面的组合力和图的仅需色数的公式

同理,依照上述证明方法和“$C_L^2 \geqslant C_n^2-[(L-1)\times(n-L)]-\frac{(n-L)\times(n-L+1)}{2\times 1}$”(称为“公式 1”)、“$S \geqslant 1+(y-C_L^2)\div(n-L)$”(称为“公式 2”)这两个公式,可得环体、丁环体、8 字连环体表面的图的相邻面的组合力的公式和图的仅需色数的公式。

6.4.1　环体表面的图的相邻面的组合力的公式和图的仅需色数的公式

已知环体表面的图的相邻面的组合力 $C_L^2$ 为 $C_5^2$,即 $L=5$,$S=5$。

那么

公式 1　$C_5^2 \geqslant C_n^2-[(5-1)\times(n-5)]-\frac{(n-5)\times(n-5+1)}{2\times 1}$

公式 2　$5 \geqslant 1+(y-C_5^2)\div(n-5)$

根据“$C_L^2$ 的 $L=S$”定理,所以,展现在环体表面的图,不论其面数是多少,仅需 5 色区分。

6.4.2 丁环体表面的图的相邻面的组合力的公式和图的仅需色数的公式

已知丁环体表面的图的相邻面的组合力 $C_L^2$ 为 $C_6^2$,即 $L=6,S=6$。那么

公式1 $C_6^2 \geqslant C_n^2 - [(6-1)\times(n-6)] - \frac{(n-6)\times(n-6+1)}{2\times 1}$

公式2 $6 \geqslant 1+(y-C_6^2)\div(n-6)$

根据"$C_L^2$ 的 $L=S$"定理,所以,展现在丁环体表面的图,不论其面数是多少,仅需6色区分。

6.4.3 8字连环体表面的图的相邻面的组合力的公式和图的仅需色数的公式

已知,8字连环体表面的图的相邻面的组合力 $C_L^2$ 为 $C_7^2$,即 $L=7,S=7$。那么

公式1 $C_7^2 \geqslant C_n^2 - [(7-1)\times(n-7)] - \frac{(n-7)\times(n-7+1)}{2\times 1}$

公式2 $7 \geqslant 1+(y-C_7^2)\div(n-7)$

根据"$C_L^2$ 的 $L=S$"定理,所以,展现在8字环体表面的图,不论其面数是多少,仅需7色区分。此证。

**7. 破解的题内话:需说清楚的几个问题**

坦诚地说,通过上述的证明,对于"四色猜想命题该如何破解"的问题,应该说已有明确的答案。论证至此,本应搁笔止言。但是,有关四色猜想命题(准确地说地图着色现象)的一些话题总是常常出现我的脑海里,大有言犹未尽和不吐不快之感。为此,笔者觉得有必要将自己对四色猜想命题的若干问题的思考、看法(或观点)说出来,以便与老师们、同兴趣者交流,得到指教。

题内话1 5种不同结构的图反映出来的规律以及它们之间的异同现象不应被忽视

所谓"5 种不同结构的图",是指前文用于 5 道命题证明的 5 种不同结构的图,包括一字状结构的图、梳子状结构的图、梯子状结构的图、环状结构的图、环抱状结构的图。

科学研究的实践告诉我们,要找到无规律事物的规律,须从其有规律部分的规律入手,从中找到整个事物的规律。表象看来,地图着色现象无规律可循。其实,这是误读。事实证明,地图着色现象中看不到的规律,就是藏在"5 种不同结构的图"的规律之中。5 种不同结构的图反映出来的规律以及它们之间的异同现象,有助于人们寻求到破解四色猜想命题的"金钥匙"。因此,不应被忽视。

在本文,笔者以 5 种不同结构的图反映出来的规律论证了图的相邻面的组合力与图的仅需色数的关系。其实,假如将此 5 种不同结构的图进行比较,那么,此 5 种不同结构的图之间的异同,可使人们能更好地读懂图和理解图的相邻面的组合力与图的仅需色数、图的相邻面的组合力与图的组合模式的相邻点的关系。

(1)从比较中看图的相邻面的组合力与图的仅需色数的关系

例证 1　一字状结构的图与梳子状结构的图的比较

图 5－60(一字状结构图及其组合模式和三角矩阵)

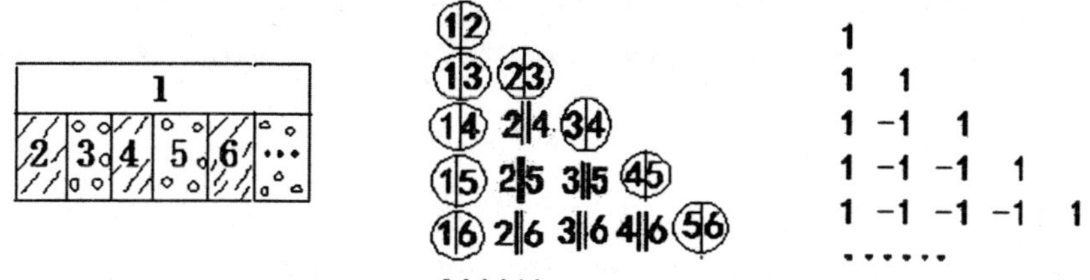

图 5 – 61（梳子状结构图及其组合模式和三角矩阵）

从一字状结构的图与梳子状结构的图的比较可看出，梳子状结构的图实际上是“一字状结构的图加 1 个全相邻面”组成，而其图的相邻面的组合力 $C_3^2$ 正是一字状结构的图的相邻面的组合力 $C_2^2$ 加 1 个全相邻面（即 $C_{2+1}^2 = C_3^2$），其图的仅需色数 3 正是一字状结构的图的仅需色数 2 加 1 个全相邻面独着色数 1 之和（即 2 + 1 = 3）；反过来说，一字状结构的图就是梳子状结构的图减去 1 个全相邻面的结果，而其图的相邻面的组合力 $C_2^2$ 正是梳子状结构的图的相邻面的组合力 $C_3^2$ 减去 1 个全相邻面（即 $C_{3-1}^2 = C_2^2$），其图的仅需色数 2 正是梳子状结构的图的仅需色数 3 减去 1 个全相邻面独着色数 1 之差（即 3 – 1 = 2）。很显然，此两种结构图的“加 1”、“减 1”，完全与“$C_L^2$ 的 $L = S$”定理相吻合。

例证 2　一字状结构的图与梯子状结构的图的比较

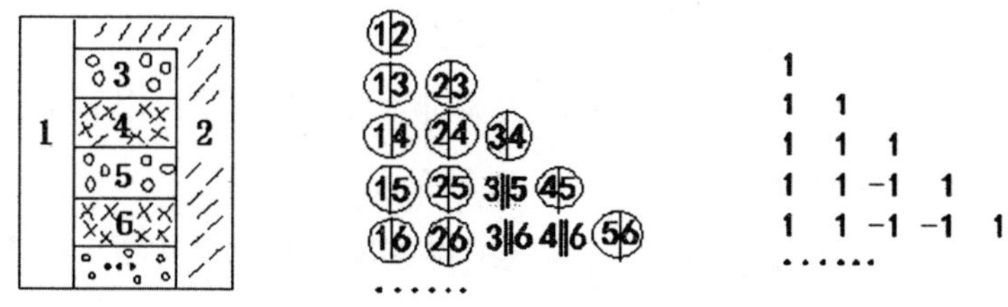

图 5 – 62（梯子状结构图及其组合模式和三角矩阵）

从一字状结构的图与梯子状结构的图的比较可看出，梯子状结构的图实际上是“一字状结构的图加 2 个全相邻面”组成，而其图的相邻

面的组合力 $C_4^2$ 正是一字状结构的图的相邻面的组合力 $C_2^2$ 加 2 个全相邻面(即 $C_{2+2}^2=C_4^2$),其图的仅需色数 4 正是一字状结构的图的仅需色数 2 加 2 个全相邻面色数 2 之和(即 2 +2 =4);反过来说,一字状结构的图就是梯子状结构的图减去 2 个全相邻面的结果,而其图的相邻面的组合力 $C_2^2$ 正是梯子状结构的图的相邻面的组合力 $C_4^2$ 减去 2 个全相邻面(即 $C_{4-2}^2=C_2^2$),其图的仅需色数 2 正是梯子状结构的图的仅需色数 4 减去 2 个全相邻面色数 2 之差(即 4 -2 =2)。很显然,此两种结构图的"加 2"、"减 2",完全与"$C_L^2$ 的 $L=S$"定理相吻合。

例证 3　梳子状结构的图与梯子状结构的图的比较

从梳子状结构的图与梯子状结构的图的比较可看出,梯子状结构的图实际上是"梳子状结构的图加 1 个全相邻面"组成,而其图的相邻面的组合力 $C_4^2$ 正是梳子状结构的图的相邻面的组合力 $C_3^2$ 加 1 个全相邻面(即 $C_{3+1}^2=C_4^2$),其图的仅需色数 4 正是梳子状结构的图的仅需色数 3 加 1 个全相邻面色数 1 之和(即 3 +1 =4);反过来说,梳子状结构的图就是梯子状结构的图减去 1 个全相邻面的结果,而其图的相邻面的组合力 $C_3^2$ 正是梯子状结构的图的相邻面的组合力 $C_4^2$ 减去 1 个全相邻面(即 $C_{4-1}^2=C_3^2$),其图的仅需色数 3 正是梯子状结构的图的仅需色数 4 减去 1 个全相邻面色数 1 之差(即 4 -1 =3)。很显然,此两种结构图的"加 1"、"减 1",完全与"$C_L^2$ 的 $L=S$"定理相吻合。

(2)从比较中看图的组合模式的相邻点点数与图的相邻面的组合力、图的仅需色数的关系

例证 1　一字状结构的图与环状结构的图的比较(见图 5 -63)

| 图的面数 | 一字状结构的图 | | | | 环状结构的图 | | | |
|---|---|---|---|---|---|---|---|---|
| | 图　例 | 转换为1、-1的图的组合模式 | 相邻点点数 | 仅需色数 | 图　例 | 转换为1、-1的图的组合模式 | 相邻点点数 | 仅需色数 |
| 2 |  1 2 | 1 | 1 | 2 |  1 2 | 1 | 1 | 2 |
| 3 | 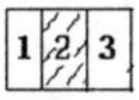 1 2 3 | 1<br>-1 1 | 2 | 2 |  1 2 3 | 1<br>1 1 | 3 | 3 |
| 4 | 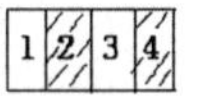 1 2 3 4 | 1<br>-1 1<br>-1 -1 1 | 3 | 2 |  1 2 3 4 | 1<br>-1 1<br>1 -1 1 | 4 | 2 |
| 5 | 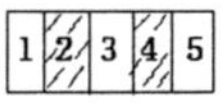 1 2 3 4 5 | 1<br>-1 1<br>-1 -1 1<br>-1 -1 -1 1 | 4 | 2 |  1 2 3 4 5 | 1<br>-1 1<br>-1 -1 1<br>1 -1 -1 1 | 5 | 3 |
| 6 |  1 2 3 4 5 6 | 1<br>-1 1<br>-1 -1 1<br>-1 -1 -1 1<br>-1 -1 -1 -1 1 | 5 | 2 |  1 2 3 4 5 6 | 1<br>-1 1<br>-1 -1 1<br>-1 -1 -1 1<br>1 -1 -1 -1 1 | 6 | 2 |
| … | …… | …… | … | … | …… | …… | … | … |

**图 5－63**

从一字状结构的图与环状结构的图的比较中可看出，环状结构的图实际上就是将一字状结构的图的首末两端的面连接相邻，并使图的整体成为环状而形成的图。已知一字状结构的图的相邻面的组合力为 $C_2^2$，图的仅需色数为 2，环状结构的图的相邻面的组合力为 $C_3^2$，图的仅需色数为 3。可见，一字状结构的图虽然只是“首末两端的面连接相邻”的变动，但结果使“自己”变成了“他人”——环状结构的图，与“原来的自己”——一字状结构的图有着质的区别。如将此两种图的组合模式的相邻点点数作比较，就会发现这一质的区别还体现在图的组合模式的相邻点点数上。从图 5－63 看出，自图的面数 3 起，环状结构的图的组合模式的相邻点点数一直比一字状结构的图多 1 个相邻点。这一事实证明，图的组合模式的相邻点点数与图的相邻面的组合力、图的仅需色数有着密切联系。

例证 2　梳子状结构的图与环抱状结构的图的比较（图 5－64）

| 图的面数 | 梳子状结构的图 | | | | 环抱状结构的图 | | | |
|---|---|---|---|---|---|---|---|---|
| | 图　例 | 转换为1、-1的图的组合模式 | 相邻点点数 | 仅需色数 | 图　例 | 转换为1、-1的图的组合模式 | 相邻点点数 | 仅需色数 |
| 3 |  1<br>2 3 | 1<br>1 1 | 3 | 3 |  1 2 3 | 1<br>1 1 | 3 | 3 |
| 4 |  1<br>2 3 4 | 1<br>1 1<br>1 −1 1 | 5 | 3 |  1 2 3 4 | 1<br>1 1<br>1 1 1 | 6 | 4 |
| 5 | 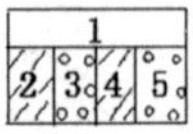 1<br>2 3 4 5 | 1<br>1 1<br>1 −1 1<br>1 −1 −1 1 | 7 | 3 |  1 2 3 4 5 | 1<br>1 1<br>1 −1 1<br>1 1 −1 1 | 8 | 3 |
| 6 | 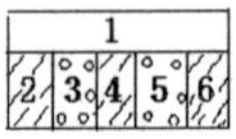 1<br>2 3 4 5 6 | 1<br>1 1<br>1 −1 1<br>1 −1 −1 1<br>1 −1 −1 −1 1 | 9 | 3 |  1 2 3 4 5 6 | 1<br>1 1<br>1 −1 1<br>1 −1 −1 1<br>1 1 −1 −1 1 | 10 | 4 |
| 7 | 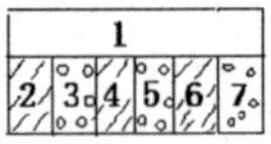 1<br>2 3 4 5 6 7 | 1<br>1 1<br>1 −1 1<br>1 −1 −1 1<br>1 −1 −1 −1 1<br>1 −1 −1 −1 −1 1 | 11 | 3 |  1 2 3 4 5 6 7 | 1<br>1 1<br>1 −1 1<br>1 −1 −1 1<br>1 −1 −1 −1 1<br>1 1 −1 −1 −1 1 | 12 | 3 |
| … | …… | …… | … | … | …… | …… | … | … |

图 5 - 64

从梳子状结构的图与环抱状结构的图的比较中可看出,环抱状结构的图实际上就是将梳子状结构的图的首末两端的面连接相邻,并使图的整体成为环抱状而形成的图。已知梳子状结构的图的相邻面的组合力为 $C_3^2$,图的仅需色数为 3,环抱状结构的图的相邻面的组合力为 $C_4^2$,图的仅需色数为 4。可见,梳子状结构的图虽然只是"首末两端的面连接相邻"的变动,但结果使"自己"变成了"他人"——环抱状结构的图,与"原来的自己"——梳子状结构的图有着质的区别。如将此两种图的组合模式的相邻点点数作比较,就会发现这一质的区别还体现在图的组合模式的相邻点点数上。从图 5 - 64 看出,自图的面数 4 起,环抱状结构的图的组合模式的相邻点点数一直比梳子状结构的图多 1 个相邻点。这一事实证明,图的组合模式的相邻点点数与图的相邻面的组合力、图的仅需色数有着密切联系。

(3)5 种不同结构的图的组合模式的相邻点点数的计算公式

在前文根据笔者一字状结构、梳子状结构、梯子状结构此 3 种结构的图的相邻面的组合力与图的面数之关系，求得此3种结构的图的相邻点点数的公式1：

$y = C_L^2 + [(L-1) \times (n-L)]$ （式中$y$表示图的相邻点点数，$C_L^2$表示图的相邻面的组合力，$L$为$C_L^2$的$L$，$n$表示图的面数）

笔者根据一字状结构、梳子状结构、梯子状结构此3种结构的图的组合模式与相邻点点数、非相邻点点数及图的面数之关系，又求得此三种结构的图的相邻点点数的公式2，即：

$y = C_n^2 - C_{n-(L-1)}^2$ （式中$y$表示图的相邻点点数，$C_L^2$表示图的相邻面的组合力，$L$为图的相邻面的组合力$C_L^2$的$L$）

具体到5种不同结构的图的组合模式的相邻点点数的计算公式，则是：

①一字状结构的图的组合模式的相邻点点数的计算公式

已知，一字状结构的图的相邻面的组合力，其图的组合模式的相邻点点数的计算公式为：

公式1 $y = C_2^2 + [(2-1) \times (n-2)]$

公式2 $y = C_n^2 - C_{n-1}^2$

（式中$y$表示相邻点点数，$n$表示面数，$n \geq 3$）

②梳子状结构的图的组合模式的相邻点点数的计算公式

已知，梳子状结构的图的相邻面的组合力，其图的组合模式的相邻点点数的计算公式为：

公式1 $y = C_3^2 + [(3-1) \times (n-3)]$

公式2 $y = C_n^2 - C_{n-2}^2$

（式中$y$表示相邻点点数，$n$表示面数，$n \geq 4$）

③梯子状结构的图的组合模式的相邻点点数的计算公式

已知，梳子状结构的图的相邻面的组合力，其图的组合模式的相邻点点数的计算公式为：

公式(1)　$y=C_4^2+[(4-1)\times(n-4)]$

公式(2)　$y=C_n^2-C_{n-3}^2$

(式中 $y$ 表示相邻点点数,$n$ 表示面数,$n\geqslant5$)

④环状结构的图的组合模式的相邻点点数的计算公式

根据环状结构的图的组合模式的相邻点点数一直比一字状结构的图多 1 个相邻点的事实,环状结构的图的组合模式的相邻点点数的计算公式为:

公式(1)　$y=C_2^2+[(2-1)\times(n-2)]+1$

公式(2)　$y=(C_n^2-C_{n-1}^2)+1$

(式中 $y$ 表示相邻点点数,$n$ 表示面数,$n\geqslant3$)

⑤环抱状结构的图的组合模式的相邻点点数的计算公式

根据环抱状结构的图的组合模式的相邻点点数一直比梳子状结构的图多 1 个相邻点的事实,环抱状结构的图的组合模式的相邻点点数的计算公式为:

公式(1)　$y=C_3^2+[(3-1)\times(n-3)]+1$

公式(2)　$y=(C_n^2-C_{n-2}^2)+1$

(式中 $y$ 表示相邻点点数,$n$ 表示面数,$n\geqslant4$)

(4)梯子状结构的图的组合模式的相邻点点数是平(球)体物体表面的图的组合模式的相邻点的最高点数

从 5 种不同结构的图的比较中,可知,一字状结构的图的组合模式的相邻点点数为"$y=C_n^2-C_{n-1}^2$",如果此图的组合模式的相邻点点数比"$y=C_n^2-C_{n-1}^2$"多 1 个相邻点,那么,可肯定此图的相邻面的组合力 $C_L^2>C_2^2$,图的仅需色数有可能 $S>2$,据此,又可肯定此图不是一字状结构的图。同理,梳子状结构的图的组合模式的相邻点点数为"$y=C_n^2-C_{n-2}^2$",如果此图的组合模式的相邻点点数比"$y=C_n^2-C_{n-2}^2$"多 1 个相邻点,那么,可肯定此图的相邻面的组合力 $C_L^2>C_3^2$,图的仅需色数有可能 $S$

$>3$,据此,又可肯定此图不是梳子状结构的图。

又知,梯子状结构的图的相邻面的组合力 $C_L^2=C_4^2$,图的组合模式的相邻点点数的计算公式为"$y=C_n^2-C_{n-3}^2$"。还知,展现在平(球)体物体表面的图的相邻面的组合力 $C_L^2\leqslant C_4^2$。

根据上述已知的事实,可推知,梯子状结构的图的组合模式的相邻点点数是展现在平(球)体物体表面的图的组合模式的相邻点的最高点数,即平(球)体物体表面的图,不论其的面数是多少,不论其面与面之间如何变动相邻关系和非相邻关系,其图的组合模式的相邻点点数不可能 $y>C_n^2-C_{n-3}^2$。因此,如果此图的组合模式的相邻点点数比"$y=C_n^2-C_{n-3}^2$"多1个相邻点,那么,可肯定此图的相邻面的组合力 $C_L^2>C_4^2$,图的仅需色数有可能 $S>4$,据此,又可肯定此图不是梯子状结构的图,也不是展现在平(球)体物体表面的图。

(5)5种不同结构的图的组合模式的相邻点点数在由"1"、"-1"组成的三角矩阵中的排列

从前文5种不同结构的图的由"1"、"-1"组成的组合模式可看出,在将图的组合模式的相邻点、非相邻点转换为由"1"、"-1"组成的三角矩阵中,五种不同结构的图的相邻点排列走向各有规律特征:一字状结构的图的相邻点排列走向是"◺"的斜边线,即相邻点刚好排满三角形的1条边线;梳子状结构的图的相邻点排列走向是"◺"的斜边线和纵边线,即相邻点刚好排满三角形的2条边线;梯子状结构的图的相邻点排列走向是"◺"的斜边线和纵边线、第二列纵线,即相邻点刚好排满三角形的3条边线;环状结构的图的相邻点排列走向是"◺"的斜边线加1个点,即相邻点排满三角形的1条边线还多1个点;环抱状结构的图的相邻点排列走向是"◺"的斜边线和纵边线加1个点,即相邻点排满三角形的2条边线还多1个点。

(6)环体、丁环体、8字连环体物体表面的图的组合模式的相邻点的

最高点数的计算公式

在前文对平(球)体物体表面的图的组合模式的相邻点的最高点数进行了论证。其实,根据环体、丁环体、8 字连环体物体表面的图的相邻面的组合力,都可求得它们的图的组合模式的相邻点的最高点数的计算公式。

①环体物体表面的图的组合模式的相邻点的最高点数计算公式:$y = C_n^2 - C_{n-4}^2$ (式中 $n \geqslant 6$)

②丁环体物体表面的图的组合模式的相邻点的最高点数计算公式:$y = C_n^2 - C_{n-5}^2$ (式中 $n \geqslant 7$)

③8 字连环体物体表面的图的组合模式的相邻点的最高点数计算公式:$y = C_n^2 - C_{n-6}^2$ (式中 $n \geqslant 8$)

为加深人们对图的组合模式的相邻点的最高点数的认识,笔者编制了平(球)体、环体、丁环体、8 字连环体物体表面的图的组合模式的相邻点的最高点数一览表,见图 5 - 65。

| n | 平(球)体表面 | | 环体表面 | | 丁环体表面 | | 8字连环体表面 | |
|---|---|---|---|---|---|---|---|---|
| | 图的组合模式 | y | 图的组合模式 | y | 图的组合模式 | y | 图的组合模式 | y |
| 2 | Φ | | Φ | | Φ | | Φ | |
| 3 | ΦΦ | | ΦΦ | | ΦΦ | | ΦΦ | |
| 4 | ΦΦΦ | 6 | ΦΦΦ | | ΦΦΦ | | ΦΦΦ | |
| 5 | ΦΦ‖Φ | 9 | ΦΦΦΦ | 10 | ΦΦΦΦ | | ΦΦΦΦ | |
| 6 | ΦΦ‖‖Φ | 12 | ΦΦΦ‖Φ | 14 | ΦΦΦΦΦ | 15 | ΦΦΦΦΦ | |
| 7 | ΦΦ‖‖‖Φ | 15 | ΦΦΦ‖‖Φ | 18 | ΦΦΦΦ‖Φ | 20 | ΦΦΦΦΦΦ | 21 |
| 8 | ΦΦ‖‖‖‖Φ | 18 | ΦΦΦ‖‖‖Φ | 22 | ΦΦΦΦ‖‖Φ | 25 | ΦΦΦΦΦ‖Φ | 27 |
| 9 | ΦΦ‖‖‖‖‖Φ | 21 | ΦΦΦ‖‖‖‖Φ | 26 | ΦΦΦΦ‖‖‖Φ | 30 | ΦΦΦΦΦ‖‖Φ | 33 |
| … | …… | … | …… | … | …… | … | …… | … |

注:n表示图的面数。y表示相邻点点数。Φ 表示相邻点。‖表示非相邻点。

图 5 - 65

事实证明,如此图的组合模式的相邻点点数 $y > C_n^2 - C_{n-4}^2$,此图必定不是展现在环体物体表面的图;如此图的组合模式的相邻点点数 $y > C_n^2 - C_{n-5}^2$,此图必定不是展现在丁环体物体表面的图;如此图的组合模

式的相邻点点数 $y > C_n^2 - C_{n-6}^2$，此图必定不是展现在 8 字连环体物体表面的图。

题内话 2　客观事物中的连接现象的本质是组合

定义 12　连接体　是指连接形成整体的元素。

定义 13　连接线　是用以表示两连接体存在连接关系的一条实线。

定义 14　非连接线　是用以表示两连接体不存在连接关系的一条虚线。

定义 15　连接组合点　是用以表示两个连接体连接关系的数学符号。即是将两个具有连接关系的连接体的编号数组成一组组合数（如图 5－66 中的“1·2”就是表示 1 与 2 两个面具有连接关系的连接组合点）。其表达意思与相邻点同。

定义 5　非连接组合点　是用以表示两个连接体非连接关系的数学符号。即是将两个不存在连接关系的连接体的编号数组成一组组合数（如图 5－66 中“3·5”就是表示 3 与 5 两个连接体无连接关系的非连接组合点）。其表达意思与非相邻点同。

定义 6　连接线运行原则　是指连接线在始端的连接体向末端的连接体运行过程中必须遵循的规则。这个规则是：两条连接线不可交叉通过；非连接线与非连接线可交叉通过；非连接线与连接线可交叉通过。

本人研究结果表明，不论是图的面与面之间的相邻关系，还是客观事物中的连接关系，都是表面现象，而“组合关系”才是它们的本质。

（1）地图中的区域相邻是连接与组合关系

地图是由若干区域组成的整体，也是由若干连接体组成的整体，而区域是组成地图的连接体；两区域相邻是连接关系，两区域非相邻是非连接关系，用数学数字表达出来，均是 $C_2^2$ 组合；地图的结构模式是 $C_n^2$ 组合模式。且看图 5－66 证明。

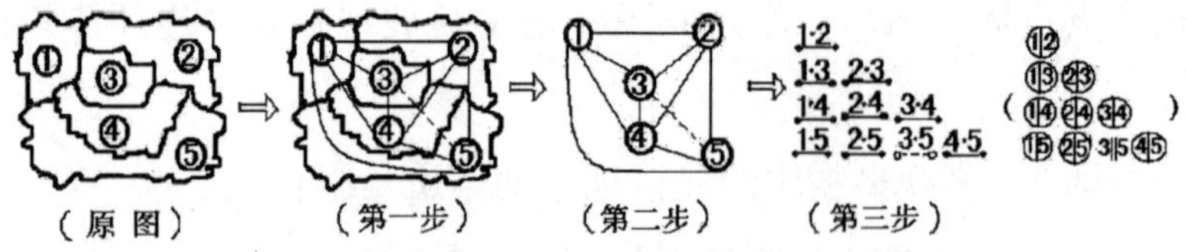


**图 5－66（求证地图区域相邻关系及地图模式的证明方法步骤图）**

图 5－66 原图是由 5 个区域组成的地图，现求证其区域之间相邻关系及组合模式。

第一步　直接将区域的编号作为点，并根据区域与区域之间的相邻和非相邻情况添画上连接线和非连接线（如第一步图所示）；

第二步　擦去原图的区域边界线，则为区域与区域之间连接关系图（如第二步图所示）；

第三步　将每一条连接线和非连接线两端连接的区域编号以连接组合点和非连接组合点依序表示出来，随之形成 $C_n^2$ 组合模式（如第三步图所示）。

可见，地图的区域与区域之间的相邻关系和非相邻关系是连接关系和非连接关系，均为组合关系。

在此，要指出的：第二步的“区域与区域之间连接关系图”中的连接线和非连接线数，跟第三步的“图的组合模式”中的连接组合点（相邻点）和非连接组合点（非相邻点）数是相等的，即有多少条连接线就有多少个连接组合点，有多少条非连接线就有多少个非连接组合点，其公式为：

连接线数＋非连接线数＝连接组合点（相邻点）数＋非连接组合点（非相邻点）数＝$C_n^2$

（2）四通八达的“四通”连接是组合关系

成语“四通八达”中“四通”即是东南西北 4 个方位相连接的意思。如图 5－67 所示，以①、②、③、④四个点分别表示东南西北四个方位，添画上连接线，然后，以连接组合点依序表示出来，随之形成 $C_n^2$ 组合模式。

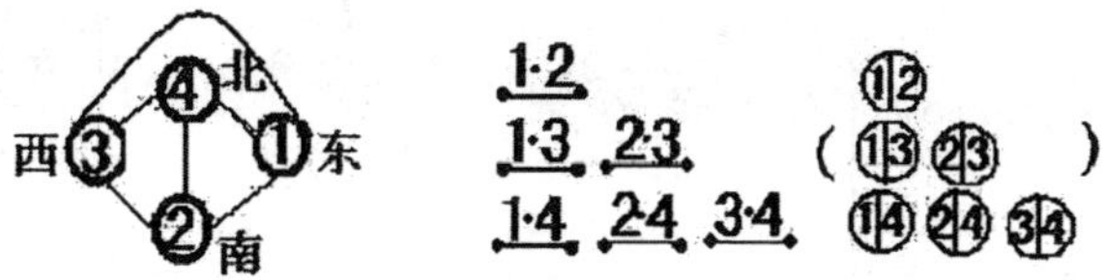


**图 5－67（东南西北四通连接及其组合模式）**

综上所证，事物中的连接现象都是组合关系，将它的两两连接关系和两两非连接关系用组合数字依序表示出来，就是一个完整的 $C_n^2$ 组合模式。

题内话 3　平体表面不能做到五个面（点、线）全连接

（1）平体表面不能做到五个面全连接

笔者在前文已对“平体表面不能做到五个面全相邻（即全连接）”的问题进行了论证，在此不再赘证。

（2）平体表面不能做到五个点全连接

图 5－69（$a$）、图 5－69（$b$）、图 5－69（$c$）三图是图论中常见的 $K_5$ 图例原图。

$K_5$ 图即是五色区分图。无疑，如按图 5－69（$a$）、图 5－69（$b$）、图 5－69（$c$）三图所表达的意思那样，三图中的 10 条线均为连接线，表明 5 个点全连接；图的组合模式由 10 个连接组合点组成，为 $C_n^2=C_L^2$（见图 5－68），相邻面的组合力为 $C_L^2=C_5^2$，根据“$C_L^2$ 的 $L=S$（色数）”定理，需 5 色区分。但事实证明，在遵循连接线运行原则前提下，平体表面不能做到五个点全连接。对此，请看图 5－69 的证明。

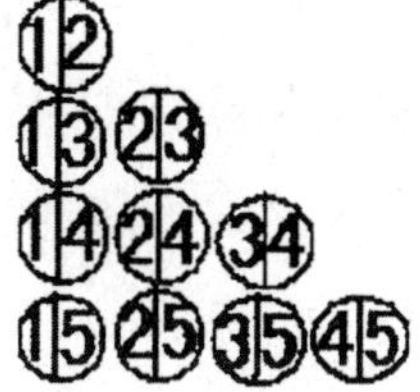

**图 5－68**

| 《图论》中$K_5$图例原图 |  (a) | 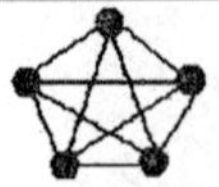 (b) | 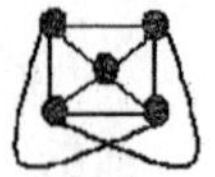 (c) |
|---|---|---|---|
| 根据原图的意思，将各点置换为面，从中看出，不能做到5个面全相邻，必定有不相邻的2个面着同1色 | 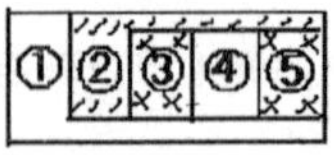 ① ② ③ ④ ⑤ |  ① ⑤ ② ③ ④ |  ① ② ③ ④ ⑤ |
| 以面的编号为点，添加上连接线和非连接线，然后将各面的边界线擦去 |  ① ② ③ ④ ⑤ | 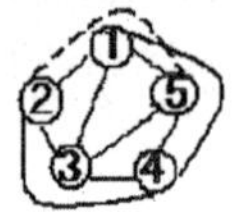 ① ② ⑤ ③ ④ | 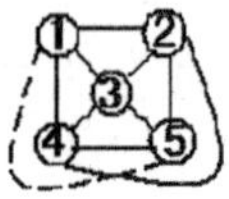 ① ② ③ ④ ⑤ |
| 将各条线的连接和非连接情况以连接组合点和非连接组合点表示出来，并形成图的组合模式 | 12<br>13 23<br>14 24 34<br>15 25 3‖5 45 | 12<br>13 23<br>14 24 34<br>15 2‖5 35 45 | 12<br>13 23<br>14 24 34<br>1‖5 25 35 45 |
| 图的相邻面的组合力 | $C_4^2$ | $C_4^2$ | $C_4^2$ |
| 仅需色数 | 4 | 4 | 4 |

图 5－69（$K_5$ 图例原图的五点连接的证明）

从图 5－69 看出，(*a*)、(*b*)、(*c*)三图各点置换为面后，必有 2 个面非相邻；添加连接线后，必有一条连接线与另一条连接线交叉，须改为非连接线方能通过（即 10 条线中必有 1 条虚线）。

可见，(*a*)、(*b*)、(*c*)三图均不能做到 5 个点全连接。因这 3 个图的相邻面的组合力为 $C_4^2$，所以仅需 4 色区分。

在此，笔者有个温馨提示：请将图 5－69 的第二步三图与 $K_5$ 图例原图三图作比较，两者的同异在哪里，两者的证明方法哪个更为科学、正确？

（3）平体表面不能做到五条线全连接

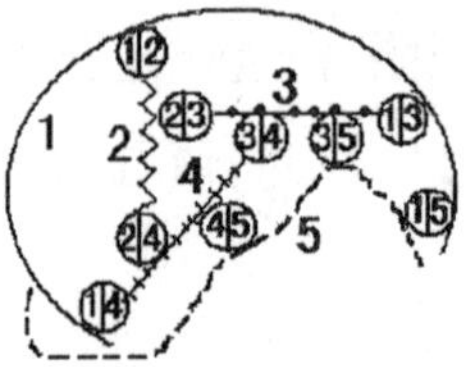

图 5－70

图 5－70 是一个由五条线组成的图。从该图看出，2 号线与 5 号线不能连接。其实，不论你如

何变换此五条线之间的连接，都无法做到使“五条线”全连接。

平体表面不能做到“五个面”、“五个点”、“五条线”全连接，这一证明结论印证了平体表面的全相邻力为“$L=4$”的证明结果，也印证了“在色的拓扑作用下，面与点与线具有等价关系，可相互置换”的拓扑原理。同时，这一证明结论对于图论中的“顶”、“边”的证明方法是一个质疑。

题内话4　图论应用“两点连线”证明方法时存在三大缺陷

地图的“整体元素循序逐增”的基本原理告诉我们：“图论”应用“两点连线”证明方法时存在三大缺陷

“图论”缺陷1　漏缺了将“连线两端数字以组合数字记录下来”这道程序。

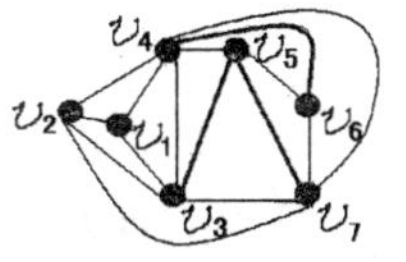


图 5－71

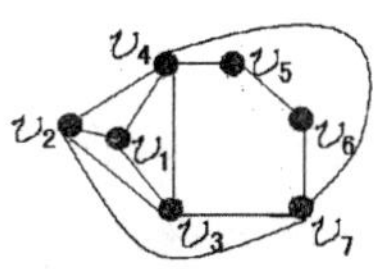


图 5－72

笔者在前文已对“图论缺陷1”的问题进行了论证，在此不再赘证。

“图论”缺陷2　图的连线只表达“两两相邻”关系，不表达“两两非相邻”关系。

如图 5－71、图 5－72，是“图论”教科书中有关“着色理论”的两个例图。图 5－71 是图 5－72“加上新边 $v_4v_6$，$v_3v_5$，$v_5v_7$ 得到的图”，该书以此证明并得结论：“添加上新边只能色数不减，甚至变大。”

图 5－73 是根据本人的“组合说”理论将图 5－71、图 5－72 完整表达后的图表。

| 图　例 | 图5－72 | 图5－71 |
| --- | --- | --- |
| 将原图的顶置换为有编号的点，将非连接的两点之间添加上虚线 | | |
| 由连接点和非连接点组成的图的组合模式 | ⑫<br>⑬ ㉓<br>⑭ ㉔ ㉞<br>1‖5 2‖5 3‖5 ㊺<br>1‖6 2‖6 3‖6 4‖6 (56)<br>1‖7 ㉗ ㊲ ㊼ 5‖7 (67) | ⑫<br>⑬ ㉓<br>⑭ ㉔ ㉞<br>1‖5 2‖5 ㉟ ㊺<br>1‖6 2‖6 3‖6 ㊻ (56)<br>1‖7 ㉗ ㊲ ㊼ (57) (67) |
| 图的相邻面的组合力 | $C_4^2$ | $C_4^2$ |
| 仅需色素 | 4 | 4 |

图 5－73（图 5－71、图 5－72 完整表达证明图）

从图 5－71、图 5－72 与图 5

-73 的比较中可知,同样是应用“两点连线”证明方法,“图论”对“添加上新边只能色数不减,甚至变大”的结果未能说出其“所以然”,而本人的“组合说”理论对此结果能说出其“所以然”:图 5-72“添加上新边”成为图 5-71 后,虽是相邻点(即边)增加了,但其图的相邻面的组合力并没有升降,仍为 $C_4^2$,故色数仍为 4。

显然,“图论”对“添加上新边只能色数不减,甚至变大”的结果未能说出其“所以然”,这不是“两点连线”证明方法的错,而是在于“图论”将地图用“两点连线”的图表达时,只表达“两两相邻”关系,不表达“两两非相邻”关系,使“图论”应用“两点连线”证明方法表达的地图,成为漏缺了“两两非相邻”这一半的“半个地图”。因此,“图论”不可能发现地图的整体结构是 $C_n^2$ 组合模式,更不可能切入地图的 $C_n^2$ 组合模式,从中发现“图的相邻面的组合力”与“图的色数”两者的关系。此是“图论”应用“两点连线”证明方法时存在的缺陷之二。

“图论”缺陷 3　图的连线运行只讲随意性,没有遵循“连线运行原则”。

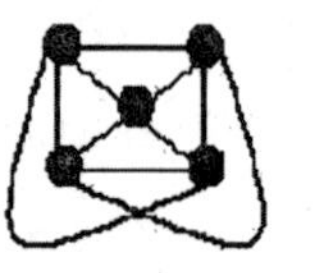

图 5-74 及其组合模式

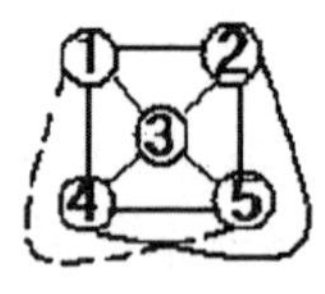

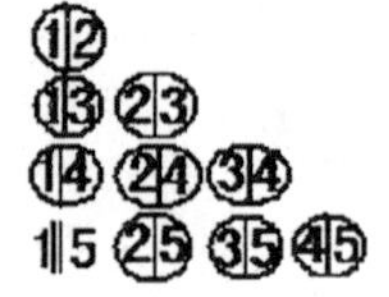

图 5-75 及其组合模式

图 5-74 是图论的 $K_5$ 图(即五色区分图)。无疑,如按图 5-74 所表达的那样,图中的 10 条连线均为连接线,表明 5 个点全连接,图的相邻面的组合力为 $C_5^2$,需 5 色区分。然而如果 $K_5$ 图作为平面图来表达(即是展现在平体表面的图),它是不可能实现的图(地图)。因为,前文已证明,平体表面的图不能做到 5 个点(面)全连接。据此,本人定了个“连线运行规则”:连接线与连接线不可交叉通过;非连接线与非连接线可交叉通过;非连接线与连接线可交叉通过。事实证明,这一规则是必须遵循的规则,只有遵循这一规则,

“两点连线”证明方法的完整性和准确性才能得之于体现。

图 5 - 75 是平体表面不能做到 5 个点全连接的证明图。图中的实线是表示连接线，虚线是表示非连接线。因①与⑤两个点非连接，故图中 5 个点不能做到全连接，图的相邻面的组合力为 $C_4^2$，仅需 4 色区分。

图 5 - 74、图 5 - 75 两个图同为由 5 个点 10 条连线组成，所不同的，图 5 - 74 的 10 条连线均为连接线(即实线)，图 5 - 75 的 10 条连线为 9 条连接线(即实线)、1 条非连接线(即虚线)。这“1 条虚线”之差，就是平体表面不能做到 5 个点全连接的标志，是本人的“组合说”证明方法与“图论”应用“两点连线”证明方法的本质区别。

图 5 - 74 与图 5 - 75 两个图的比较证明告诉我们，“图论”应用“两点连线”证明方法的缺陷之三，就在于表达地图的面与面之间的关系时，连线运行只讲随意性，没有遵循“连线运行规则”。

题内话 5　地图以 4 色区分绝不会发生“爆炸”问题

有学者把四色猜想命题的 4 色区分之证明比喻为：将地图的所有区域分装“四个盒”内，会不会因出现两个相邻区域同装在一个盒内而发生爆炸(即会不会出现两个相邻区域同着 1 色)的问题。对此，笔者的答案是否定的。因为，从实图着色这个角度来说，四色猜想命题之所以能够成立，是因为它是建立在一个客观条件和两个前提的基础上的，否则难以成立。

(1)四色猜想命题能够成立的一个客观条件

笔者研究发现，图的着色方案种数反映出来的是排列数(见图 5 - 76)，图的面与面之间的组合变化种数反映出来的是组合数，因此，图的着色方案种数远远大于图的面与面之间的组合变化种数。这是四色猜想命题能够成立的一个客观条件。不管人们有没有发现和认可这个客观条件，它都是客观存在的。

| 面的编号 | 由4个面组成、需四色区分的图的24种着色方案 | | | | | | | | | | | | | | | | | | | | | | |
|---|---|---|---|---|---|---|---|---|---|---|---|---|---|---|---|---|---|---|---|---|---|---|---|
| ① | 1 | 1 | 1 | 1 | 1 | 1 | 2 | 2 | 2 | 2 | 2 | 2 | 3 | 3 | 3 | 3 | 3 | 3 | 4 | 4 | 4 | 4 | 4 | 4 |
| ② | 2 | 2 | 3 | 3 | 4 | 4 | 1 | 1 | 3 | 3 | 4 | 4 | 1 | 1 | 2 | 2 | 4 | 4 | 1 | 1 | 2 | 2 | 3 | 3 |
| ③ | 3 | 4 | 2 | 4 | 2 | 3 | 3 | 4 | 1 | 4 | 1 | 3 | 2 | 4 | 1 | 4 | 1 | 2 | 2 | 3 | 1 | 3 | 1 | 2 |
| ④ | 4 | 3 | 4 | 2 | 3 | 2 | 4 | 3 | 4 | 1 | 3 | 1 | 4 | 2 | 4 | 1 | 2 | 1 | 3 | 2 | 3 | 1 | 2 | 1 |

图5-76(4面四色区分的24种着色方案)

从图5-76看出,4个面的着色方案种数24正是着色种数4的排列数(4!)的得数。

(2) 四色猜想命题能够成立的两个前提

在四色猜想提出来不久,数学家斯蒂芬曾设计出一种染色游戏,试图证明四色猜想的成立。此游戏由两人(或多人)参加,第一人先画一个闭合区域,由第二人着色;第二人着完色后续画一个区域,由第一人着色……如此循环进行。游戏规定,谁着色完毕并画一区域后,迫使对手定要着第五种颜色时,便判谁为负。其实,经验证,游戏在进行到第六、七步之后,必定着上第五种颜色(见图5-77)。所以,斯蒂芬设计的这个染色游戏是失败的游戏。其失败的原因在于:其一,游戏着色的图是处于变化动态的图;其二,不允许对着色结果做更改。这失败的两个原因又从它的反面告诉我们四色猜想命题能够成立的两个重要前提:

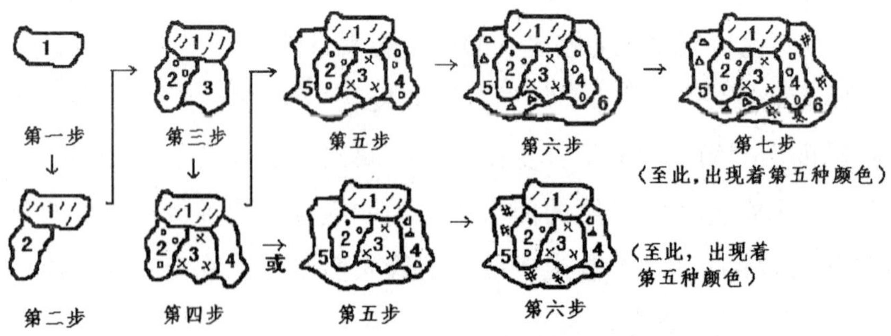


图5-77(斯蒂芬设计的染色游戏的证明图)

前提 1,着色的图必须是已完成、处于静态的图;

前提 2,着色过程中必须允许对前面的着色结果进行调整、更改。

事实证明,离开这两个前提,四色猜想不能成立。2005 年笔者对一幅展现在正方体表面有 108 个区域组成的图进行 4 色区分。在着色过程中,不小于 20 次的调整、更改。对此,笔者敢说这么一句话:如果不允许对前面的着色结果进行调整、更改,恐怕世界上无一人能完成对这幅图的 4 色区分。

这两个前提,使我们看到这样的事实:图的面与面之间的组合变化尽管是千变万化,但当需着色的图是一个已完成区域绘制、处于静态的图时,这个图只能是千变万化中的 1 种变化;相反,由于图的着色过程处于可调整、更改的动态之中,因而图的着色方案始终为≥4! 种。以 4! 种着色方案去应对“1”,完全可将相邻区域区分开,确保四色猜想成立,无须担心将所有区域分装为“四个盒”内会发生爆炸。

以由五个面组成的图为例。笔者研究结果表明,在相邻面组合力为 $C_4^2$ 时,由五个面组成的图的组合结构只有一种,即由 3 个全相邻面和 2 个非全相邻面组成。其具体的面与面之间的组合变化共有 10 种(图 5 - 78)。

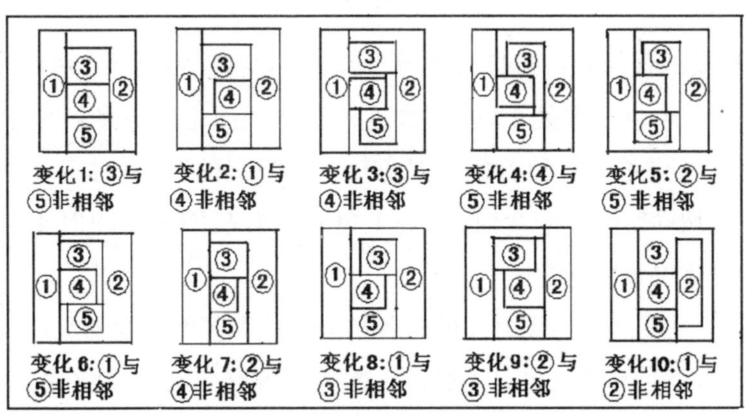


**图 5 - 78(由五个面组成的图的 10 种组合变化)**

从图 5 - 78 看出,每个组合变化图只能反映一种组合变化。此 10

个组合变化图,其着色种数均为4,即:3 个全相邻面分别各着1 色,2 个非全相邻面同着1 色。每个组合变化图,其着色方案均有4! 种(见上文图5 – 76)。显然,以“4!”应对“1”,绰绰有余。为避冗长,仅以变化1、变化2 为例,以图表列出其24 种着色方案,见图5 – 79、图5 – 80。

| 5个面编号 | “变化1”5个面四色区分的24 种着色方案 | | | | | | | | | | | | | | | | | | | | | | | |
|---|---|---|---|---|---|---|---|---|---|---|---|---|---|---|---|---|---|---|---|---|---|---|---|---|
| ① | 1 | 1 | 1 | 1 | 1 | 1 | 2 | 2 | 2 | 2 | 2 | 2 | 3 | 3 | 3 | 3 | 3 | 3 | 4 | 4 | 4 | 4 | 4 | 4 |
| ② | 2 | 2 | 3 | 3 | 4 | 4 | 1 | 1 | 3 | 3 | 4 | 4 | 1 | 1 | 2 | 2 | 4 | 4 | 1 | 1 | 2 | 2 | 3 | 3 |
| ③⑤ | 3 | 4 | 2 | 4 | 2 | 3 | 3 | 4 | 1 | 4 | 1 | 3 | 2 | 4 | 1 | 4 | 1 | 2 | 2 | 3 | 1 | 3 | 1 | 2 |
| ④ | 4 | 3 | 4 | 2 | 3 | 2 | 4 | 3 | 4 | 1 | 3 | 1 | 4 | 2 | 4 | 1 | 2 | 1 | 3 | 2 | 3 | 1 | 2 | 1 |

**图5 – 79(“变化1”的5 个面4 色区分的24 种着色方案)**

| 5个面编号 | “变化2”5个面四色区分的24 种着色方案 | | | | | | | | | | | | | | | | | | | | | | | |
|---|---|---|---|---|---|---|---|---|---|---|---|---|---|---|---|---|---|---|---|---|---|---|---|---|
| ①④ | 1 | 1 | 1 | 1 | 1 | 1 | 2 | 2 | 2 | 2 | 2 | 2 | 3 | 3 | 3 | 3 | 3 | 3 | 4 | 4 | 4 | 4 | 4 | 4 |
| ② | 2 | 2 | 3 | 3 | 4 | 4 | 1 | 1 | 3 | 3 | 4 | 4 | 1 | 1 | 2 | 2 | 4 | 4 | 1 | 1 | 2 | 2 | 3 | 3 |
| ③ | 3 | 4 | 2 | 4 | 2 | 3 | 3 | 4 | 1 | 4 | 1 | 3 | 2 | 4 | 1 | 4 | 1 | 2 | 2 | 3 | 1 | 3 | 1 | 2 |
| ⑤ | 4 | 3 | 4 | 2 | 3 | 2 | 4 | 3 | 4 | 1 | 3 | 1 | 4 | 2 | 4 | 1 | 2 | 1 | 3 | 2 | 3 | 1 | 2 | 1 |

**图5 – 80(“变化2”的5 个面4 色区分的24 种着色方案)**

(3)图的任何一种面与面之间的搭配变化都能顺应于4 色区分

前文从着色过程处于动态、着色的图处于静态的角度做出了证明和回答:以动态的4! 种着色方案应对1 个静态的图,绝对不会出现两个相邻区域同装在一个盒内(同着1 色)的情况,因而地图以4 色区分不存在发生爆炸的问题。

那么,从图的面与面之间的各种搭配变化和图的不变的4 色区分这个角度来证明,其结果将是怎样呢? 本人研究结果表明:在图的着色种数为4 不变的情况下,图的任何一种面与面之间的搭配变化都能顺应于4 色区分,同样不会出现两个相邻区域同装在一个盒内(同着1 色)的情况,因而不存在发生爆炸的问题。

例证 1

| 四种颜色 | 变化 1 | 变化 2 | 变化 3 | 变化 4 | 变化 5 | 变化 6 | 变化 7 | 变化 8 | 变化 9 | 变化 10 |
|---|---|---|---|---|---|---|---|---|---|---|
| $S_1$ | ① | ①④ | ① | ① | ① | ①⑤ | ① | ①③ | ① | ①② |
| $S_2$ | ② | ② | ② | ② | ②⑤ | ② | ②④ | ② | ②③ | ③ |
| $S_3$ | ③⑤ | ③ | ③④ | ③ | ③ | ③ | ③ | ④ | ④ | ④ |
| $S_4$ | ④ | ④ | ⑤ | ④⑤ | ④ | ⑤ | ⑤ | ⑤ | ⑤ | ⑤ |

**图 5－81**(由 5 个面组成的图的 10 种组合变化的 4 色区分)

从图 5－81 看出,由 5 个面组成的图的 10 种搭配(组合)变化(见图 5－78),均能顺应于 4 色区分。

例证 2

图 5－82 是一个由 8 个面组成的图,其相邻面组合力为 $C_4^2$,仅需 4 色区分。图的整体结构为由 1 个全相邻面和 7 个非全相邻面组成。据此,按 4 色区分的要求,此 8 个面的搭配可分为若干类。*A* 类:1 个全相邻面须着 1 色,7 个非全相邻面可分为 1 个面单着 1 色,2 个面同着 1 色,4 个面同着 1 色(简称为"1、1、2、4");*B* 类:1、1、1、5;*C* 类:1、1、3、3;*D* 类 1、2、2、3;……又各类搭配有若干变化(略)。但不论是属于何类搭配何种变化,它都能顺应于 4 色区分,见图 5－83。

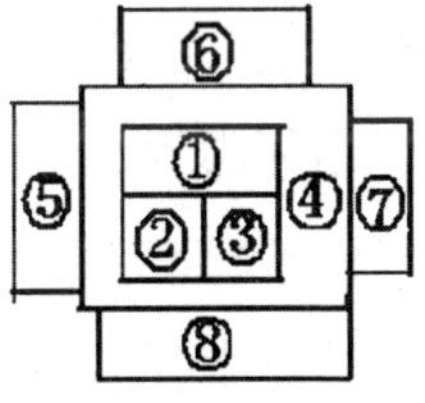


**图 5－82**

| 四种颜色 | A类搭配变化 | | | | B类搭配变化 | | | C类搭配变化 | | | D类搭配变化 | | | | … |
|---|---|---|---|---|---|---|---|---|---|---|---|---|---|---|---|
| | 1 | 2 | 3 | … | 1 | 2 | … | 1 | 2 | … | 1 | 2 | 3 | … | |
| $S_1$ | ④ | ④ | ④ | | ④ | ④ | | ④ | ④ | | ④ | ④ | ④ | | |
| $S_2$ | ① | ② | ② | | ① | ② | | ① | ② | | ①⑤ | ①⑦ | ②⑦ | | |
| $S_3$ | ②⑤ | ③⑦ | ①⑧ | | ② | ③ | | ②⑤⑥ | ③⑦⑧ | | ②⑥ | ②⑧ | ③⑤ | | |
| $S_4$ | ③⑥⑦⑧ | ①⑤⑥⑧ | ③⑤⑥⑦ | | ③⑤⑥⑦⑧ | ①⑤⑥⑦⑧ | | ③⑦⑧ | ①⑤⑥ | | ③⑦⑧ | ③⑤⑥ | ①⑥⑧ | | |

**图 5－83**(图 5－82 的 8 个面各类搭配变化的 4 色区分)

可见,图的任何一种面与面之间的搭配(组合)变化都能顺应于4色区分。因此,地图以4色区分绝不会发生“爆炸”的问题。

(4)地图以4色区分不存在发生“爆炸”的因素

“$L=C_L^2$ 的 $L=S$”这个定理告诉我们,如要出现两个相邻区域同装在一个盒内(同着1色)的现象,唯有在“图的仅需色数 $S<$ 图的相邻面组合力 $C_L^2$ 的 $L$”的情况下才能发生,只要是“图的仅需色数 $S=$ 图的相邻面组合力 $C_L^2$ 的 $L$”,绝对不会出现两个相邻区域同装在一个盒内(同着1色)的爆炸问题。按照当今市场经济的话来说,仅需色数 $S$(这个供应量)是按最大的需求量(即 $C_L^2$ 的 $L$)来供应的,因此,不可能存在供不应求的问题。

就地图四色区分而言,如要出现两个相邻区域同装在一个盒内(同着1色)的现象,唯有两个因素:其一,3色区分;其二,平(球)体表面的全相邻力为 $L=5$(即做到使“5个面”全相邻)。但事实证明,这两个因素都不存在。因为,第一个因素其本身就违背了四色猜想命题的4色区分的要求,至于第二个因素,经应用分划法证明,平体表面的全相邻力为 $L=4$,不可能做到使“5个面”全相邻。可见,地图以四色区分,不存在“爆炸”的因素,因而不可能发生“爆炸”。

题内话6　四色猜想命题的研究应走出“面的数量”怪圈

不论是从图的相邻面的组合力和图的面数循序逐增的证明结果来看,还是从环抱状结构的图所表达的意思来看,“面的数量”对图的仅需色数不起决定性作用。因此,四色猜想命题的研究应走出“面的数量”怪圈。笔者认为,人们走不出“面的数量”怪圈的主要原因之一,是对四色猜想证明的问题发生了旁移。

为了说明这个问题,笔者在这里打一个比喻(本人知道任何一个比喻都是蹩脚的道理)。这好比分散居住在各大城市的一大家族人,由这一大家族人分生出两个问题:一个是这一大家族人的探亲来往的问题(即探亲路线问题);另一个是这一大家族人的人与人之间关系的问题

(即血缘关系问题)。大家都明白,探亲路线问题与这一大家人的人数和分居点有着密切联系,而血缘关系问题与这一大家人的人数和分居点没有什么联系,却与几代亲、称谓有着密切联系,假如这一大家族人是属于"四代亲",那么,不论这一大家族人有多少个人、分居在什么地方,仅用"四代亲"的称谓就足以将他们之间的关系表述清楚。据此,可以说,四色猜想命题中"图的面与面之间的关系"就好比这一大家族人的"人与人之间的血缘关系","颜色区分"就好比血缘关系的"称谓区分"。笔者打这个比喻,其意思是说,四色猜想命题的本质属性是类似于"血缘关系问题",不是类似于"探亲路线问题",说人们对四色猜想证明的问题发生了旁移,就是指当今人们对四色猜想证明的问题不是"这一大家族人的血缘关系问题",却是"这一大家族人的探亲路线问题",因而,人们在研究四色猜想命题时也就自然地把面的数量当作一个决定因素,并把提升面的数量作为验证四色定理的一个目标去追求。从弗南西斯·葛斯里的胞兄弗德雷克·葛斯里到著名数学家德·摩根、哈密尔顿爵士,直到今天的四色猜想研究者们,都是把面的数量作为四色猜想的一个决定因素。当年曾是爱因斯坦导师的闵可夫斯基教授之所以自置于"挂起黑板"的窘境,数学家斯蒂芬之所以会闹出"染色游戏,不堪一击"的笑话,二十世纪七十年代美国数学家阿沛尔教授和哈肯教授之所以动用三台超高速电子计算机对四色定理做出验证,无一不是把面的数量作为四色猜想的一个决定因素,无一不是把"面的数量"突破作为四色猜想研究的目标去追求。这也是人们把四色猜想定之为"真的机器证明"的根本原因所在。

题内话7　有请教于图论数学老师们的两个问题

在此,我觉得有两个问题有请教于研究此命题的图论数学老师们:其一,由地图着色现象而提出的四色猜想命题,人们要做出证明的,是"在四色的前提下各面如何着色使之成立"的问题(简称为"如何着色区分"问题),还是"为什么球(平)体表面的图仅需四色区分"的问题(简称为“为什么仅需四色区分”问题);其二,四色猜想命题(准确地说地图着色现象反映出来的规律)要求证的,是只限于球(平)体表面的图的“四色定理”,还是(所有)物体表面的图的“仅需 $n$ 色区分定理”。我之所以提出这样的问题,因由有四:

第一,不要忘记和忽略这个事实:当年英国大学生弗南西斯·葛斯里所处的时代是拓扑学开启初期,他提出“四色问题”的起因,是他对“如此复杂的地图仅需四色就足以将相邻区域区分开”这一着色现象感到迷惑不解,也即是说葛斯里只知道“可以做到四色区分”,却不知道“为什么可以做到四色区分”。因此,他向数学老师请教的是“为什么四色就足够区分”的问题,并不是“如何着色区分”问题。

第二,葛斯里是在只知球体、平体表面的图仅需四色区分,而不知“环体表面的图仅需五色区分、丁环体表面的图仅需六色区分、8 字连环体表面的图仅需七色区分……”的情况下提出“四色问题”的,而且与葛斯里同年代的数学家们同样是在这种情况下来理解并限于平体表面求证“四色问题”的。也正因为如此,当年大数学家德·摩根提出了一个反证的问题:“难道不能够构造出一个需用五种或者更多种颜色的图来么?”笔者认为,摩根提出这个反证问题,有着这样的意思:假如人们可以构造出需用五色或者更多种颜色区分的图来,那么,“四色问题”自然不是(数学)问题,或者说“四色问题”不是独一的着色现象,就应把它与五色、更多种颜色的图的着色现象一起来研究。

第三,归纳法是数学证明的基本方法。如果说,葛斯里当初发现展现在球体、平体表面的图(地图)仅需四色区分,而后来人们又发现展现在环体、丁环体、8 字连环体以及复杂多环体表面的图同样是仅需四色区分,那么,依照归纳法,四色猜想命题(准确地说地图着色现象所反映出来的数学规律)无疑就是仅对“四色定理”做出证明。但是,在我们知道展现在球体、平体表面的图仅需四色区分,而展现在环体表面的图仅需五色区分、丁环体表面的图仅需六色区分、8 字连环体表面的图仅需七色区分……之后,则应冷静下来,依照归纳法,从“为什么球体、平体表面的图仅需四色区分,而环体表面的图为什么仅需五色区分、丁环体表面的图为什么仅需六色区分、8 字连环体表面的图为什么仅需七色区分……”诸类问题来分析、梳理、归纳,找到它们的异同原因是什么,从中发现地图着色现象所反映出来的数学规律。慎思一下:它们异同的因素是什么?前人对四色猜想命题的理解有无误读?与此相关的证明方法是否正确?“在四色的前提下各面如何着色使之成立的证明”是不是一个误区?因为,这十分清楚,既然对球体、平体表面的图仅需四色区分的证明,是对“在四色的前提下各面如何着色使之成立的证明”,那么,对其他物体表面的图仅需 $n$ 色区分的证明,也同样是对“在 $n$ 色的前提下各面如何着色使之成立的证明”。对此,不妨设想一下,我们已知可构造出需用 $n$ 色区分的图来,那么,对“在四色的前提下各面如何着色使之成立的证明”的方法,是不是均适用于其他物体表面的图仅需 $n$ 色区分的证明(即“在 $n$ 色的前提下各面如何着色使之成立的证明”)呢?如果不适用,对“在 $n$ 色的前提下各面如何着色使之成立的证明”,是不是得创立 $n$ 种证明方法($n$ 个“$n$ 色定理”)呢?如此证明,是不是显得有点不可理解了呢?它的实际意义又在哪里呢?

第四,着色区分的基本原理告诉我们,2 个面相邻需 2 色区分,3 个面全相邻需 3 色区分,4 个面全相邻需 4 色区分,5 个面全相邻需 5 色区分……由此可知,物体表面的图的仅需色数与“物体表面的全相邻力”有着密切联系。本人研究结果也表明,物体表面是地图着色现象的一个重要因素,“物体表面的全相邻力”是制约“图的相邻面的组合力”的根本因素,而“图的相邻面的组合力”是图的仅需色数的决定因素。基于此,完全可以说,“物体表面的全相邻力”和“图的相邻面的组合力”,理应是属于拓扑学与组合数学的范畴,纳入图论研究的课题。

在研究四色猜想命题上,数学老师们认可的也许是大数学家的数学理论,而我认定的是依照归纳法找到的地图着色现象所反映出来的数学规律。地图着色现象所反映出来的数学规律告诉我们:对四色猜想命题的证明,不是仅对“四色定理”的证明,而是对“物体表面的图的仅需色数定理”的证明;其证明过程也不是“在 $n$ 色的前提下各面如何着色使之成立”的证明,而是对“为什么该物体表面的图仅需 $n$ 色区分”做出证明。“物体表面的图的仅需色数定理”只有一个,不可能有 $n$ 个。

对数学命题的破解,如果理解错了,那么破解思路也就跟着错了。人们如果没能真正读懂“地图着色现象”,就不可能走出“面的数量”怪圈,不可能跳出“如何着色”误区,也就不可能真正破解四色猜想命题。

以上拙见,有请图论数学老师们指教。

整理完稿时间:2012 年 11 月 8 日